湖泊学研究系列丛书

U0682282

长江中下游湖泊沉积地球化学与环境演变

CHANGJIANG ZHONGXIAYOU
HUPO CHENJI DIQIU HUAXUE
YU HUANJING YANBIAN

薛　滨　姚书春　刘金亮
程龙娟　张风菊　李珊英　编　著

南京大学出版社

图书在版编目(CIP)数据

长江中下游湖泊沉积地球化学与环境演变/薛滨等
编著.—南京:南京大学出版社,2018.12
（湖泊学研究系列丛书）
ISBN 978-7-305-21381-6

Ⅰ.①长… Ⅱ.①薛… Ⅲ.①长江中下游-湖泊沉积
物-沉积地球化学-研究 ②长江中下游-流域环境-环境
演化-研究 Ⅳ.①P588.2②X321.2

中国版本图书馆 CIP 数据核字(2018)第 291480 号

出版发行　南京大学出版社
社　　址　南京市汉口路 22 号　　邮　　编　210093
出 版 人　金鑫荣

丛 书 名　湖泊学研究系列丛书
书　　名　长江中下游湖泊沉积地球化学与环境演变
编　　著　薛　滨　姚书春　刘金亮　程龙娟　张凤菊　李珊英
责任编辑　杨　博　吴　汀　　　　编辑热线　025-83595840

照　　排　南京理工大学资产经营有限公司
印　　刷　虎彩印艺股份有限公司
开　　本　787×960　1/16　印张 17.25　字数 260 千
版　　次　2018 年 12 月第 1 版　2018 年 12 月第 1 次印刷
ISBN 978-7-305-21381-6
定　　价　58.00 元

网　　址:http://www.njupco.com
官方微博:http://weibo.com/njupco
官方微信号:njupress
销售咨询热线:(025)83594756

序

我国湖泊数量众多并且类型多样,广泛分布在全国各地。长江中下游是我国浅水湖泊分布最为集中和最具代表性的地区,长江中下游湖群在国际上也独具特色,大小湖泊约有 650 多个,总面积超过 16 000 km²,其中四大淡水湖均沿长江两岸分布。该地区湖泊多为吞吐型湖泊,与大江大河相贯通,入湖河流所携带的泥沙直接影响了湖泊的演化。长期以来,人类活动的影响使得沿江的湖泊逐渐萎缩与消亡。特别是 20 世纪中期以来,人口剧增、工农业快速发展、大规模围垦、水利工程的兴建、土地利用改变等人类活动的影响加剧,导致湖泊水质全面下降,湖泊污染严重,生态功能下降,严重威胁了区域经济社会的可持续发展。

中国科学院南京地理与湖泊研究所是较早关注长江中下游湖泊环境以及区域古气候古环境变化的科研单位之一,早在 20 世纪 90 年代就在太湖、固城湖、龙感湖、鄱阳湖等湖泊进行了全新世以来湖泊环境演变的研究工作。近几十年来,在强烈的人类活动影响下,输入湖泊的面源点源污染增加,而且湖泊内源底泥污染负荷也增加明显,长江中下游湖泊出现了一系列的生态环境问题。在此背景下,中国科学院南京地理与湖泊研究所在该区湖泊进一步开展了相关的沉积物底泥及其污染环境演变研究工作,以期为湖泊生态环境改善、综合整治,以及规范人类活动方式等提供重要科学支撑和决策依据。《长江中下游湖泊沉积地球化学与环境演变》一书正是这些众多研究内容的成果之一。该书是在多次湖泊流域实地考察、湖泊现场采样测试和实验室分析的基础上,结合收集的湖泊流域的地质、水文、环保等资料汇编成书,相信该书的出版会进一步推动该区湖泊流域的研究。

  本书第一章由姚书春、刘金亮、程龙娟执笔，综述了长江中下游湖泊的概况，指出湖泊面临的生态环境问题；第二章和第三章由程龙娟撰写，分别围绕洞庭湖平原和江汉平原湖泊、皖赣平原湖泊沉积地球化学和环境演变展开；第四章和第五章由刘金亮编写，围绕苏皖平原湖泊和太湖平原湖泊沉积地球化学和环境演变阐述；第六章由张风菊执笔，描述了长江中下游湖泊沉积物碳氮磷的埋藏；第七章由李珊英执笔，针对长江中下游湖泊沉积物有机污染展开；第八章由薛滨和姚书春撰写，综述区域沉积环境的变化及其影响。全书由薛滨和姚书春统稿。本书得到科技部基础性工作专项（2014FY110400）、国家自然科学基金（41573129）的资助。

  由于本书内容广泛，涉及学科众多，书中不足在所难免。恳请读者批评指正。

作 者

2018 年 12 月于南京

目　录

第一章　综　述

长江中下游地区是我国主要的产粮区之一,尤其下游地区有"鱼米之乡"之称,同时该地区也是我国重要的经济发达区域。长江中下游是我国浅水湖泊分布最为集中和最具代表性的地区,其大小湖泊约 650 多个,总面积超过 16 000 km²,其中四大淡水湖均沿长江分布于此(秦伯强,2002)。长江中下游地区河网纵横,地势较低,流域内湖泊主要是在特定的地质地貌条件和气候变化的背景下演化形成。地质历史时期主要受构造运动和气候变化影响,而在近现代则是受人类活动影响更加显著。长期以来,人类活动的影响,长江泥沙逐步增多,导致沿江湖泊逐渐萎缩、消亡,而且流域内湖泊营养化水平不断升高,湖泊逐渐富营养化,生态功能下降,严重威胁了区域内经济的可持续发展(Qin et al.,2013)。本章主要论述了长江中下游地区湖泊的概况,主要包括湖泊分布的数量、面积、所面临的主要问题以及湖泊沉积地球化学在湖泊环境演变中的应用等内容。

1.1　长江中下游湖泊分布概况

中国湖泊数量众多并且类型多样,广泛分布在全国各地。长江中下游平原是中国长江三峡以东的中下游沿岸带状平原,由长江及其支流冲积而成,面积约 20 万 km²,地势较平坦(严翼,2011)。该区人口密集,经济发达,沿江两岸湖泊星罗棋布,是我国淡水湖泊分布最为密集的核心区之一。据 1982 年初次统计数据,本区现有湖泊 403 个,面积 23 123 km²,约占全国湖泊总面积的28.7%,占淡水湖泊总面积的 63.7%,其中面积大于 1 km² 的有 786 个,面积为

22 161 km²,湖泊率高达 2.4%(杨锡臣等,1982)(表 1-1)。然而到 1998 年,再次统计的数据表明长江中下游平原湖泊面积 1 km² 以上的湖泊只有 651 个,其中面积大于 100 km² 的有 18 个(中华人民共和国水利部,1998)。在"千湖之省"的湖北的江汉平原,20 世纪 50 年代湖泊有 609 个,至 80 年代仅存 309 个,面积减少 2 657 km²。洞庭湖在新中国成立初期有 4 350 km²,因围垦面积减少到 2 432 km²;太湖流域自新中国成立以来,累计围垦湖泊面积达 529 km²(王苏民、窦鸿身,1998);鄱阳湖面积也由 1949 年的 5 200 km² 减少到目前的 2 933 km²(姜加虎、王苏民,2004)。20 世纪 40 年代末以来,长江大通以上中下游地区有 1/3 以上的湖泊面积被围垦,围垦总面积超过 13 000 km²,太湖流域已建圩湖泊达 498 个,受围垦的湖泊 239 个,湖泊面积减少约 529 km²,因围垦而消亡湖泊 165 个,占该区原有湖泊数量的 23.3%(杨桂山等,2010;孙顺才、黄漪平,1993)。

表1　长江中下游湖泊数量面积分级统计(杨锡臣等,1982)

面积级别(km²)	湖泊数(个)	湖泊面积(km²)
>1 000	5	11 974
1 000~500	2	1 483
500~100	19	3 059
100~10	125	3 716
10~1	635	1 929
<1	3 247	962
累积	4 033	23 123

　　长江中下游湖泊洼地主要由构造沉降所形成,在中生代早期,盆地断陷形成洼地,后期又经凹陷沉降。此外,也有部分湖泊是由于洼地的出口被堵住,形成积水洼地,而后演化成湖泊(王苏民、窦鸿身,1998)。如安徽的龙感湖、武昌湖和大官湖,长江南侧的西凉湖和梁子湖等等。长江中下游的湖泊以自然堤后湖最多。巢湖是距离长江较远的一个自然堤后湖,这个湖泊本是构造沉降形成的侵蚀洼地,而后长江河漫滩堵塞了洼地中水的排泄,使得洼地蓄水成湖。长江中下游的湖泊蓄水主要来自众多支流的汇集,然后注入长江,湖泊的换水周

期较短。中全新世以来,在全球海平面上升的大背景下,长江干流的水位不断上升,导致长江中下游两岸洼地逐渐蓄水成湖,较深的洼地成湖时间比较浅洼地成湖要早,长江水位和沿岸湖泊水位也逐步上升。清代以来,长江流域人类活动频繁,人们开垦土地,入湖泥沙逐步增多,湖滩面积增大,导致湖面逐步减少(Qin et al.,2013)。本区湖泊的成因与河流水系的演变关系密切,例如江汉湖群及洞庭湖群,系长江及其支流汉江、湘江、资江、沅江等河流共同作用形成。皖赣平原区的湖泊多数由于长江干流的河床南迁摆动而形成,长江三角洲及沿海平原的湖泊群不仅与河流水系演变关系密切,还与海涂的发育和海岸线的变迁有关(王苏民、窦鸿身,1998)。由于长期的泥沙淤积,湖泊面积日趋缩小,洲滩广泛发育,湖泊多以浅水为特征。

　　五大淡水湖中的洞庭湖、鄱阳湖、巢湖和太湖沿着长江自西而东依次分布(图1-1)。据此,该区域湖泊群可主要分为洞庭湖平原湖区、江汉平原湖区、皖赣平原湖区、苏皖平原湖区以及太湖平原湖区。

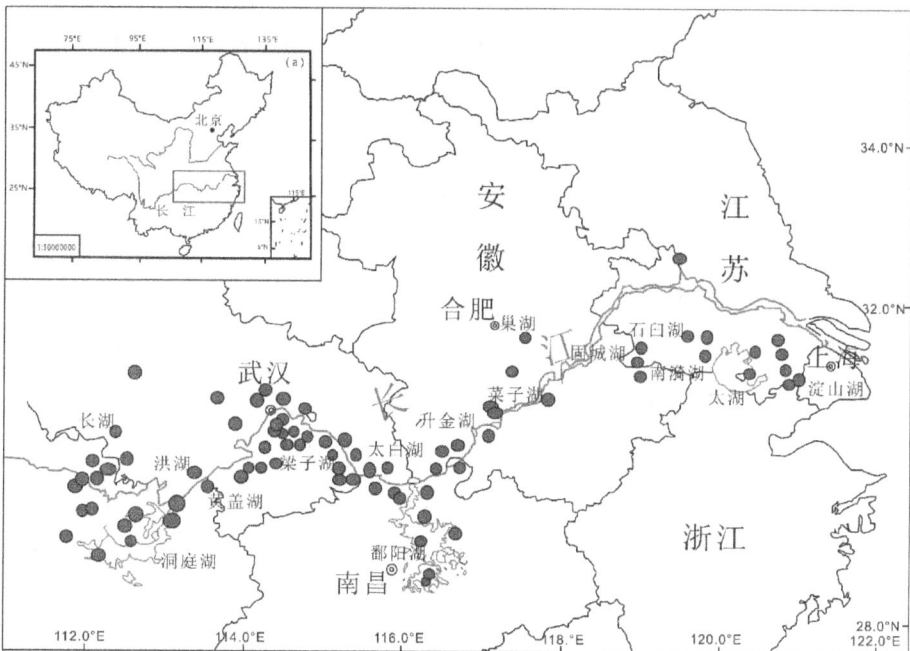

图1-1　长江中下游湖泊分布

(1) 洞庭湖平原湖泊

洞庭湖平原湖区以洞庭湖为主。洞庭湖的天然水面(外湖)主要由七里湖、目平湖(合称西洞庭湖)、南洞庭湖、东洞庭湖 4 部分组成。此外还包括其他零星分布的小湖,例如岳阳南湖、芭蕉湖、黄盖湖、安乐湖、毛里湖、柳叶湖、东湖、珊珀湖、大通湖和北民湖等(叶泽纲等,2006)。洞庭湖平原湖区位于湖南省东北部,居两湖盆地(也称湖北盆地)里两湖平原的南部,北部与湖北的江汉平原相接。湖面海拔 34.5 m,总湖容达到 178 亿 m³,湖区范围泛指湘、资、沅、澧四水尾闾及长江四口入湖洪道范围的广大平原、湖泊水网区,总面积 18 780 km²,跨湘、鄂两省,在湖南省共辖常德、岳阳、益阳、长沙、湘潭、株洲 6 地市、33 个县(市、区)和 8 个国有农场,共有耕地 67 万 hm²,人口 1 008 万人,受堤防保护面积 10 220 km²,纯外湖面积 2 691 km²,堤垸内湖 798 km²(叶泽纲等,2006)。

(2) 江汉平原湖泊

江汉平原湖区,介于北纬 29°26′~31°37′,东经 111°14′~114°36′之间,面积超 4.6 万 km²,位于"千湖之省"湖北省中南部,由长江与汉江冲积而得名(曹隽隽等,2013)。江汉平原湖区内河网稠密,大小湖泊星罗棋布,有 300 多个,据统计,水域面积占其总面积的 18%,其中湖泊面积达 1 605.4 km²,与洞庭湖平原合称两湖平原,平均海拔约 27 m,是中国海拔最低的平原之一(中国小学教学百科全书总编辑委员会地理卷编辑委员会,1993;刘卫东,1994;曹隽隽等,2013)。

(3) 皖赣平原湖泊

皖赣平原湖区位于江汉平原和太湖平原之间,行政上隶属江西北部、湖北东南和安徽西南部区域,主要以中国第一大淡水湖鄱阳湖为代表,另外包括龙感湖、升金湖、菜子湖、太白湖等中小型湖泊组成的湖泊群。该区域经济发展水平稍落后于周边地区,人类活动对湖泊的干预以农业化肥农药和养殖业造成的污染为主,同时沿湖周边一些工业的初步发展也促使大量污染物排入。此外,该区域湖泊的营养水平较周边区域相对偏低,周围多分布丘陵,自然环境保存相对完好。但目前由于人类活动的干预增强,皖赣平原的湖泊群也面临着重金属污染、富营养化等生态系统逐渐退化的问题。

(4) 苏皖平原湖泊

苏皖平原主要是指江西湖口以下到江苏镇江之间沿长江两岸分布的冲积平原,主要呈东北-西南带状分布,平均海拔较低,多在 20 m 左右或更低。该区域是我国重要的粮食产区,沿革数千年,被誉为"鱼米之乡"。在苏皖平原分布的湖泊主要包括巢湖、南漪湖、固城湖和石臼湖等湖泊,其中巢湖流域东南毗邻长江,西部与大别山接壤,北靠江淮分水岭,东北濒临滁河流域,总面积达 13 350 km²。入湖河流有 33 条,隶属 7 个水系,其中裕溪河是巢湖水系入江的唯一通道。巢湖流域多年平均降雨量在 1 100 mm 左右,降雨量存在显著的地区差异,流域西部降水量较多,同时植被发育良好,河流进入巢湖的水质较高。南漪湖、固城湖和石臼湖属于青弋江、水阳江水系,三个湖泊成串珠状分布,形成于古丹阳湖解体之后。除了南漪湖、固城湖和石臼湖三个较大的湖泊之外,还分布了一些面积较小的湖泊,如奎湖、荡南湖等等。这两大水系中上游地形变化剧烈,土壤易受侵蚀,河流输沙严重,加上人类活动影响,导致苏皖平原区域内湖泊面积逐步减小(姚书春、薛滨,2016)。

(5) 太湖平原湖泊

太湖平原湖区处于长江下游河口段与杭州湾之间,流域总面积超过 27 000 km²。太湖平原北部与长江相邻,南部以钱塘江为界,东部为东海,西部以茅山山地和宜溧山地为界。太湖平原地区由于地质历史时期气候变化和海平面变化影响,洪水泛滥,排水不畅,河道淤积,致使多处地区聚水成湖。在近现代,由于人类活动的影响,围垦面积增大,河道变窄,排泄不畅,致使洪水滞留,聚水成湖。太湖平原湖泊较多,大小湖泊共计约 189 个,湖泊总面积约 3 159 km²,占平原总面积的 11.6%,其中大于 10 km² 的湖泊有 9 个,总面积约 2 839 km²。太湖平原湖泊主要分布在海拔 4~5 m 以下的低洼区,以阳澄淀泖地区湖泊密度最大,其面积占据了太湖平原中小型湖泊面积的 50%。太湖平原湖泊全部属于浅水湖泊,平均水深在 2 m 以下,地势低洼,湖荡成群(孙顺才、朱季文、陈家其,1987)。

1.2 近现代长江中下游湖泊环境变化

（1）淤积

长江中下游地区湖泊多为吞吐型湖泊，与大江大河相贯通，入湖河流所携带的泥沙直接影响了湖泊的演化。长期以来，由于人类活动的影响，长江泥沙日渐增多，使得沿江的湖泊逐渐萎缩与消亡。以洞庭湖为例，明末清初洞庭湖面积约 6 000 km²，而到了 1995 年，湖泊面积缩小至 2 625 km²。近千年来，由于人类活动的影响，长江流域得到一定的开发，促进了沿江经济的发展，但通过毁林开荒也导致了流域内生态环境的破坏。自明清以来，长江中下游地区人口剧增，流域内由于耕地面积有限，人们为了谋生而烧山毁林，导致山区水土流失，致使湖泊河流严重淤积，最终使得湖泊面积减少。此外，由于湖泊淤积围垦，湖泊面积不断减少，使得湖泊的调蓄功能也不断下降，汛期时，流域内人们也遭受了洪涝之灾。

泥沙淤积是长江下游湖区的显著特征。在湖泊自然演变过程中，泥沙主要由入湖地表径流携带入湖。对于尚未建立闸控制水位的湖泊，长江及其支流对湖泊泥沙淤积影响最为显著，并且不同湖泊之间存在显著的差异。例如，1950 年至 1970 年间的洞庭湖的多年平均淤积量是鄱阳湖多年平均淤积量的13 倍多（杨锡臣等，1982）。洞庭湖接纳长江荆江段的松滋、藕池、太平三口，以及湖南湘、资、沅、澧四水，经湖泊调蓄后于湖口城陵矶泄入长江，洞庭湖的水沙与长江的水沙息息相关。一些水利工程的修建则人为地改变了长江对湖泊泥沙淤积的影响，例如李景保等（2011）对长江三峡蓄水运用水沙实测资料的分析表明，荆江三口分流分沙比由 18.5％、21.4％分别减少至 11.7％、13.6％，导致三口占入湖总径流量、总输沙量比重依次由 41.5％、82.9％减少至 21.6％、58.5％。多年平均入湖水沙量分别减少了 531×10⁸ m³、4715×10⁴ t，湖盆泥沙淤积率由 70.4％减少至 39.5％，递减幅度达到30.9％。西、南、东洞庭湖多年平均水位分别降低了 1.23 m、1.45 m、1.88 m。湖盆冲刷量大于淤积量，淤积泥沙颗粒趋于细化，西洞庭湖区与东南洞庭湖区的泥沙输出比均呈同步增大趋势。

（2）污染

自长江中游至下游地区,由于经济发展水平存在差异,工农业发展不均衡,长江中下游大小类型的湖泊污染状况、淤积程度以及富营养化水平还存在明显差异。例如邴海健等(2010)针对太白湖、巢湖、龙感湖以及西氿湖的重金属的分析表明,太白湖和巢湖沉积物重金属污染以及潜在生态风险自1965年以来一直在加重,而龙感湖和西氿沉积物在表层有下降的趋势。巢湖和西氿流域内城市化、工业化发展迅速,人类活动导致大量重金属进入湖泊,给湖泊带来明显的污染;而龙感湖和太白湖流域人类活动主要以农业活动为主,人类活动对重金属的贡献相对较小。这种差异与各个湖泊流域内人类活动的方式和强度密切相关。

2001年到2003年间的调查数据表明,长江中下游地区已经没有贫营养水平的湖泊,并且超过三分之一的湖泊属于富营养化或重度富营养化状态(Yang et al.,2008;Qin et al.,2013)。水产养殖业极易造成氮磷元素在湖泊沉积物中的富集,长江中下游地区多数小湖水产养殖面积在不断扩大,水体营养水平不断增加。此外,20世纪70年代以来,工业化和城市化的进程加快,城市污染物和工业废水、废物甚至废气的排放增加均对湖泊环境造成恶劣影响。沿江两岸,金属矿产资源丰富,例如钨、锑、铜、铅、锌等各类有色金属矿产分布广泛,江西大余的钨、湖南冷水江的锑,都是闻名世界的矿藏。江西德兴、安徽铜陵和湖北大冶的铜,湖南水口山的铅锌均储量丰富。

（3）生态环境恶化

在人类活动的影响下,长江中下游绝大多数湖泊正面临着严重的生态环境恶化问题,例如区域内湖泊面积不断缩小,导致湖泊调蓄功能不断降低,湖区洪涝灾害日益严重。长江中下游湖泊大规模的围湖造田活动大多开始于20世纪50年代,这与多数湖泊受到加剧的人类活动的干扰增加的开始时间相近。20世纪60年代初期,巢湖与太白湖主要入湖河流上游地区水库的建成投入使用,对入湖泥沙起到调蓄作用,使得沉积速率降低;20世纪70年代末期、80年代中期以来,巢湖与太白湖呈现较高的沉积速率,主要反映了流域农业发展等人类活动的影响;1991年与1999年洪水事件在沉积物中也有明显的表现(刘恩峰等,2009)。

过度捕捞和养殖渔业的发展使得长江中下游鱼类多样性也受到了极大损害。2002年7月至2003年4月,胡军华、张春兰、胡慧建(2008)对长江中游6个湖泊(西洞庭湖、黄盖湖、西凉湖、斧头湖、涨渡湖和赤湖)进行实地调查,分析了各湖泊不同时期鱼类物种多样性结构及变化,结果表明,6个湖泊的鱼类物种数均有不同程度下降,但西洞庭湖损失的物种数最少;从各科减少的物种数来看,鲤科减少最多,为7~27种,其次是鳅科和鮠科。长江中游湖泊的野生鱼类资源已经严重衰退,当前急需采取有效措施保护野生鱼类。毛志刚等(2011)于2009—2010年利用拖网等网具对太湖的鱼类资源进行了调查,结果表明该次调查共采获鱼类50种,隶属10目15科40属,其中鲤形目种类最多,占总数的68%。鱼类生态类型以湖泊定居性种类为主,群落优势种为湖鲚(*Coilia ectenes taihuensis*)、间下鱵(*Hyporhamphus intermedius*)和陈氏短吻银鱼(*Salangichthys jordani*)等小型鱼类。与历史资料相比,太湖鱼类的物种数量下降,优势种组成发生较大变化,鱼类群落中体质量小于30 g的小型鱼类占绝对优势,渔业资源小型化趋势明显。由于过度捕捞和湖泊环境恶化,鱼类群落生物多样性指数均表现偏低。长江中下游湖泊湿地还是350多种鸟类、600多种水生和湿生植物和400多种鱼类的水生动物以及麋鹿等珍稀物种栖息地,这些物种的生存大都依赖于湖泊湿地系统结构的完整性,然而由于江湖阻隔,长江中下游区域湖泊湿地水文情势变化,湖泊涨落区、浅滩等多种类型湿地逐渐消失,生境变得单一化,野生生物物种和数量均在不断减少(杨桂山等,2010)。

长江中下游地区是我国的经济重地,也是我国具有重要意义的战略水源地,流域内经济高速发展,湖泊大规模开发利用,引起了一系列的负面环境效应。湖泊湿地生态系统遭受严重破坏,湖泊的自我调节和自我恢复功能逐步下降,严重威胁长江水系的生态平衡,影响了长江中下游流域内经济的可持续发展,加强长江中下游地区湖泊湿地的生态保护,采取积极有效的措施刻不容缓。

1.3　湖泊沉积地球化学在环境演变中的应用

地球化学(geochemistry)是地质学(geology)与化学(chemistry)类学科相结合产生的一门边缘学科。1973 年美国全国地球化学委员会地球化学发展方向小组委员会给地球化学做出如下定义:"地球化学是关于地球和太阳系的化学成分及化学演化的一门科学,它包括了与它有关的一切科学的化学方面。"1985 年我国涂光炽提出的地球化学定义为:"地球化学是研究地球(包括部分天体)的化学组成、化学作用和化学演化的科学(韩吟文,2003)。"地球化学在湖泊沉积中的应用主要包括元素地球化学、同位素地球化学及有机地球化学原理的应用。

元素地球化学包括常量元素、微量元素、稀有元素和分散元素的地球化学。同位素地球化学其任务主要是研究化学元素在活化、迁移、分散或聚集的物理化学过程中的同位素丰度及其变化规律,并利用这些规律来解决有关地球化学方面的问题。有机地球化学是地学与有机化学、生物学互相渗透发展起来的一门新兴边缘学科,主要研究有机质的组成、结构和性质,以及它们在地质体中的分布、转化等。环境有机地球化学研究地表环境中有机物质(含有机污染物)的来源、迁移、转化与归宿,以及有关全球性和区域局部性环境问题,它是环境地学和有机地球化学的一个重要分支领域。

针对长江中下游湖泊,利用湖泊沉积物来开展地球化学研究,进而重建湖泊环境演变,提取人与自然对湖泊环境影响的分量已经进行了多年的工作。本节综述了湖泊沉积地球化学方法在湖泊环境演变中的应用。

1.3.1　元素地球化学

1.3.1.1　湖泊沉积物有机地化元素

沉积物元素的地球化学性质和沉积环境对元素在空间上的分布有重要影响,而沉积物中的有机质与生物作用密切相关,生物活动又依赖于环境条件,故对这些有机地化元素的研究更具突出意义。目前分析最多的有机地化元素有 C、N、P、S、H 等(谭红兵、于升松,1999)。

湖泊沉积物总有机碳(TOC)含量是代表沉积过程中没有被矿化分解的那部分有机质中的碳总量,可以用来判识湖泊环境。总有机碳含量受到初始生产力以及保存的影响。它既可以反映沉积物中有机质输入的多少,又可以反映沉积环境对有机质的保存能力。因此它们包括了不同来源的有机质、运移路径、沉积过程以及保存能力。湖泊沉积物有机质的主要来源是植物碎片(只有百分之几的有机质来自动物),分为内生和陆源两部分。总有机碳浓度表示成总量百分比时,会受到其他的沉积物成分的影响(Meyers,2003)。如当沉积物中加入碎屑颗粒物质时,总有机碳浓度得到稀释,而去除碳酸盐矿物又会浓缩总有机碳浓度(Dean,1999)。沉积物粒度也会影响总有机碳浓度,颗粒变细则总有机碳浓度增加(Thompson and Eglinton,1978)。通常在湖泊的较深处由于细颗粒物质沉降而使总有机碳浓度高于岸边快速富集的粗颗粒物质中的总有机碳含量。准确的年代测定对于获得有机碳的堆积速率的计算非常重要。

沉积物是湖泊环境中氮重要的源和汇,在其生物地球化学循环中具有重要的意义。沉积物中能参与交换的生物可利用氮量,取决于沉积物中氮的赋存形态。不同形态氮与沉积物的结合能力不同,在氮循环中的作用不同。在无人类干扰的自然状态下,活性氮主要通过闪电和生物固氮作用产生,由于微生物固氮的速率和反硝化的速率几乎一致,因此活性氮在环境中没有大量累积(Ayres, Schlesinger and Socolow,1994)。但是近代人类活动造成的 N 排放的增加改变了全球的 N 循环,全球的活性氮排放相比工业革命前已经成倍地增加(Galloway and Cowling,2002)。在自然状态下 N 是生态系统生产力的重要限制因子。在挪威、瑞典和美国近 2 000 个湖泊的调查表明湖泊已经由 N 限制转变为 P 限制(Elser et al.,2009)。

在历史自然农耕时期,人类活动就已经对湖泊氮磷营养盐平衡产生重要影响。如早期洱海人类的选择性毁林使得森林土壤的稳定性降低,导致侵蚀增强,引起入湖营养盐增高(羊向东等,2005)。在近代,湖泊流域内工农业和城市初始发展的同时,入湖的营养盐也在快速增加。如洪湖的研究揭示 20 世纪 80 年代输移入湖的氮、磷分别是新中国成立初期的 3.93,3.88 倍,人类活动极大地改变了流域营养盐的输移浓度与总量(桂峰、于革、赖格英,2006)。20 世纪 80 年代之后,我国化肥的施用量急剧增加,如化肥磷的年投入从 1980 年的 273.3 万吨增加到 2008 年的 780.1 万吨(曹宁、张玉斌、陈新平,2009)。农田土壤磷平衡研究揭示我国农田土壤磷在 20 世纪 70 年代末由亏转盈,特别是 1985 年以后,农田土壤每年的磷盈余量呈直线上升趋势,使得农田磷流失风险增大(曹宁、张玉斌、陈新平,2009)。再加上现代湖泊流域内人口增加,工农业的快速发展,使得流域氮、磷输出入湖呈快速增加趋势,湖泊水体富营养化问题不断显露,湖泊沉积物氮磷含量增加,甚至成为湖泊重要的内源污染。

1.3.1.2 湖泊沉积物常量、微量金属元素

研究认为,对湖泊沉积物中常量、微量元素的分析,可以获得沉积时期水热条件及元素迁移变化过程,建立湖泊演化的气候干湿波动曲线。目前湖泊研究中对环境变化具有特征指示意义的元素有:Si,Al,Mg,Ca,Na,K,Fe,Mn,Ti,Sr,Ba,Cd 等。在选取这些元素作为指标时,要视具体的湖泊沉积环境而选用不同的元素(谭红兵、于升松,1999)。

在元素的表生地球化学过程中,水作为诸多化学过程发生的主要介质,对沉积物中元素的迁移、聚集起了控制性作用。沉积物中的元素按照水迁移系数的大小,可以分为易迁移元素和弱(难)迁移元素。如部分卤族元素(Cl,Br 和 I)、碱土类元素(如 Ca,Mg,Na,F 和 Sr)属于易迁移元素;弱(难)迁移元素则包含了大部分稀土元素(REE)以及 Fe,Al,Ti 等金属元素和 Si(石英中主要元素)等非金属元素。通常,迁移能力最强的 Cl 和 S 等元素最先从风化带中流失;其次是 Ca,Mg,Na 和 F 等;K,Mn 和 P 等元素迁移能力相对较弱;Al,Fe 和 Ti 等迁移能力很弱,往往残留在原地。因此,与沉积物中活泼元素 Ca,Na 和 Mg 相比,Si,Al 和 Ti 的化学搬运非常有限,所以 $(CaO+MgO+Na_2O)/(SiO_2+Al_2O_3)$ 或者 $(CaO+MgO+Na_2O)/Al_2O_3$ 常常可以作为流域化学风化强度的参考,反映流域气候的温湿变化。

随着近现代人类活动的影响,湖泊沉积物相关的重金属污染备受关注。在近代工业社会,铅、锌、镉、铬、铜、镍,这些重金属被广泛开采使用。环境中这些重金属主要天然来源是地壳物质,经地球表面风化(溶解)和侵蚀(颗粒),或火山活动进入地球大气层的。这两个来源占天然来源的 80%,森林火灾和生物

来源各占 10％(Nriagu,1989)。环境中金属有众多的人为排放。这些金属主要的来源是开采和冶炼。采矿通过尾矿释放金属到河流环境,通过富含金属的灰尘释放到大气,而冶炼中高温精炼过程导致释放金属到大气中。汞(Hg)是一种剧毒重金属,过去一个世纪里,大气中 Hg 含量急剧增加,而进入生态系统的通量也达到了骇人的地步,成为全球备受关注的环境问题。来自中北美和欧洲的研究表明,100 多年来湖泊沉积中 Hg 的浓度普遍升高(Ouellet and Jones, 1983;Swain et al.,1992;Verta,Tolonen and Simola,1989)。中国研究者也对部分湖泊沉积物中 Hg 的富集特征进行了研究(吴艳宏等,2008)。

1.3.2　同位素地球化学

碳同位素

湖泊沉积物中有机质碳同位素不仅与有机质来源密切相关,还受大气二氧化碳浓度、流域水文特征和区域性特征多因素影响。余俊清等(2001)总结了湖泊沉积有机稳定碳同位素解释冰后期气候环境变化的模型,包括大气 CO_2 主控模型,植被类型主控模型,大气 CO_2 主控 $\delta^{13}C_{alga}$ 及植被变迁模型,浮游植物型温度主控模型,陆源 C_3 植物型温度主控模型,有机产率主控模型。从 20 世纪 90 年代开始,我国学者开始研究湖泊沉积物 $\delta^{13}C$ 记录的环境意义,取得了有益的成果。由于有水生植物的贡献,因此对湖泊沉积物的有机质 $\delta^{13}C$ 所包含的气候信息的解释存在争议,从而限制了湖泊沉积物的有机质 $\delta^{13}C$ 在古气候研究中的应用(王国安,2003)。

有机质中分子化合物组成分析和碳同位素分析极大地推动了湖泊沉积有机质 $\delta^{13}C$ 在古气候研究中的应用,提高了湖泊沉积有机质 $\delta^{13}C$ 重建古气候古生态的精度。有机质中纤维素碳、氧同位素技术的引进也提高了湖沼相沉积有机质 $\delta^{13}C$ 重建古气候古生态的精度。如朱正杰、陈敬安、曾艳(2014)利用有机质 C/N 和 $\delta^{13}C_{org}$ 研究得出草海沉积物有机质的主要来源是水生植物,然后利用湖泊沉积物中纤维素的 $\delta^{18}O$ 结合碳酸盐氧同位素的组成,定量重建了该地区过去 500 年以来的温度变化。洪业汤等(1997)通过对我国东北金川泥炭的有机质中纤维素 $\delta^{13}C$ 分析,再结合纤维素的氧同位素结果,重建了我国东北地区的气候变化,其结果与历史文献资料有很好的可比性。欧杰等(2013)在石臼湖,通过正构烷烃碳分子组合特征发现,以 C_{29} 为主峰碳,C_{25},C_{27} 和 C_{31} 为次主峰,具有显著的奇偶优势,据此推断沉积物中有机质主要来源于大型水生植物及陆生高等植物。对 C_{27},C_{29} 和 C_{31} 长链正构烷烃进行单体碳同位素测定,利用二元模式估算出湖区植被类型以 C_3 植物为主。

随着湖泊水体富营养化问题日益严重,利用同位素示踪湖泊营养演化历史的研究备受关注。林琳、吴敬禄(2005)对太湖的研究揭示,20 世纪 90 年代以来碳同位素下降,说明大量藻类生长,消耗 $^{12}CO_2$,使自生有机质碳同位素值偏负,但尚未达到有机质 $\delta^{13}C$ 偏正的超富营养化阶段。欧杰等(2013)在石臼湖发现 1970—1983 年,TOC,TN 及 $C_{17}\sim C_{25}$ 相对含量显著增加,$\delta^{13}C_{25\sim31}$ 值明显偏重,指示此时期内围湖造田、化肥农药滥用及废水排放等人类活动造成湖区陆生高等植物退化,水体中藻类暴发,湖泊富营养化程度显著提高,生态环境急剧恶化。

氮同位素

湖泊沉积有机质 $\delta^{15}N$ 值取决于陆源有机质和内源有机质的 $\delta^{15}N$ 值。内源有机质主要源于水生植物。水生浮游植物 $\delta^{15}N$ 值变化范围较大,其光合作用过程中的氮同位素分馏作用主要受两个因素的控制:湖水溶解无机氮的 $\delta^{15}N$,以及优势浮游植物的氮代谢方式。湖水 DIN 的 $\delta^{15}N$ 取决于湖内发生的硝化作用/反硝化作用和氨气挥发作用以及流域土壤氮补给、人类活动排放等(Talbot and Johannessen,1992;肖化云、刘丛强,2006)。如大量的工农业废水和生活污水排入湖泊导致水体的 $\delta^{15}N$ 值变化,从而造成沉积物 $\delta^{15}N$ 变化,化肥 $\delta^{15}N$ 虽范围较宽,一般值较低,化肥施用量增长会导致沉积物留下降固态人畜废物 NH_4^+ 和 NO_3^- 的 $\delta^{15}N$ 值较高($\delta^{15}N > 10‰$)。工业废水和生活污水 $\delta^{15}N$ 较高,一般在 $10‰\sim25‰$ 之间(林琳、吴敬禄,2005;肖化云、刘丛强,2006)。

在湖水 DIN 浓度很低的情况下,浮游植物的生长会受到限制。在此条件下,蓝绿藻可通过固定大气氮进行新陈代谢,从而在浮游植物中占据主导地位,并导致湖泊氮循环发生重大转型(Hecky and Kling,1981;1987)。由于蓝绿藻固定大气氮无同位素分馏作用,因此其 $\delta^{15}N$ 值及其产生的水生有机质

的 $\delta^{15}N$ 值与大气氮 $\delta^{15}N$ 值（0）相近（Arthur and Michael，1983）。在某些湖泊，沉积物中有机质的陆生植物来源占了相当比重。温度、降水、大气 CO_2 浓度和海拔高度等气候环境因子对陆生植物 $\delta^{15}N$ 都会产生影响（刘贤赵等，2014）。尽管目前许多学者建立了植物 $\delta^{15}N$ 与气候环境因子的关系，但多数结果都包含了各种环境因子的交互作用，很难区分单一环境因子对植物 $\delta^{15}N$ 的影响，使得利用这一结果去解释沉积物中的氮同位素所包含的气候环境信息时带有很大的不确定性（刘贤赵等，2014）。氮同位素由于其来源的复杂性，在古气候研究中作为独立指标相对较少，通常都作为辅助指标（巩伟明、张朝晖，2014）。

氧同位素

自 20 世纪 50 年代学术界提出氧同位素古温度计理论以来，湖泊沉积物氧同位素已经大量地应用在古气候和古环境的研究中。自 Edwards 和 McAndrews（1989）用湖泊沉积物有机质纤维素氧同位素组成来恢复 Shield 湖地区全新世古气候和古水文变化以来，纤维素稳定同位素逐渐被推广应用于古气候、古环境的重建（朱正杰等，2011）。但湖水氧同位素的多因素控制限制了湖泊碳酸盐氧同位素和纤维素氧同位素在定量重建古气候的应用。影响湖水氧同位素组成因素的复杂性包括大气降水氧同位素组成、入湖径流及其同位素组成、蒸发强度，以及湖泊水文条件等，而且这些因素在不同历史时期往往有不同的表现（Anderson et al.，2005；Leng and Marshall，2004）。即使如此，湖泊沉积物的氧同位素仍然是古气候环境极好的指示剂（王丽、汪勇、王建力，2005）。最近，Zhang 等（2011）总结并对比分析了来自印度季风区的 10 个湖泊沉积物 $\delta^{18}O_{car}$，认为 $\delta^{18}O_{car}$ 主要受 $\delta^{18}O_{水}$ 所控制，而 $\delta^{18}O_{水}$ 又是区域蒸发/降水比率（E/P）平衡和受季风控制的降水多寡的函数，在此基础上将 $^{18}O_{car}$ 集成一条湿度指数曲线，认为在全新世时期亚洲季风区气候具有广泛的一致性，并不认同前人提出的印度夏季风和东亚夏季风呈反相位关系的结论。

铅同位素

在古代人类主要是通过采矿、冶炼向环境中释放铅（Nriagu，1998）。到 18 世纪中叶，煤的燃烧使得大量铅释放到环境中（Marcantonio et al.，2002）。

工业革命之后,伴随着汽车的出现和加铅汽油的使用以及工业的发展,近代大气中的铅污染趋向高峰(Hong et al. ,1994;Ndzangou et al. ,2005;Renberg, Persson and Emteryd,1994)。近年来,矿石处理、化石原料燃烧和汽车尾气、交通排放等等释放的铅已愈来愈多地进入大气、水体、土壤、沉积物和生物体中,并通过累积效应对生态环境带来严重影响。湖泊沉积物作为湖泊系统的重要组成部分,是污染物质的归宿。因而研究者常用历史时期湖泊沉积的铅的记录来追溯污染铅的输入过程,研究人类活动对湖泊环境的影响。

根据介质中的总铅浓度往往难以了解污染程度、污染来源及途径。而铅同位素示踪在这方面显示出独特的优越性(Cheng and Hu,2010)。铅有四个稳定同位素,矿石的铅同位素组成通常不同于基岩,这使得利用铅同位素组成推断环境中铅的污染及其来源成为可能(Marcantonio et al. ,2002;Yang, Linge and Rose,2007)。Shotyk 和他的同事(1998)重建了过去 12 000 年大气铅沉积历史,他们采集了寡营养的泥炭沼,水文上不受地下水和地表水的影响。基于放射性碳年代以及 Pb 和 $^{206}Pb/^{207}Pb$ 同位素比值,他们发现 10 500~8 250 a BP 之间铅通量增加是气候变化引起的。3 000 a BP 开始,Pb/Sc 显著增加,$^{206}Pb/^{207}Pb$ 下降,揭示采矿和冶炼造成的铅污染。2 100 a BP 左右,罗马铅采矿成为最重要的大气铅污染来源。公元 1830 年,一个显著 Pb 高峰记录了工业革命的影响。公元 1940 年开始 $^{206}Pb/^{207}Pb$ 下降显著,指示了含铅汽油的使用(Shotyk et al. ,1998)。在瑞典,Brännvall 和他的同事(2001)发表了多篇论文,最终在一份总结性文章中描述了北欧 4 000 年的大气铅污染。他们采集了遍布瑞典的 31 个湖泊,它们的 $^{206}Pb/^{207}Pb$ 同位素数据表明,首次非流域大气铅输入在 3 500 至 3 000 年前发生。国内,梁子湖研究者钻探了湖泊沉积物岩芯,分析了铅同位素组成以及其他金属元素,并将其变化与社会经济发展、战争、国家变化等联系起来(Lee et al. ,2008)。在太湖、赤湖也开展了利用铅同位素组成推断湖泊沉积物污染铅的贡献份额的研究工作(Yao and Xue,2015;Yao,Xue and Tao,2013)。

1.3.3 有机地球化学

生物标志化合物(又称分子化石)指地质体中源于死亡生物残体的有机分子,它们在有机质演化过程中具有一定的稳定性,虽受成岩、成土等地质作用的影响,但基本保存了原始生物生化组分的碳骨架,记载了原始生物母质的相关信息,具有一定的生物环境指示意义。湖泊沉积的生物标志物作为古生物与古环境指标,是生物和环境信息的集合,包括古温度、古生物、古生产力及古环境。湖相沉积流域明确、沉积连续,尤其是汇水区域小的闭塞湖泊,对气候事件响应敏感,是区域性古气候、古环境研究的理想材料,不同区域的生物标志物能够进行很好的对比研究。应用生物标志物判识生物的输入源、沉积环境演化以及沉积记录中的历史事件等已在国内外广泛开展。

甘油二烷基甘油四醚

甘油二烷基甘油四醚(Glycerol Dialkyl Glycero Tetraethers,简称 GDGTs)是一类由微生物脂膜合成的四醚化合物。GDGTs 化合物的基本构型是两条相同或不同的碳链与甘油分子以醚键形式键合。根据生物来源、碳链结构以及甘油骨架立体构型差异,可分为 2 类,一类是由古菌合成的类异戊二烯 GDGTs(isoprenoid GDGTs,简称 iGDGTs),另一类则是来源于细菌的支链 GDGTs(branched GDGTs,简称 brGDGTs)。通过对海洋、陆地、湖泊和河流等环境中的 iGDGTs 和 brGDGTs 进行研究,研究人员发现它们的结构形式、环境丰度和时空分布包含了丰富的环境信息,由此提出了一系列的环境指标(Pearson and Ingalls,2013;Schouten,Hopmans and Damsté,2013)。例如 iGDGTs 的平均五元环数与古菌的生长温度有明显的相关性(Schouten,Hopmans and Damsté,2013;Schouten et al.,2002)。Schouten 等(2002)研究了全球 44 个大洋表层沉积物的 iGDGTs,发现其五元环数目与年平均表层海水温度(SST)有良好的线性关系,由此建立了表征 SST 的指标 TEX_{86} 等。Powers 等(2004)首次将 TEX_{86} 指标应用到湖泊环境研究中,结果表明,TEX_{86} 指标在该研究中适用,它与湖水表层温度之间的函数关系与海洋环境一致。在国内,Wu 等(2013)重建了青藏高原北部库赛湖 3 490 年以来年均气温变化,Günther 等(2014)重建了纳木错湖区年均气温和湖水表层温度变化,Wang 等

(2015a)利用 TEX_{86} 重建了青海湖 7 月湖水表层温度变化。这些研究由于缺乏所在研究区的"$TEX_{86}-T$"转换方程,以及由于湖水温度的影响因素较多,古温度重建还有待进一步的工作。王明达等(2016)由此在青藏高原 27 个湖泊开展了表层沉积物及部分湖泊流域表土样品 GDGTs 的分析,探讨了湖泊表层沉积物中 GDGTs 分布特征的影响因素,并建立了与气候要素的定量关系。

长链不饱和酮 U_{37}^k

应用于恢复古温度研究最成功的生物标志物的其中的一个例子就是长链不饱和酮 U_{37}^k 指标,最早由 Brassel 等(1981)根据 $C_{37:2}$ 和 $C_{37:3}$ 长链不饱和酮建立,用来估算地质历史时期海水表面温度。湖泊沉积物中也逐步开展了长链烯酮的研究。Cranwnell,Robinson 和 Eglinton(1985)发现英国的 3 个淡水湖中存在长链烯酮,Zink 等人(2001)研究了德国、澳大利亚和北美的 27 个淡水湖泊的现代沉积物,以及德国、美国和俄罗斯的 4 个湖泊中的古代沉积物,发现大多数的淡水湖泊中存在长链烯酮。

在国内,Li 等(1996)发现青海湖(淡水-咸水湖)中存在长链烯酮。盛国英(1998)报道了碱性碳酸盐型咸水湖和盐湖沉积物中分布有长链烯酮,其组成和分布与海洋沉积物中的具有相似性,推测原始生物可能是金藻源。尽管长链不饱和脂肪酮在湖泊也有检出,但相对于海洋来说,分布很局限,且母质来源尚未清楚确定,利用该类化合物重建湖泊古温度的工作仍然比较稀少。Li 等(1996)提出经过校正的 U_{37}^k 计算结果也适用于青海湖湖泊水体古温度的重建,同时指出,除温度外,长链不饱和酮的不饱和类型还可能受到生物来源、盐度等诸多不确定因素变化的影响。孙青等(2004)在我国内蒙古、新疆和青海的 9 个硫酸盐型盐湖表层沉积物中检测出长链烯酮,并发现咸水湖和淡水湖中长链不饱和烯酮与湖区年平均温度相关性最好,可能会成为利用湖泊沉积物重建古温度的重要替代指标。Cheng 等(2013)利用长链烯酮重建了全新世以来柴达木盆地可鲁克湖温度变化。Wang 等(2015b)对青海湖湖芯烯酮化合物分布特征进行了调查,提出了新的烯酮指标。Hou 等(2016)基于多方法结合烯酮手段建立的转换方程重建了全新世以来青海湖温度变化。

色素

光合色素(藻类色素、其他植物色素、细菌色素)能表征特定生物来源,在埋藏到沉积物甚至发生某些变化后仍保留其源信息,是一类重要的化学生物标志物。Swain(1985)的工作使得利用分光光度计可以分析沉积物中几种色素:叶绿素及其衍生物(CD)、总胡萝卜素(TC)、蓝藻叶黄素(Myx)、颤藻黄素(Osc),以及 CD/TC 比值、Osc/Myx 的比值和未分解的叶绿素即保存指数(NC)。随着新技术、新方法的不断应用,特别是自 1995 年以来,利用新开发出来的高效液相色谱(HPLC)方法使沉积色素的研究程度更为深刻。目前国内利用HPLC分析手段分析湖泊沉积色素的研究也逐步开始,Hu 等(2014)利用HPLC 方法分析了青藏高原东缘 2 个湖泊的沉积色素,通过与其他环境代用指标的对比,认为近百年来该湖泊富营养化主要是由于空气中氮沉降造成的,并且该湖泊中的沉积色素很好地记录了北半球氮沉降引起的湖泊生态系统的变化。Chen 等(2016)利用 HPLC 方法通过对洞庭湖沉积物中浮游植物色素组成的分析,研究了洞庭湖水生生态系统对气候变化以及三峡大坝修建的响应。

参考文献

郗海健,吴艳宏,刘恩峰,等.长江中下游不同湖泊沉积物中重金属污染物的累积及其潜在生态风险评价[J].湖泊科学,2010,22(5):675 - 683.

曹隽隽,周勇,吴宜进,等.江汉平原土地利用演变对区域径流量影响[J].长江流域资源与环境,2013,22(5):610 - 617.

曹宁,张玉斌,陈新平.中国农田土壤磷平衡现状及驱动因子分析[J].中国农学通报,2009,25(13):220 - 225.

巩伟明,张朝晖.湖光岩玛珥湖全新世时期沉积物碳氮同位素组成的环境指示意义[J].高校地质学报,2014(4):582 - 589.

桂峰,于革,赖格英.洪湖流域自然农耕条件下营养盐沉积输移演化模拟研究[J].沉积学报,2006,24(3):333 - 338.

韩吟文.地球化学[M].北京:地质出版社,2003.

洪业汤,姜洪波,陶发祥,等.近 5 ka 温度的金川泥炭 $\delta^{18}O$ 记录[J].中国科学:地球科学,1997,27(6):525.

胡军华,张春兰,胡慧建.长江中游湖泊鱼类物种多样性结构及动态[J].水生态学杂志,2008,1(5):47-51.

姜加虎,王苏民.长江流域水资源、灾害及水环境状况初步分析[J].第四纪研究,2004,24(5):512-517.

李景保,代勇,欧朝敏,等.长江三峡水库蓄水运用对洞庭湖水沙特性的影响[J].水土保持学报,2011,25(3),215-219.

林琳,吴敬禄.太湖梅梁湾富营养化过程的同位素地球化学证据[J].中国科学:地球科学,2005,(z2):58-65.

刘恩峰,薛滨,羊向东,等.基于^{210}Pb与^{137}Cs分布的近代沉积物定年方法——以巢湖、太白湖为例[J].海洋地质与第四纪地质,2009(6):89-94.

刘卫东.江汉平原土地类型与综合自然区划[J].地理学报,1994(1):73-83.

刘贤赵,张勇,宿庆,等.陆生植物氮同位素组成与气候环境变化研究进展[J].地球科学进展,2014,29(2):216-226.

毛志刚,谷孝鸿,曾庆飞,等.太湖鱼类群落结构及多样性[J].生态学杂志,2011,30(12):2836-2842.

欧杰,王延华,杨浩,等.正构烷烃及单体碳同位素记录的石臼湖生态环境演变研究[J].环境科学,2013,34(2):484-493.

秦伯强.长江中下游浅水湖泊富营养化发生机制与控制途径初探[J].湖泊科学,2002,14(3):193-202.

盛国英.合同察汗淖(碱)湖沉积物中的长链不饱和酮及其古气候意义[J].科学通报,1998,43(10):1090-1093.

孙青,储国强,李圣强,等.硫酸盐型盐湖中的长链烯酮及古环境意义[J].科学通报,2004,49(17):1789-1792.

孙顺才,黄漪平.太湖[M].北京:海洋出版社,1993.

孙顺才,朱季文,陈家其.气候变化、海面变化与太湖平原湖泊水资源(摘要)[J].地球科学进展,1987(6):9-10.

谭红兵,于升松.我国湖泊沉积环境演变研究中元素地球化学的应用现状及发展方向[J].盐湖研究,1999,7(3):58-65.

王国安.稳定碳同位素在第四纪古环境研究中的应用[J].第四纪研究,2003,23(5):471-484.

王丽,汪勇,王建力.氧同位素在高分辨率古气候研究中的应用探讨[J].地质学刊,2005,29(1):37-42.

王明达,梁洁,侯居峙,等.青藏高原湖泊表层沉积物 GDGTs 分布特征及其影响因素[J].中国科学:地球科学,2016(2).

王苏民,窦鸿身.中国湖泊志[M].北京:科学出版社,1998.

吴艳宏,蒋雪中,刘恩峰,等.太湖流域东氿、西氿近百年汞的富集特征[J].中国科学:地球科学,2008(4):471-476.

肖化云,刘丛强.贵州红枫湖现代沉积物氮同位素组成反映的废水输入状况[J].科学通报,2006,51(9):1091-1096.

严翼.长江中下游三大湖群近半个世纪演化对比分析[J].世界科技研究与发展,2011,33(6) 983-986.

杨桂山,马荣华,张路,等.中国湖泊现状及面临的重大问题与保护策略[J].湖泊科学,2010,22(6):799-810.

杨锡臣,窦鸿身,汪宪栢,等.长江中下游地区湖泊的水文特点与资源利用问题[J].资源科学,1982,(1):47-54.

羊向东,沈吉,Jones R T, et al.云南洱海盆地早期人类活动的花粉证据[J].科学通报,2005,50(3):238-245.

姚书春,薛滨.长江下游青弋江水阳江流域湖泊环境演变[M].南京:南京大学出版社,2016.

叶泽纲,黄祖发,秦远清,等.洞庭湖平原水网区地表产水量计算[J].水资源研究,2006,27(4):44-46.

余俊清,安芷生,王小燕,等.湖泊沉积有机碳同位素与环境变化的研究进展[J].湖泊科学,2001,13(1):72-78.

中国小学教学百科全书总编辑委员会地理卷编辑委员会.中国小学教学百科全书地理卷[M].沈阳:沈阳出版社,1993.

中华人民共和国水利部.中国湖泊名称代码:SL261-98[S].北京:中国水利电力出版社,1998.

朱正杰,陈敬安,曾艳.草海地区过去 500 年来古温度重建:来自沉积物纤维素结合碳酸盐氧同位素的证据[J].中国科学:地球科学,2014(2):250-258.

朱正杰,任世聪,李航,等.湖泊沉积物纤维素氧同位素研究进展[J].矿物岩石地球化学通报,2011,30(2):198-203.

Anderson L, Abbott M B, Finney B P, et al. Regional atmospheric circulation change in the North Pacific during the Holocene inferred from lacustrine carbonate oxygen isotopes, Yukon Territory, Canada[J]. Quaternary Research, 2005, 64(1): 21-35.

Arthur, Michael A. Stable isotopes in sedimentary geology[M]. SEPM, 1983: 721-722.

Ayres R U, Schlesinger W H, Socolow R H. Human impacts on the carbon and nitrogen cycles [M]// Socolow RH, Andrews C, Berkhout R, et al. Industrial Ecology and Global Change. New York: Cambridge University Press, 1994.

Bränvall M L, Bindler R, Emteryd O, et al. Four thousand years of atmospheric lead pollution in northern Europe: a summary from Swedish lake sediments [J]. Journal of Paleolimnology, 2001, 25(4): 421-435.

Brassell S C, Wardroper A M, Thomson I D, et al. Specific acyclic isoprenoids as biological markers of methanogenic bacteria in marine sediments[J]. Nature, 1981, 290 (5808): 693-696.

Chen X, Mcgowan S, Xu L, et al. Effects of hydrological regulation and anthropogenic pollutants on Dongting Lake in the Yangtze floodplain[J]. Ecohydrology, 2016, 9(2): 315-325.

Cheng H F, Hu Y A, Lead(Pb) isotopic fingerprinting and its applications in lead pollution studies in China: A review[J]. Environmental Pollution, 2010, 158(5): 1134-1146.

Cheng Z, Liu Z, Rohling E J, et al. Holocene temperature fluctuations in the northern Tibetan Plateau[J]. Quaternary Research, 2013, 80(1): 55-65.

Cranwell P A, Robinson N, Eglinton G. Esterified lipids of the freshwater dinoflagellate Peridinium lomnickii[J]. Lipids, 1985, 20(10): 645-651.

Dean W E. The carbon cycle and biogeochemical dynamics in lake sediments[J]. Journal of Paleolimnology, 1999, 21: 375-393.

Edwards T W D, McAndrews J H. Paleohydrology of a Canadian Shield lake inferred from ^{18}O in sediment cellulose[J]. Canadian Journal of Earth Sciences, 1989, 26(26): 1850-1859.

Elser J J, Andersen T, Baron J S, et al. Shifts in Lake N: P Stoichiometry and Nutrient Limitation Driven by Atmospheric Nitrogen Deposition[J]. Science, 2009, 326 (5954): 835-837.

Galloway J N, Cowling E B. Reactive nitrogen and the world: 200 years of change[J]. Ambio: A Journal of the Human Environment, 2002, 31(2): 64－71.

Günther F, Thiele A, Gleixner G, et al. Distribution of bacterial and archaeal ether lipids in soils and surface sediments of Tibetan lakes: Implications for GDGT-based proxies in saline high mountain lakes[J]. Organic Geochemistry, 2014, 67(1): 19－30.

Hecky R E, Kling H J. The Phytoplankton and Protozooplankton of the Euphotic Zone of Lake Tanganyika: Species Composition, Biomass, Chlorophyll Content, and Spatio-Temporal Distribution[J]. Limnology & Oceanography, 1981, 26(3): 548－564.

Hecky R E, Kling H J. Phytoplankton ecology of the great lakes in the Rift valleys of Central Africa[J]. Journal of Singing, 1987, 68: 197－228.

Hong S, Candelone J P, Patterson C C, et al. Greenland ice evidence of hemispheric lead pollution two millennia ago by Greek and Roman civilizations[J]. Science, 1994, 265 (5180): 1841－1843.

Hou J, Huang Y, Zhao J, et al. Large Holocene summer temperature oscillations and impact on the peopling of the northeastern Tibetan Plateau[J]. Geophysical Research Letters, 2016, 43(3). DOI: 10. 100212015GL067317.

Hu Z, Anderson N J, Yang X, et al. Catchment-mediated atmospheric nitrogen deposition drives ecological change in two alpine lakes in SE Tibet[J]. Global Change Biology, 2014, 20(5): 1614－1628.

Lee C S, Qi S H, Zhang G, et al. Seven thousand years of records on the mining and utilization of metals from lake sediments in central China[J]. Environmental Science & Technology, 2008, 42(13): 4732－4738.

Leng M J, Marshall J D. Palaeoclimate interpretation of stable isotope data from lake sediment archives[J]. Quaternary Science Reviews, 2004, 23(7): 811－831.

Li J, Philp R P, Pu F, et al. Long-chain alkenones in Qinghai Lake sediments[J]. Geochimica Et Cosmochimica Acta, 1996, 60(2): 235－241.

Marcantonio F, Zimmerman A, Xu Y, et al. A Pb isotope record of mid-Atlantic US atmospheric Pb emissions in Chesapeake Bay sediments[J]. Marine Chemistry, 2002, 77(2－3): 123－132.

Meyers P A. Applications of organic geochemistry to paleolimnological reconstructions: a summary of examples from the Laurentian Great Lakes [J]. Organic Geochemistry, 2003, 34: 261 - 289.

Ndzangou S O, Richer-Lafleche M et al. Sources and Evolution of Anthropogenic Lead in Dated Sediments from Lake Clair, Quebec, Canada[J]. Journal of environmental quality, 2005, 34(3): 1016 - 1025.

Nriagu J O. A global assessment of natural sources of atmospheric trace metals[J]. Nature, 1989, 338(6210): 47 - 49.

Nriagu J O. Paleoenvironmental research: Tales told in lead[J]. Science, 1998, 281 (5383): 1622 - 1623.

Ouellet M, Jones H G. Paleolimnological evidence for the long-range atmospheric transport of[J]. Canadian Journal of Earth Sciences, 1983, 20(1): 23 - 36.

Pearson A, Ingalls A E. Assessing the Use of Archaeal Lipids as Marine Environmental Proxies[J]. Annual Review of Earth & Planetary Sciences, 2013, 41(1): 359 - 384.

Powers L A, Werne J P, Johnson T C, et al. Crenarchaeotal membrane lipids in lake sediments: A new paleotemperature proxy for continental paleoclimate reconstruction[J]. Geology, 2004, 32(7): 613 - 616.

Qin B Q, Gao G, Zhu G W, et al. Lake eutrophication and its ecosystem response [J]. Science Bulletin, 2013, 58(9): 961 - 970.

Renberg I, Persson M W, Emteryd O. Pre-industrial atmospheric lead contamination detected in Swedish lake sediments[J]. Nature, 1994, 368: 323 - 326.

Schouten S, Hopmans E C, Damsté J S S. The organic geochemistry of glycerol dialkyl glycerol tetraether lipids: A review[J]. Organic Geochemistry, 2013, 54(1): 19 - 61.

Schouten S, Hopmans E C, Schefuß E, et al. Distributional variations in marine crenarchaeotal membrane lipids: a new tool for reconstructing ancient sea water temperatures[J]. Earth & Planetary Science Letters, 2002, 204(1): 265 - 274.

Shotyk W, Weiss D, Appleby P G, et al. History of atmospheric lead deposition since 12, 370 ^{14}C yr BP from a peat bog, jura mountains, switzerland[J]. Science, 1998, 281(5383): 1635 - 1640.

Swain E B. Measurement and interpretation of sedimentary pigments[J]. Freshwater Biology, 1985, 15(1): 53 - 75.

Swain E B, Engstrom D R, Brigham M E, et al. Increasing rates of atmospheric mercury deposition in midcontinental north america[J]. Science, 1992, 257(5071): 784 - 787.

Talbot M R, Johannessen T. A high resolution palaeoclimatic record for the last 27, 500 years in tropical West Africa from the carbon and nitrogen isotopic composition of lacustrine organic matter[J]. Earth & Planetary Science Letters, 1992, 110(1 - 4): 23 - 37.

Thompson S, Eglinton G. The fractionation of a Recent sediment for organic geochemical analysis[J]. Geochimica et Cosmochimica Acta, 1978, 42: 199 - 207.

Verta M, Tolonen K, Simola H. History of heavy metal pollution in Finland as recorded by lake sediments[J]. Science of the Total Environment, 1989, 87(s87 - 88): 1 - 18.

Wang H, Dong H, Zhang C L, et al. Deglacial and Holocene Archaeal Lipid-Inferred Paleohydrology and Paleotemperature History of Lake Qinghai, Northeastern Qinghaiu-Tibetan Plateau[J]. Quaternary Research, 2015a, 83(1): 116 - 126.

Wang Z, Liu Z, Zhang F, et al. A new approach for reconstructing Holocene temperatures from a multi-species long chain alkenone record from Lake Qinghai on the northeastern Tibetan Plateau[J]. Organic Geochemistry, 2015b, 88: 50 - 58.

Wu X, Dong H, Zhang C L, et al. Evaluation of glycerol dialkyl glycerol tetraether proxies for reconstruction of the paleo-environment on the Qinghai-Tibetan Plateau[J]. Organic Geochemistry, 2013, 61(6): 45 - 56.

Yang H D, Linge K, Rose N. The Pb pollution fingerprint a t Lochnagar: The historical record and current status of Pb isotopes [J]. Environmental Pollution, 2007, 145 (3): 723 - 729.

Yang X D, Anderson N J, Dong X H, et al. Surface sediment diatom assemblages and epilimnetic total phosphorus in large, shallow lakes of the Yangtze floodplain: their relationships and implications for assessing long-term eutrophication [J]. Freshwetal Biology, 2008, 53(7): 1273 - 1290.

Yao S, Xue B. Sediment Records of the Metal Pollution at Chihu Lake Near a Copper Mine at the Middle Yangtze River in China[J]. Journal of Limnology, 2015, 75(1).

Yao S, Xue B, Tao Y. Sedimentary lead pollution history: Lead isotope ratios and conservative elements at East Taihu Lake, Yangtze Delta, China [J]. Quaternary International, 2013, 304(9): 5 - 12.

Zhang J, Chen F, Holmes J A, et al. Holocene monsoon climate documented by oxygen and carbon isotopes from lake sediments and peat bogs in China: a review and synthesis[J]. Quaternary Science Reviews, 2011, 30(15): 1973 - 1987.

Zink K G, Leythaeuser D, Melkonian M, et al. Temperature dependency of long-chain alkenone distributions in recent to fossil limnic sediments and in lake waters[J]. Geochimica Et Cosmochimica Acta, 2001, 65(2): 253 - 265.

第二章　洞庭湖平原湖泊和江汉平原湖泊

　　洞庭湖平原湖区位于湖南省东北部,两湖盆地(也称湖北盆地)里两湖平原的南部,北部与江汉平原相接,泛指湘、资、沅、澧四水尾闾及长江四口入湖洪道范围的广大平原、湖泊水网区,总面积18 780 km²,跨湘、鄂两省,受堤防保护面积10 220 km²,纯外湖面积2 691 km²,堤垸内湖798 km²(叶泽纲等,2006)。该区域气候具有从中亚热带向北亚热带过渡的性质,夏季高温多雨。洞庭湖平原湖区的主要湖泊为中国第二大淡水湖洞庭湖,以及其他零星分布的小湖,如岳阳南湖、芭蕉湖、黄盖湖、安乐湖、毛里湖、柳叶湖和东湖等。洞庭湖南纳湘、资、沅、澧等四水,吞吐长江,水量充沛,但由于水位和年径流量的变率较大,湖区常发生洪涝灾害。洞庭湖平原湖区土地肥沃、物产丰饶、人口密集,是全国商品粮基地和工业原料供应地。与此同时,洞庭湖平原湖区金属矿产资源丰富,尤其是有色金属矿藏资源分布广泛,例如钨矿、锑矿等。

2.1　洞庭湖平原湖泊

2.1.1　洞庭湖

　　洞庭湖为中国第二大淡水湖,水位33.5 m时(岳阳站,黄海基面),面积可达2 625 km²,古称云梦、九江和重湖(窦鸿身、姜加虎,2000;Du et al.,2001)。洞庭湖位于长江中游荆江南岸,跨岳阳、汨罗、湘阴、望城、益阳、沅江、汉寿、常德、津市、安乡和南县等县市。洞庭湖是长江流域也是全国湖泊水位涨落变幅最大的一个湖泊,每年4月从四水桃汛开始,水位逐渐上涨,6、7月间水位稍有回落,7月后长江开始洪汛,四口入湖水量增加,8、9月间水位达峰值,10月后水位下降,至翌年3、4月间达最低值(Du et al.,2001)。洞庭湖由于面积较大,水位受到长江影响存在季节性波动特征,因此湖区内零星分布着许多小型湖泊。洞庭湖的主要水体由七里湖、目平湖、南洞庭湖、东洞庭湖4部分组成。但最近一个世纪,洞庭湖面积不断缩小,据湖南省水利水电厅《洞庭湖水文气象统计分析》(1989),自1949年到1978年,洞庭湖面积从4 350 km²减少到2 691 km²(Du et al.,2001)(表2-1)。近年来,随着社会经济的发展,人类活动对湖泊干预增强,在全球变暖的背景下,洞庭湖生态系统生态退化更加显著(Li et al.,2013)。

表2-1 洞庭湖面积演变(引自 Du et al.,2001)

时间	东洞庭湖面积(km²)	南洞庭湖面积(km²)	西洞庭湖面积(km²)
20世纪30年代	1 454	626	294
20世纪50年代	861	707	517
20世纪70年代	587	589	312
20世纪80年代	551	561	196

(1)洞庭湖沉积速率变化

湖泊沉积物包含着丰富的水体演化过程中物理、化学和生物等信息,常被作为一种重要的地质载体应用于区域古环境重建中,并逐渐形成一门重要的交叉学科——古湖沼学(张恩楼等,2016)。因此对湖泊沉积物的研究有利于掌握湖泊演化的历史信息,这就需要研究者掌握精确的湖泊沉积物的年代信息。沉积速率是反映了在某一段时间范围内湖泊中携带着大量环境信息的泥沙等物质的沉积厚度的指标,其能综合体现湖泊内物质沉积过程的特征。

前人对洞庭湖沉积物年代学进行了研究并取得了较为丰硕的成果。Du等(2001)从东洞庭湖、南洞庭湖和西洞庭湖钻取了22个长度在31 cm到126 cm不等的岩芯,从中选取了7根样柱,按照2 cm间隔在野外进行分样后带回实验室分别进行了^{210}Pb和^{226}Ra分析。所有岩芯的^{210}Pb分析结果均表明,随着钻孔深度的增加,^{210}Pb含量随之下降。东洞庭湖的四根岩芯(E19,E24,E8和D1)的^{210}Pb活度存在小幅波动但均呈现逐渐减少的趋势,表层3~4 cm下降较缓,降速小于 2 dpm/g;但在 40～60 cm 深度处,下降速度增加。四个钻孔沉积物的沉积速率分别为 1.92 cm/yr(E19),1.50 cm/yr(D1),1.18 cm/yr(E8)和 0.86 cm/yr(E24)(表 2-2)。西洞庭湖(M1)和南洞庭湖(M4)的两个钻孔[210]Pb 含量随钻孔深度下降存在较为显著的差别,因此计算出的沉积速率也存在较大差异,西洞庭湖(M1)沉积速率为 2.33 cm/yr,而南洞庭湖(M4)的沉积速率仅为 0.77 cm/yr。最后一个钻孔 E3 位于长江入湖口的位置,[210]Pb 含量在表层前 5 cm 下降速度为 4 dpm/g,之后的降速仅为 1 dpm/g,并且由于采样的分辨率太低而未能获得沉积速率。东洞庭湖的沉积速率偏高,作者认为这与瓯池河道的历史迁移有关。而西洞庭湖较高的沉积速率(2.33 cm/yr)则与洞庭湖西部和南部流域扩张的土壤侵蚀密切相关。E3 表层过高的放射性含量则与粒度特征有关。总体而言,受到洞庭湖周边河川径流的影响,洞庭湖的沉积速率存在显著的空间差异性。

表 2-2 基于[210]Pb 推算的洞庭湖 7 个钻孔沉积物沉积速率(引自 Du et al. ,2001)

钻孔编号	钻孔深度(cm)	沉积速率(cm/yr)
M1	65	2.33
E19	119	1.92
D1	95.8	1.50
E8	31	1.18
E24	69	0.86
M4	101	0.77
E3	85	—

(2) 洞庭湖沉积地球化学特征

沉积物记录着大量地质、气候和环境等信息,基于对沉积物地球化学指标包括元素、有机质含量等的分析有助于探究洞庭湖沉积物的地球化学元素分布与迁移特征,揭示洞庭湖环境演化的规律,甚至追踪湖区污染物的来源等,对洞庭湖环境问题的治理具有重要意义。

元素地球化学特征

湖泊沉积物的元素地球化学特征是湖泊流域及湖泊内部元素地球化学循

环的真实反映,元素主要来源于湖泊流域,其组成成分的变化直接反映了元素物源的特征,并记录了区域化学风化作用和环境变化的历史。近年来,由于受到人类活动的影响,例如矿藏的开采,湖泊流域内元素的组合分布特征及丰度发生了较大的变化,金属元素在湖泊沉积物中不断发生迁移富集。重金属元素的富集还会对周围生态环境产生危害,进而影响人类的生存健康。因此对湖泊沉积物元素地球化学特征的分析,可以较为准确地揭示人类活动对湖泊环境的影响。此外,元素的分布、迁移和富集的规律还受到气候变化例如降雨、温度等因素的共同影响,因此对沉积物中地球化学元素的研究还有助于间接揭示气候变化的特征,因而地球化学指标常被用作古气候重建的代用指标。

洞庭湖的重金属污染问题目前较为突出,这与洞庭湖周边区域分布着大量金属矿藏有着密切关联(金相灿,1995)。湖南被称为中国"有色金属之乡",在洞庭湖平原湖群上游分布着许多大型采矿、冶金、建材等工程企业,因此造成大量含铬粉尘、废水及固体废物直接或间接排入洞庭湖中(陈瑞生等,1987;雷鸣等,2008)。2005 年的湘江流域,更是出现了 As 和 Cd 重金属突发性污染事件(湘水政,2006)。姚志刚、鲍征宇、高璞(2006)于 2004 年洞庭湖枯水期采集湖底沉积物样品,进行了 Cu、Pb、Zn、Cd、Cr、Ni、As 和 Hg 等 8 种元素分析,结果表明 8 种元素均有较高程度的显著富集,尤其 Cd 和 Hg,严重超过国家土壤环境质量标准。对其评价的结果表明,东洞庭湖的污染最为严重,尤其是洞庭湖唯一出口城陵矶 8 种重金属含量最高。此外,其他有关洞庭湖重金属的研究也有相似的结论,例如祝云龙等(2008)采集的东洞庭湖样品的重金属分析表明,Cd、Pb、Hg、As 的含量过高,重金属污染严重。万群等(2011)对东洞庭湖沉积物重金属的研究也同样表明,Cd 和 Hg 的含量最高,尤其是湘江和长江出湖口地区重金属污染最为严重。Li 等(2013)在洞庭湖全湖采集沉积物样品并分析其重金属含量,结果表明,As 和 Cd 偏高,Zn、Pb、Cd 和 As 主要来源于岳阳市和湘江的矿业废水和工业废水,Cr 和 Cu 主要来源于天然侵蚀和非点源农业,Hg 的来源则两方面均有。

由于洞庭湖受到长江、湘江等河流的影响较大,因此洞庭湖沉积物的来源多样。地球化学元素也用于指示沉积物物源特征。魏军才等(2010)在洞庭湖区湘江下游尾闾区、澧水下游的澧阳平原、以长江分洪河道物源为主的安乡冲积湖区、东洞庭湖西南和西北部各采集一根柱样,分析其地球化学元素组成特征,包括常量元素、微量元素及 TOC 等指标,结果表明:长江物源沉积物中富集 Fe、Na、Ca、Mg、Sc、V、Cr、Ni、Cu、Sr、Mn 和 F 等元素,并且 CaO/MgO、Cr/Th、Ca/Cd、Ti/Si 和 TC/N 比值较高,但 TOC 含量偏低;四水物源沉积富集 Si、Li、Se、Cd、Ce 和 Th 等元素,K/Na 比值和 TOC 含量偏高。长江和四水携带入湖的泥沙是洞庭湖区沉积物最主要的物质来源,以长江物源沉积作用为主的湖区东部、长江分流区沉积物和以湘江、澧水物源沉积物为代表的四水物源沉积物差别明显,长江物源对湖区沉积物影响最大,湖区表层沉积物主要来自长江携带的大量物质。

有机地球化学特征

沉积物有机地球化学方法包括有机标志化合物的组成、色素组成以及持久性有机污染物等,在揭示湖泊沉积物中有机质和污染物的来源、湖泊环境的变化以及区域环境等领域中,有机地球化学指标应用十分广泛。

2004 年 9 月,Gao 等(2008)等在洞庭湖全湖选择 8 个位于全国或省重点监测区的剖面上采集沉积物样品,对对多氯代二苯并-对-二噁英和二苯并呋喃(PCDD/Fs)含量等指标进行了分析(表 2-3)。

表 2-3　洞庭湖有机地球化学样品采集点位

采样点编号	地理位置
S1	28°49′50N,112°52′57E
S2	28°57′08N,112°52′03E
S3	28°49′03N,112°24′39E
S4	28°51′04N,112°18′33E
S5	29°03′33N,112°19′07E
S6	29°03′40N,112°17′47E
S7	29°20′14N,113°03′46E
S8	29°21′37N,113°03′42E

分析的结果表明,洞庭湖收集的沉积物中 2 位、3 位、7 位、8 位被氯原子取代的 PCDD/Fs 的异构体含量分布范围在 135～5 329 pg·g^{-1} 之间,平均含量为 2 218 pg·g^{-1}。浓度最高的 PCDD/Fs 分布在南洞庭湖湘江附近 S1 号点,点位 S5 浓度最低的 PCDD/Fs 值仅达到 135 pg·g^{-1},主要分布在西洞庭湖北部河流入湖口出。沉积物研究中测定的 PCDD/Fs 的水平与 1995 年研究结果相比显著偏低。Gao 等(2008)认为 PCDD/Fs 下降的原因与三个因素有关:① 自 1995 年来,洞庭湖 PCP-Na 被禁止使用,除了一些库存 PCP-Na 仍在使用;② 洪水稀释效应造成 PCDD/Fs 含量下降,洞庭湖接收了来自长江、湘江等河的水流和泥沙,并且在 1996 年、1998 年和 2002 年间发生了三次严重洪灾,洪水很可能稀释了沉积物中的 PCDD/Fs 浓度;③ 生物降解效果,尽管自 1995 年来 PCDD/Fs 浓度大幅度下降,但 PCDDs 的含量依然均超过 EPA 沉积物质量标准,这表明洞庭湖区域的沉积物依然处于被污染的状态中。

Li 等(2016)采集了洞庭湖全湖 16 个点位的表层沉积物样品,并分析溶解有机碳(DOC)、氮(N)、磷(P)以及生物标志化合物等指标,评估溶解有机质(DOM)的含量,研究结果表明,洞庭湖沉积物中 DOC 含量在 60.004～368.286 mg·kg^{-1} 之间,呈现东洞庭湖 DOC 含量大于南洞庭湖大于西洞庭湖的空间分布特征(图 2-1)。沉积物中的 DOM 主要由腐殖质类物质组成,东洞庭湖比南洞庭湖和

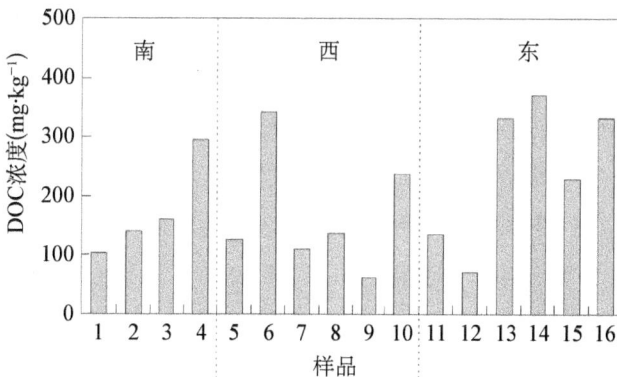

图 2-1　洞庭湖沉积物中 DOC 含量(Li et al.,2016)

西洞庭湖地区分别高出 4.1% 和 6.4%;沉积物中 DOM 的腐殖化程度较高,芳香环中的取代基主要为羰基、羧基、羟基和酯;洞庭湖沉积物中 DOM 的来源主要受到陆地输入和生物代谢的显著影响。

洞庭湖沉积物中 DOM 的激发-发射矩阵(EEM 谱)主要由腐殖质类物质、可溶性微生物产物和简单芳香族蛋白质组成。此外,洞庭湖沉积物中 DOM 的组成和结构特征与沉积物中 N、P 含量和水质密切相关,特别是腐殖质类物质与蛋白质类物质($P_{(III+V, n)}/P_{(I+II, n)}$)的比值间接指示了水质优劣。

(3) 洞庭湖沉积环境演化

湖泊沉积环境的演化受到地质构造运动和区域环境变化尤其是全球气候变化的共同制约,洞庭湖在第四纪以来经历了数次较大规模的变迁过程(杨达源,1986)。在早更新世早期,洞庭湖所在区域形成了若干断陷盆地,此时的沉积环境主要为封闭型湖泊;到了早更新世晚期,洞庭盆地由小型逐步变成大型盆地,并呈现构造沉降空间分布不均匀的特征,具体表现为盆地中部沉积厚度最小,西部沉积厚度稍大,而东部沉积厚度最大的特征,这表明构造沉降控制着当时的沉积环境:构造沉降较弱的洞庭湖盆地西部形成过流型湖泊,而构造沉降较强的东部则形成较为封闭的湖盆;到了中更新世,洞庭盆地进一步扩大,水流强度增强,并且已有河流发育,表现为西部为河湖相沉积环境,东部为过流型湖泊沉积环境,盆地北部还分布一些静水湖泊;晚更新世时,洞庭盆地开始由断陷转为坳陷,沉积环境主要是较为封闭的浅水湖泊,呈现网状切割平原景观;全新世以来,洞庭盆地继续坳陷沉降,断裂对沉积厚度不再起控制作用,随着气候转暖,海平面上升,早全新世沉积环境以河流相沉积环境为主,仅在现今东洞庭湖一带存在小范围的过流型湖泊;中全新世时,沉积环境以河流泛滥平原沉积环境为主;晚全新世时期,人类活动对沉积环境的影响增强,沉积范围扩大,其沉积环境表现为湖泊相与河流相交替的特征;近代以来,随着人口增加,人类活动日益增强,围湖造田等活动不断促使洞庭湖面积缩小,到了 1949 年,洞庭湖湖域面积缩减为 4 350 km²,到了 1983 年,洞庭湖面积进一步缩减为 2 691 km² 并伴随着湖泊水位普遍抬升的现象出现(皮建高等,2001)。

此外,其他研究也揭示了晚更新世末到全新世初期,洞庭湖湖区广泛发育砂砾石层,黄褐色、灰黄色黏土质粉砂层以及含铁锰结核、呈黄色与灰白色的黏土、粉砂质黏土层(周国琪、成铁生、赵守勤,1984)。张晓阳、蔡述明、孙顺才(1994)也曾基于洞庭湖沉积物岩性、岩相特征和文化遗址分布,揭示了洞庭湖全新世以来的沉积环境演变特征,认为洞庭湖演变经历了晚更新世末至全新世初的河湖切割平原环境、全新世早中期的湖泊扩展时期、全新世晚期的四水复合三角洲发育与湖沼洼地零星分布时期、商周至秦汉四水分流间洼地湖泊和沼泽广布期、魏晋至 19 世纪中叶洞庭湖发展的鼎盛期和 19 世纪中叶至今的三角洲迅速推进并且湖泊逐渐萎缩期等六大阶段。

人类活动对洞庭湖萎缩与扩张的影响尤为值得注意,尤其是进入全新世暖期以来,洞庭湖区内人类活动出现频繁,新石器时代彭头山文化(9 000~7 900 a BP)、皂市文化(7 900~6 800 a BP)、大溪文化时期(6 800~5 500 a BP)、屈家岭文化时期(5 500~5 000 a BP)、石家河文化(5 000~4 000 a BP)和龙山文化时期(^{14}C 测年约为(3 950±120)a BP)相继出现,人类文化活动遗址不断向湖中推进,湖泊三角洲有所发展,湖面则不断缩小(杜耘、殷鸿福,2003;Liu et al.,2012)。

2.1.2 洞庭湖平原其他小型湖泊

洞庭湖平原湖区除了洞庭湖以外,还包括一些零星分布的其他湖泊,例如岳阳南湖、芭蕉湖、黄盖湖、安乐湖、毛里湖、柳叶湖、东湖、珊珀湖、大通湖和北民湖等(图 2-2)。前人对这些零星小湖的研究相对较少,仅有少数文献资料涉及环境演化等方面的研究。由于受到长江等河流影响较大,洞庭湖平原上这些小型湖泊时常面临洪水威胁,因此具有流域内洪涝灾害频发的特征。以黄盖湖为例,黄盖湖位于长江中游南岸,是湖南省临湘市和湖北省赤壁市的界湖。黄盖湖的流域面积为 1 538 km²,地理坐标为东经 113°29′48″~113°36′40″,北纬29°37′00″~29°46′12″,湖泊面积仅为 70 km²,是该流域洪水主要的调蓄湖(敬正书,2013)。黄盖湖北部及江南陆城一带为长江冲积地貌,地势平坦,分布有少量剥蚀残丘,黄盖湖南部地势呈现由丘陵向山地过渡的特征,地形由剥蚀残丘过渡为低山,地形起伏较大。近年来,黄盖湖也面临着围湖造田、围垦灭螺和泥沙淤积的威胁,水域面积在逐年减少,据统计自新中国成立以来萎缩率达 56%(宋萌勃、刘其发、李南海,2013)。此外,由于黄盖湖流域内降雨量十分丰沛,暴雨频繁,历史上曾多次发生过大洪水,而且受外江高水位的顶托,因此流域内内涝灾害严重。据统计,自1980年以来,黄盖湖流域共经历了16次大洪灾,几乎平均2至3年一次(要威、张黎明,2017)。

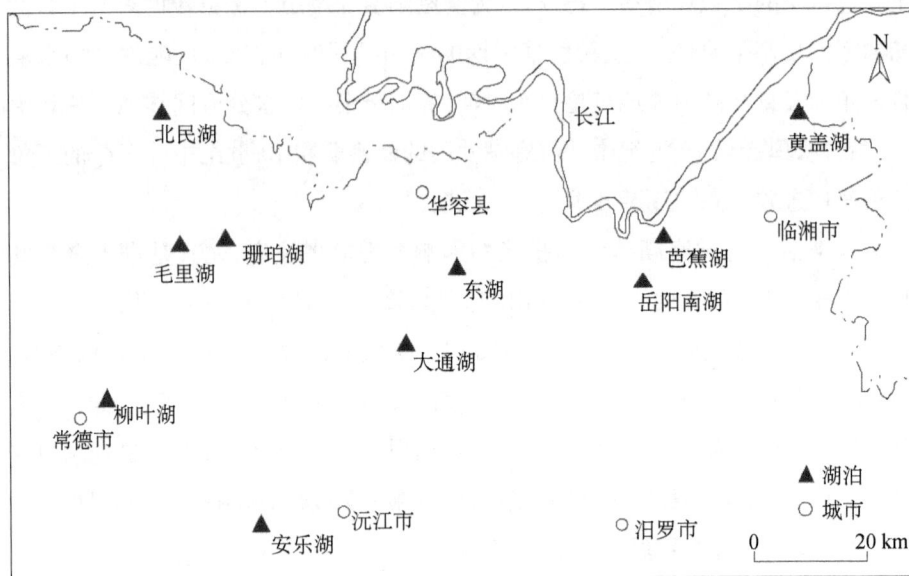

图 2-2 洞庭湖平原区中小型湖泊分布(张凤荣等,2009)

(1)沉积速率变化

有关洞庭湖平原这些小型湖泊沉积速率的研究十分稀少。Yao 和 Xue (2015)采用重力采样器在黄盖湖采集了一根长56 cm左右的岩芯(HGH2011-02),并按照1 cm间隔分样,采用^{210}Pb和^{137}Cs方法对沉积柱样进行年代测定。结果表明,^{137}Cs的峰值出现在钻孔深度14～15 cm处,对应年代为1963年,^{210}Pb含量随着钻孔深度增加而逐渐下降(图2-3)。采用稳定初始放射性通量(CIC)模式计算得出柱样0～56 cm的质量沉积速率为0.27 g·cm^{-2}·yr^{-1}($r^2=0.86$),同时利用稳恒沉积通量(CRS)模式,对所计算的年代进行校正,表明在过去150年间,所计算的泥沙淤积率变化十分显著,自19世纪90年代到20世纪中叶,泥沙淤积率增加迅速,直到20世纪30年代末达到顶峰,之后逐渐降低。

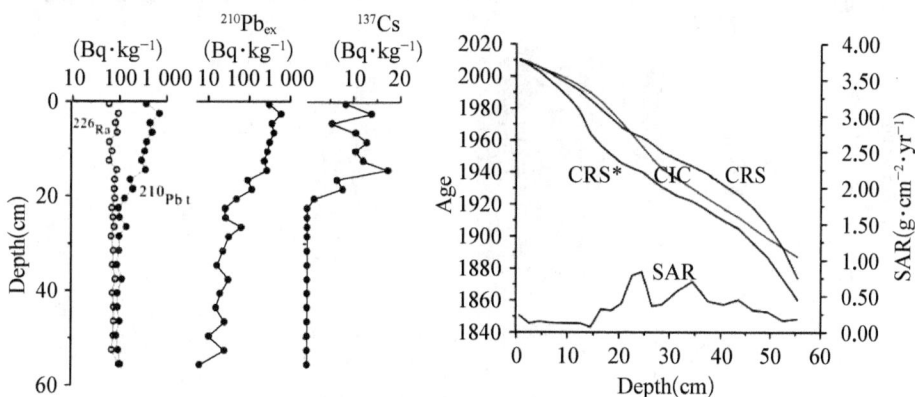

图 2-3　黄盖湖钻孔沉积物^{226}Ra、^{210}Pb 和^{137}Cs 活性及年代与沉积速率的垂向变化

（2）沉积地球化学特征和环境演化特征

洞庭湖平原湖区金属矿藏资源丰富，因此除了洞庭湖存在重金属污染问题，其他小型湖泊也同样面临着重金属污染的威胁。张凤荣等（2009）曾采集了洞庭湖平原 10 km^2 以上的 10 个中小型湖群的表层沉积物和钻孔沉积物样品，采用地累积指数法，评价了湖泊沉积物中 Cr 的污染状况、空间分布特征及其污染水平。结果表明，洞庭湖平原地区中小型湖泊的表层沉积物中 Cr 含量普遍高于环境背景值，其中大通湖 4 号点 Cr 含量最高，达到 101.2 mg/kg；各湖表层沉积物中 Cr 平均值依次为岳阳南湖＞大通湖＞珊瑚湖＞东湖＞黄盖湖＞安乐湖＞北民湖＞柳叶湖＞毛里湖＞芭蕉湖（图 2-4）。地累积指数评价结果还显示，洞庭湖平原湖群中有 4 个湖泊的 10 个采样点达到中度污染程度，9 个湖泊 18 个采样点为轻度污染程度，仅有 1 个采样点没有被污染。各个湖泊柱状沉积物中 Cr 呈现不同的变化特征：大通湖柱状沉积物中 Cr 含量表明大通湖中铬污染程度呈缓慢加重趋势；芭蕉湖在历史上没有受到铬污染，近年来 Cr 快速上升，污染呈逐渐加重趋势；珊瑚湖柱状沉积物中 Cr 在垂向上自底层向表层显著升高；黄盖湖沉积物中 Cr 在垂向上波动很大，无明显趋势。按湖泊的类型划分，洞庭湖平原区中小湖泊沉积物受 Cr 污染程度表现为城市湖泊＞投肥养殖型湖泊＞人放天养型湖泊（张凤荣等，2009）。

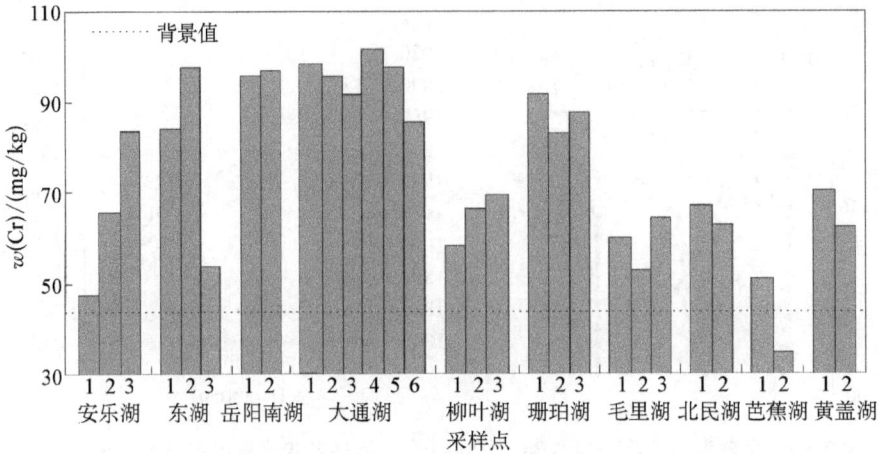

图 2-4 各湖泊不同采样点表层沉积物中 $w(Cr)$ 分布(张凤荣等, 2009)

此外,张玉宝等(2011)之后对洞庭湖平原 10 个中小型湖泊沉积物中砷的空间分布特征进行分析,同样采用地累积指数法对其污染进行了评价,洞庭湖平原区 10 个中小型湖泊表层沉积物的砷平均值为 15.8 mg/kg,略高于国家一级土壤标准(15.0 mg/kg)和洞庭湖水系的环境背景值(12.9 mg/kg)(图 2-5)。在空间分布上,沉积物砷污染呈现从上游至下游增高趋势,这可能与沉积物化学组成中硅铝酸盐及钙、镁盐含量有关,例如砷含量较高的沉水水系以及洞庭湖湖口区湖泊沉积物,其硅铝酸盐含量也明显较澧水水系和藕池河水系湖泊沉积物高,而钙和镁盐的含量则呈相反的变化。总体而言,洞庭湖平原各中小型湖泊表层沉积物中砷污染总体较轻,各湖表层沉积物中砷浓度在 10.1~33.7 mg/kg 之间变化,平均值为 15.8 mg/kg,砷含量水平较低,其中 8 个湖泊 22 个点位没有污染,5 个湖泊 7 个点位属于轻度污染。洞庭湖平原区中小型湖泊表层沉积物中砷平均含量次序为:岳阳南湖>芭蕉湖>黄盖湖>安乐湖>毛里湖>柳叶湖>东湖>珊珀湖>大通湖>北民湖;各水系之间表现为澧水水系湖泊(北民湖、珊珀湖、毛里湖)、藕池河水系湖泊(大通湖、东湖)低于沉水水系湖泊(柳叶湖、安乐湖),低于洞庭湖湖口区湖泊(岳阳南湖、芭蕉湖、黄盖湖),显示从上游向下游增高。作者认为近年来,较为快速的经济发展和粗放型经济发展方式以及洞庭湖湖口区及沅江水系铅锌矿石冶炼、制酸、农药生产等砷排放企业的存在是造成洞庭湖平原中小湖群砷污染的关键因素。

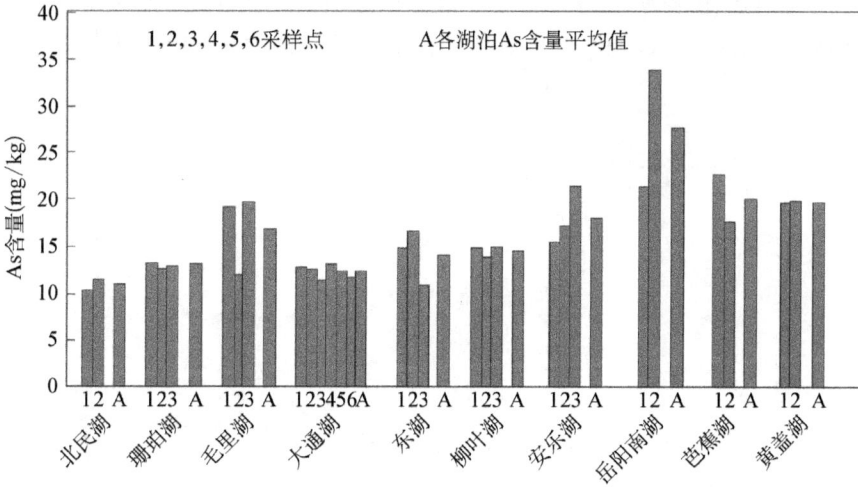

图 2-5　各湖泊表层沉积物中 As 含量及平均值（张玉宝等，2011）

此外，有关黄盖湖沉积环境演化与地球化学特征的研究，Yao 和 Xue（2015）曾做了较为详细的分析。Yao 和 Xue（2015）分析了黄盖湖沉积柱样（HGH2011-02）总有机碳（TOC）、总氮（TN）、总磷（TP）、重金属以及稳定碳氮同位素（$\delta^{13}C_{org}$ 和 $\delta^{15}N$）等指标，具体而言，自柱样底部到 18.5 cm，TOC 含量的变化范围为 0.5%～0.9%，自 39.5～18.5 cm 呈现轻微增加趋势但是总体含量相对偏低。自 14.5 cm 深度至表层对应 20 世纪 60 年代至今，TOC 含量快速增加，并达到最高值 2.5%，TN 也快速增加（图 2-6）。自 14.5 cm 深度往下，TP 含量偏低，平均值为 744 mg·kg^{-1}，14.5 cm 深度朝上，TP 含量表现为显著增加趋势。有机碳同位素变化范围为 -26.0‰～-24.1‰，与表层沉积物样品相比更加偏负。稳定氮同位素值变化范围为 2.5‰～7.0‰，自 14.5 cm 深度到表层，稳定氮同位素值呈增加趋势与有机碳同位素呈相反趋势。镉、铅和银的含量从 20 世纪 60 年代起也呈现增加趋势（图 2-6）。分析结果表明，20 世纪 60 年代以前，黄盖湖沉积物中有机质、养分和重金属含量均较低，指示了黄盖湖的营养状况和污染程度偏低，在 1910—1940 年期间，高泥沙堆积率和低黏土含量的数据表明，流域内人类活动的增加如铁路建设和森林砍伐，造成了流域内侵蚀加强;20 世纪 60 年代以来,黄盖湖的 TOC、TN 和 $\delta^{15}N$ 含量增加而 $\delta^{13}C_{org}$ 的含量降低,表明黄盖湖的初级生产力有所提高;2000 年以后,TOC、TN 和 TP 下降或保持稳定,$\delta^{13}C_{org}$ 和 $\delta^{15}N$ 则略有下降,指示了湖泊水质略有改善。

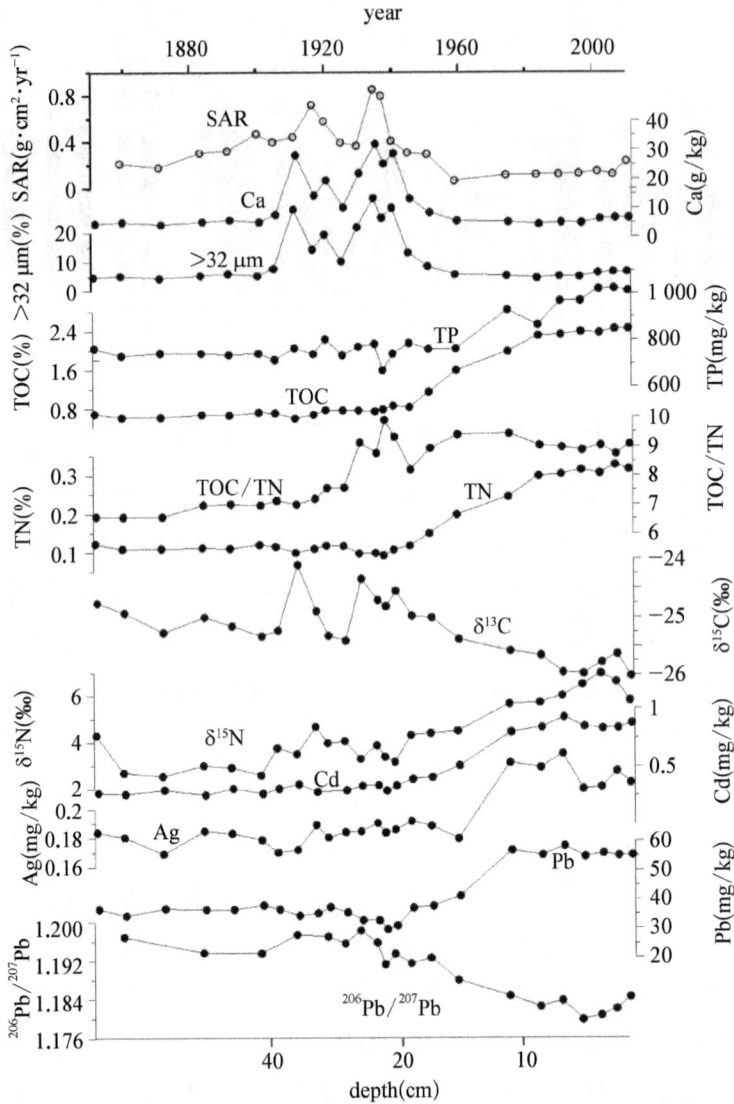

图 2-6 黄盖湖沉积速率、Ca、粒度、总有机碳(TOC)、总氮(TN)、总磷(TP)、TOC/TN、$^{206}Pb/^{207}Pb$、$\delta^{13}C_{org}$、$\delta^{15}N$ 以及重金属垂向变化

2.2　江汉平原湖泊

江汉平原湖区邻近洞庭湖平原湖区,位于"千湖之省"湖北省中南部,江汉平原内湖泊星罗棋布,有 300 多个,湖区面积 4.6 万余平方千米,水域面积占其总面积的 18%,其中湖泊面积达 1 605.4 km²,由长江与汉江冲积而得名(中国小学教学百科全书总编辑委员会地理卷编辑委员会,1993;刘卫东,1994;曹隽隽等,2013)。江汉平原湖区由洪湖、梁子湖、长湖、东湖以及涨渡湖等湖泊组成,湖区受到河流影响显著。

2.2.1　洪湖

洪湖位于长江中游北岸、江汉平原荆北地区四湖水系的尾端,是湖北省境内江汉湖群中最大的湖泊,同时还是一个长江和汉水支流东荆河之间的大型浅水湖和湖北省最大的淡水湖泊。洪湖的最大宽度为 28 km,湖长 44.6 km,岸线总长可达 240 km,在正常的蓄水条件下,全湖的平均水深为 1.35 m,最大水深为 2.32 m 左右,湖面总面积为 344.4 km²(陈萍等,2005)。

由于人类活动的增加,洪湖水体面积正面临着萎缩问题,例如 20 世纪以来数次较大规模的围湖活动,使得洪湖面积迅速缩小,入湖泥沙量也同时减少。1958 年建成的新滩口大型节制闸,堵住了长江洪水的倒灌,从此打破了洪湖与长江一体的格局。1975 年,洪湖北部建成四湖总干渠、西部的螺山干渠,并修建了进出湖的福田寺闸、小港闸和洪湖围堤等工程,洪湖因此由一个吞吐型湖泊转变成了一个半封闭型的湖泊。受到涵闸的控制,洪湖与长江及四湖水系之间的沟通受限,湖水呈现人工性周期性涨落的特征。洪湖地区的水利建设虽然极大地刺激和促进了围湖垦殖等活动,但却致使洪湖水面不断缩小。据统计,20 世纪 50 年代初,洪湖水体面积为 7.6×10^4 hm²;但到了 1959 年,降至 6.53×10^4 hm²;到 20 世纪 70 年代后期,洪湖水面面积进一步下降为 3.55×10^4 hm²,此时洪湖围湖垦殖基本停止,形成了现代洪湖的格局。遥感测量数据表明,洪湖现有水面面积已经不及 20 世纪 50 年代初的一半(杨汉东、蔡述明,1995;陈世俭,2001)。此外,洪湖位于四湖下游,承接了上中游的工业和生活废水,湖水污染日益严重。

（1）洪湖沉积速率变化

洪湖沉积速率的研究成果丰硕。Boyle 等（1999）曾采集洪湖沉积岩芯进行^{210}Pb 和^{137}Cs 测年，推算洪湖沉积物的堆积速率为 0.05 g・cm^{-2}・yr^{-1}，与 Cai 和 Yi(1991)在洪湖静水条件下的观测的范围接近，与洪湖另一个岩芯测定的堆积速率也十分接近(0.055 g・cm^{-2}・yr^{-1}，Appleby，未发表数据)。姚书春等（2006）于 2002 年在洪湖采集一根长达 84 cm 的沉积岩芯，并采用^{210}Pb 和^{137}Cs 相结合的方法测定了年代，同时推算了洪湖的沉积速率，测定结果表明，洪湖^{137}Cs 蓄积在 7.75 cm 处开始出现残留，指示 1954 年全球性核试验的开始，6.25 cm 处出现的高峰值指示了 1963 年全球大规模的核试验爆发，2.25 cm 处出现的高峰指示了 1986 年苏联切尔诺贝利核泄漏事件。洪湖钻孔中^{210}Pb$_{ex}$随深度增加没有呈现指数衰减分布，因此获得的平均沉积速率并不可靠；而根据^{137}Cs 蓄积峰计算得出洪湖钻孔 1963—1986 年沉积速率最大，这可能是因为当时大规模开垦导致湖区周围水土流失，大量的侵蚀物质被带入湖中，从而沉积速率上升，总体推算洪湖钻孔平均沉积速率为 0.15 cm/yr（表 2 - 4）（姚书春等，2006；2008；Yao et al.，2009）。

表 2 - 4 由洪湖^{137}Cs 剖面得出的沉积速率

时标年	计时区间年	平均沉积速率(cm/yr)
1954	1954—2002	0.155
1963	1963—2002	0.16
1986	1986—2002	0.141
	1963—1986	0.174
	1954—1963	0.136

与此同时，王伟等（2006）也对洪湖沉积岩芯的^{210}Pb 活度进行过分析，推算了一根长度为 75 cm 岩芯的沉积年龄。测定结果表明，75 cm 沉积岩芯沉积速率大体分为两段：第一段 0～20 cm，平均沉积速率为 1.99 cm/yr，沉积速率范围为 0.43～2.30 cm/yr；第二部分 21～70 cm，平均沉积速率约为 0.28 cm/yr，

沉积速率范围为 0.12～0.42 cm/yr。总体上推算的沉积速率略高于姚书春和
Boyle 等人的研究结果,推断这与采样点位置不同有关,王伟等人的采样点主要
位于洪湖中间(水深 2.5 m),姚书春等人采样点位于洪湖南部和北部区域(水
深分别为 3.2 m 和 2.65 m)(姚书春等,2006;2008;Yao et al.,2009)。此外,陈
萍等(2004)对洪湖一个长度达 140 cm 沉积岩芯进行^{14}C 年代测定,并推算出较
长时间尺度上洪湖沉积物的沉积速率(表 2-5)。

表 2-5　洪湖 H2-2002 孔沉积物沉积速率的测定结果(陈萍等,2004)

深度(cm)	年代	沉积速率(cm/yr)
28.5	840±50BC*	0.036
110.0	852±39BC	0.129
143.0	1199±32BC	0.092

　* 28.5 cm 处测定的年代有较大的误差,原因可能是湖底受到扰动,例如打捞水草,
湖水的搅动等会使下层的沉积物来到上层,导致测定的年代结果偏大

(2)洪湖沉积地球化学特征

元素地球化学特征

姚书春、薛滨、夏威岚(2005)在洪湖北部和南部采集了两个沉积短柱钻孔
(HN-84 cm 和 HS-74 cm),分析了其重金属含量。结果表明:HN 孔中除了
Ca 元素在表层沉积物富集之外,其他常量元素含量在表层 2 cm 内急剧下降,
出现剖面最低值;Al 元素含量在表层急剧下降,而且在整个剖面中波动比较强
烈;Ca 元素含量从底部到 10 cm 处则比较平稳,往上快速增加;2 cm 以下随着
深度的增加,Fe、K、Mg、Na 含量变化很小(图 2-7)。HS 孔沉积物中各元素变
化的总体趋势与 HN 基本一致,但是钻孔上部大部分元素含量出现下降的深度
较低,在10 cm 左右(图 2-7)。HN 孔沉积柱中除 Pb、Sr、Mn 元素之外,其他
元素在表层沉积物中含量较低,但在下部较高,大约在 7～8 cm 以下含量趋于
平稳。Mn 元素含量变化比较复杂。Sr 在表层富集,10 cm 以下趋于平稳。从
整个剖面来看,Pb 含量在 5 cm 以下总体变化不大,往上有明显增加。HS 剖面
中 Mn 在 30 cm 以下较高,向上有所降低。从总体趋势看,Pb 含量随着深度的

增加缓慢增加,剖面中 Cr 出现了两个异常的峰值。近代洪湖受到人类活动的影响,使得沉积物中金属铅元素不仅来源于自然的作用还受控于人类活动的影响。虽然 20 世纪 70 年代以来洪湖存在人为造成的 Pb 的排放影响,但其值并不高。然而,近几十年来洪湖人为造成湖泊沉积物 Pb 累积的量却在不断增加,并且沉积物中铅污染有进一步加重的趋势(姚书春等,2008)。

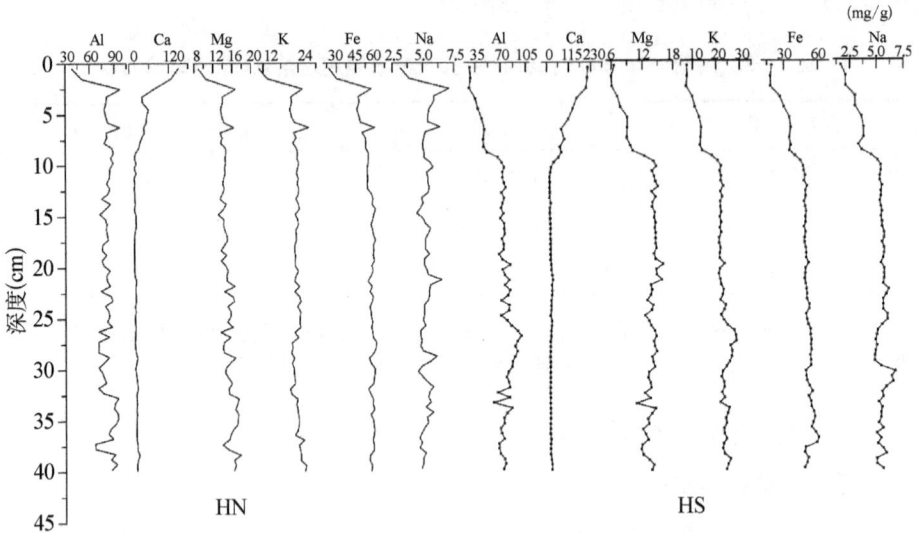

图 2-7　洪湖北部和南部钻孔中各类常量元素的垂直分布图

王伟等(2006)则对洪湖沉积岩芯重金属 Hg、Pb 以及 TOC 进行了分析,结果表明,20 世纪 80 年代前,Hg、Pb 元素的沉积通量基本没有什么变化,元素浓度在沉积柱中的波动也较小,TOC 浓度及沉积通量分布趋势基本一致且数值接近。20 世纪 80 年代初至中期,Hg 浓度有明显增长趋势,Pb 的浓度也有增长趋势,但有波动,沉积通量没有明显变化。20 世纪 80 年代中期至 90 年代,Hg、Pb 的沉积通量变化不明显,Hg 的浓度有降低趋势,具体原因不详,TOC 的浓度和通量都有增大,作者认为是生物源碳增加所造成的。

有机地球化学特征

姚书春、薛滨、夏威岚(2005)基于洪湖北部和南部两个短柱钻孔(HN-84 cm 和 HS-74 cm)同时分析了湖泊沉积物中 TOC 和 TN 含量变化(图 2-8)。HN

孔沉积物中总有机碳含量变化大致可以分为三段:底部至 25 cm,总有机碳含量最低且比较平稳,平均 8.0 g/kg;25～10 cm,总有机碳含量逐渐升高,平均 12.8 g/kg;10 cm 以上总有机碳含量急剧增加,平均含量 35.8 g/kg,与新鲜植物残体还没有充分氧化降解有关。HS 孔沉积物中总有机碳含量变化也大致可以分为三段:底部至 25 cm,总有机碳含量最低且比较平稳,平均含量 8.6 g/kg;25～10 cm 段,总有机碳含量与 HN 孔一样,逐渐升高,平均含量达到 26.2 g/kg;10 cm 以上,沉积物中总有机碳含量急剧增加,平均高达 121.8 g/kg。HN 孔底部到 6.25 cm,沉积物中的总氮含量最低且比较平稳,平均含量为 1.3 g/kg;6.25 cm 到表层,沉积物中的总氮含量急剧增加,平均含量为 4.1 g/kg。总有机碳/总氮比值(TOC/TN)在 7.75 cm 以上有一波峰,最高值接近于 20。HS 孔底部到 10 cm 处,沉积物中的总氮含量较低,但呈逐渐上升趋势,平均含量为 1.3 g/kg;10 cm 以上,沉积物中的总氮含量急剧增加,平均含量为 7.6 g/kg。总有机碳/总氮比值呈阶梯状,可以明显分为三段:25 cm 以下、25～10 cm 和 10 cm 以上。

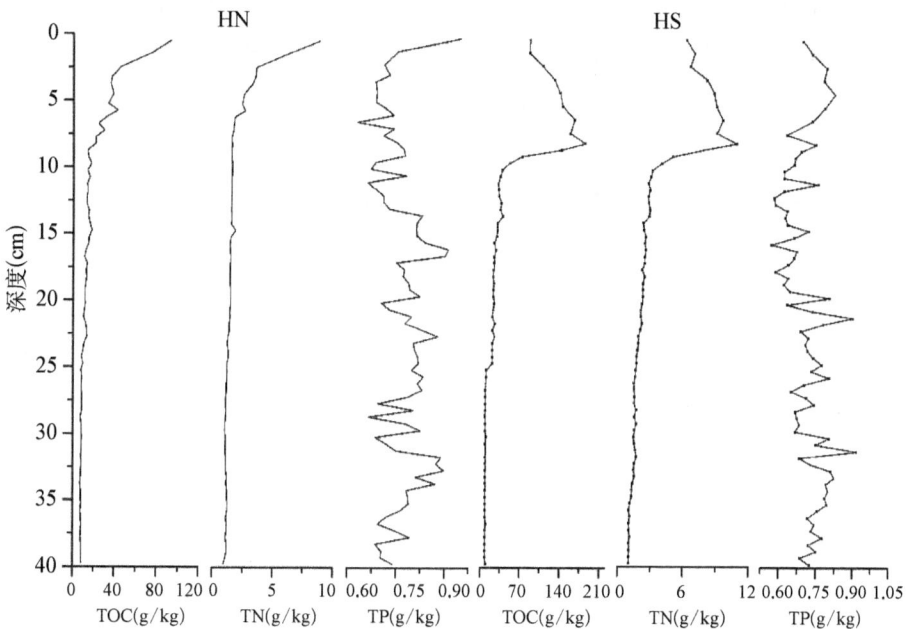

图 2-8 洪湖北部和南部钻孔中 C、N、P 等元素的垂直分布图

除了上述对洪湖沉积钻孔中重金属的研究,杨汉东、蔡述明(1995)于1988—1990年在洪湖设6个剖面站位,对洪湖地区不同时期的垦殖剖面进行了地球化学分析,并通过对沉积物层序间的21个元素的聚类分析,探讨垦殖剖面中元素的分布,地下水及垦殖对元素迁移的影响、再沉积作用与垦殖土壤的关系。研究结果表明,pH指示了洪湖各剖面基本是呈中性略偏碱性,并且垦殖时间越长剖面中pH越呈现下降趋势;洪湖地区水生植物生长旺盛,植物以其发达的根系吸收养分进入植物体,植物死亡后,残体堆积在沉积物表层,营养物质以此形成"沉积物表层-生物体-新生沉积物"的循环,在循环过程中,N,P,Ca等元素在沉积物表层富集;各剖面间的C、N含量变化明显,在湖岸区,围垸养鱼区剖面C、N的含量大于仍处在垦殖状态的剖面和湖内剖面的含量;垦殖剖面中P含量稍低于其他类型剖面;剖面中Ca受地下水淋溶作用的影响而移出,致使剖面中地下水位移动区的Ca含量减少约80%,垦殖剖面地下水位移动区出现大量铁锰结核。

此外,在近代,农药的使用也对洪湖湖泊生态环境产生明显影响。方敏等(2006)对洪湖沉积物岩芯有机氯农药(OCPs)的分析表明,洪湖沉积物中有19种有机氯农药被检出,不同组分质量分数差异较大,总有机氯农药质量分数范围为1.44~345.95 ng/g(干重)。从20世纪60年代开始,洪湖沉积物中总有机氯农药质量分数呈上升趋势,70年代达到最高峰,并且近年来湖区可能还有部分新的有机氯农药污染物的输入,其来源可能与周边人类活动有关。

(3) 洪湖沉积环境演化

洪湖具有天然的筑坝特征,大约在3 000年前由长江蜿蜒形成,当时还未形成统一的湖泊,而是由两个东西相对、彼此分离的小型湖泊组成,且东湖大于西湖。湖面水位在2 500 a BP以后下降,但在晋朝(公元265—420年)恢复,直到宋朝(公元960—1279年)才再次下降,400年前,洪湖东西两部分再次连成一片,之后洪湖水面再次减少,到19世纪下旬,洪水淹没了长江自然堤,洪湖再次扩张,到了20世纪50至70年代,洪湖已然变成了一个封闭湖泊(Cai and Yi,1991;曹希强等,2004)。

在短时间尺度上,姚书春、薛滨、夏威岚(2005)对洪湖北部和南部两个短柱钻孔(HN-84 cm 和 HS-74 cm)沉积物的地球化学参数和磁化率等指标综合分析表明,1840 年前,洪湖地区人类活动较弱,湖泊沉积物中未发现早期人类活动信号的记录;1840 年以后,由于人口大量增加,人类活动增强,湖泊的营养水平有所增加,尤其是 1950 年以来沉积物中营养元素急剧增加;近 50 年来的湖泊营养程度加重,主要与流域内大量营养物质进入湖泊以及大面积的围垦,造成湖泊面积减小、自我调节能力降低等有关。洪湖两个沉积岩芯对比研究表明,洪湖不同区域之间存在着差异,这可能与洪湖湖流作用及人类活动的影响差异有关。总体上,洪湖在约 1950 年以前(沉积柱子约 10 cm 以下)的营养状况偏低。1840—1950 年(沉积柱子 25~10 cm)的总有机碳含量较 1840 年前(沉积柱子 25 cm 以下)略有升高,指示了小冰期最后一次盛期,气候条件极差,在这种气候背景下总有机碳含量的升高,可能与洪湖地区人类活动的加强关系密切。1753 至 1766 年,湖北地区人口数达到 457 万,到了 1851 年达到 3 380 万,长江沿岸一带人口呈现急剧增长趋势。而 1840 年前的人类活动明显较弱,湖泊沉积物中基本没有早期的人类活动信号的记录。1950 年以来,洪湖沉积物中的各类营养元素,特别是 C、N 含量有明显的升高,反映湖泊的营养态开始出现显著的增加。同时 1950 年以来,由于大范围围垦,导致湖泊的面积大大缩小,相应湖泊的自我调节能力降低,大量的流域营养物质不经湖周湿地的吸收削减就直接入湖,导致沉积物中营养元素含量的增加。同一时期,沉积物中外源有机组分明显增加,反映大量的有机物质被带入湖内。洪湖南、北两个钻孔也表明了湖泊本身的区域差异,南部钻孔 HS 表层(5~0 cm)营养元素有所下降,这和 HN 孔有明显不同,HN 孔的湖泊表层沉积物中总有机碳和总氮的含量均处于剖面中最高值。这可能是由于洪湖南部受到长江江水交换的影响相对较强,而北部则受人类活动影响相对显著所造成的。洪湖北部近代受流域污染较多,湖泊水体营养成分增加,使得水体中生物生产力大大增加,大量植物死亡后沉积了下来,加上表层沉积物新鲜的植物残体还没有充分氧化,其所含的营养物质又会被后来的植物所吸收。在这个循环过程中,碳、氮和有机磷在沉积物表层富集。由于洪湖南部水力交换相对较北部强,人类活动影响相对较弱,沉积物中的营养元素在沉积后与水体的交换作用相对较强,各类营养元素的含量有所降低。

在长时间尺度上,曹希强等(2004)在洪湖采集 1 m 长的柱样,对其进行磁参数与孢粉等指标分析,得出自 900 a BP 到现代,洪湖沉积环境经历了湖泊形成初期面积分散的气候暖湿期、气候温热潮湿的扩张时期、气候干燥寒冷水域面积收缩期、气候再次变为温暖潮湿湖面再次扩张时期和由于人类活动的扩张导致湖泊水面因沼泽化而逐步缩小并造成了湖泊及其周围地区的一系列生态问题的严峻时期。陈萍等(2004)对洪湖中心位置 150 cm 长的沉积物岩芯进行了 TOC、TN、TP、Ca、硫化物测定和 AMS^{14}C 定年,在此基础上对洪湖地区人类活动对湖泊沉积的响应进行了讨论。结果表明,1 300 年以来洪湖环境演变有三个显著不同的阶段:1300—950 年前,洪湖处于沼泽化时期;950 年前—19 世纪初(1808 年),洪湖在自然环境下演变,人类活动的干预较弱,其中明代成化至正德年间(1465—1512 年),东西洪湖连成一体,湖泊面积不断扩大;19 世纪初至今,人类活动对湖泊的干预增强,修建涵闸等水利工程的实施,使洪湖由开放型湖泊转变为半封闭型的湖泊。此外,陈萍等(2005)还对取自洪湖另一根长约 140 cm 沉积物岩芯进行了环境磁学分析,结果表明,A 层(约为公元 800—1050 年),磁性矿物浓度的磁性参数值为整个剖面的最低,伴随气温的持续下降,降雨量减少和水位下降,导致了湖泊沼泽化的发生;B 层(约公元 1050—1300 年),为湖相沉积阶段;C 层(公元 1350—1832 年),是剖面中磁性参数值最大的一层,冷干的气候条件下,径流量减小,径流带入的泥沙颗粒较细,沉积物表现出很强的磁信息;D 层(公元 1845—1992 年),代表了洪湖近 150 年的发展历程,这一阶段人类活动剧烈,磁性矿物浓度呈现下降趋势,推断该段时期洪湖环境磁学参数的变化对人类活动的响应程度超过了对气候变化的响应。此外,易朝路等(2002)通过对洪湖湖沼沉积物的微结构的分析,指出在 2.5—1.0 ka BP 期间,洪湖沉积的青色黏土是有机质胶体(很可能是浮游藻类)与黏土胶体相互吸附沉积形成,指示了当时湖面开阔水位保持稳定的环境,反映出当时河流水位不高,河湖水量交换不多,入湖泥沙少;1.0—0.5 ka BP 期间,江汉平原的洪湖水生植物繁茂,湖泊趋于沼泽化,江河水位较低,入湖泥沙较少;长江中游沿江地带 0.5 ka BP 以来,沉积的浅色黏土是入湖河流带来的泥沙在湖泊中的沉积,反映当时河湖水量交换较频繁,入湖径流较大,年际变化较大。其研究认为洪湖进入沼泽化的时间范围(公元1000年左右)与陈萍等人(2005)的研究结论基本一致。

2.2.2 梁子湖

梁子湖位于长江南岸($30°05'\sim30°18'N,114°21'\sim114°39'E$),由高塘湖、满江湖、前江大湖和中湖组成,与保安湖、三山湖和鸭儿湖紧邻(盛继超、刘建华、祁士华,2004)。梁子湖是湖北省第二大浅水型及草型淡水湖,湖泊面积为304.3 km²,最大水深可达6.2 m,平均水深4.16 m,蓄水量达到12.65×10^8 m³(刘建华等,2004)。梁子湖水质清澈见底,水属二类水体,受到人类活动的干扰相对偏小,是湖北省自然环境保护最好的湖泊之一(刘建华等,2004)。

(1)梁子湖沉积速率特征

梁子湖受到的人类活动影响相对偏小,因此湖泊沉积速率在自然条件下略微偏低。Boyle等(1999)曾对其沉积速率进行测定,梁子湖沉积物累积速率仅为0.13 g·cm⁻²·yr⁻¹。由此也侧面说明湖泊水质较为清澈。顾延生等(2008b)采集了梁子湖沉积岩芯进行了²¹⁰Pb分析,推算了该钻孔的沉积年代,分析结果表明,早期的(41~15 cm段)湖泊平均沉积速率小于2.5 mm/yr,但自20世纪80年代以来(15~0 cm)梁子湖沉积速率呈较快的上升趋势,平均沉积速率大于4.0 mm/yr,沉积物的平均沉积速率为3.5 mm/yr,梁子湖地区湖泊沉积速率的上升与湖周边人口的快速增加、农业开垦带来的水土流失有着密切的关系。

(2)梁子湖沉积地球化学特征

元素地球化学特征

自19世纪60年代以来,随着湖北境内现代工业的发展,尤其是铁矿开采和钢铁厂的建立等,重金属的富集和迁移对梁子湖的湖泊环境产生了很大的影响。盛继超、刘建华、祁士华(2004)于2002年在梁子湖采集了一根全长70 cm的沉积岩芯,并按照1 cm间隔分样,对沉积物中Cu、Fe、Mn、Zn、Cd、Pb、Co、Ni等重金属元素的含量进行了分析,分析结果表明各元素含量整体上自沉积柱底部到表层呈上升趋势,局部有波动:40~35 cm深处,Zn、Cd、Pb等元素含量出现高峰值;35~25 cm处,各元素含量基本不变;20 cm处,Zn、Cd、Pb、Fe、Cu元素含量均明显增加,出现高峰值;10 cm 至表层,Cu、Mn、Zn、Ni 等元素含量明显增加(图 2-9)。

元素含量(mg·kg⁻¹)

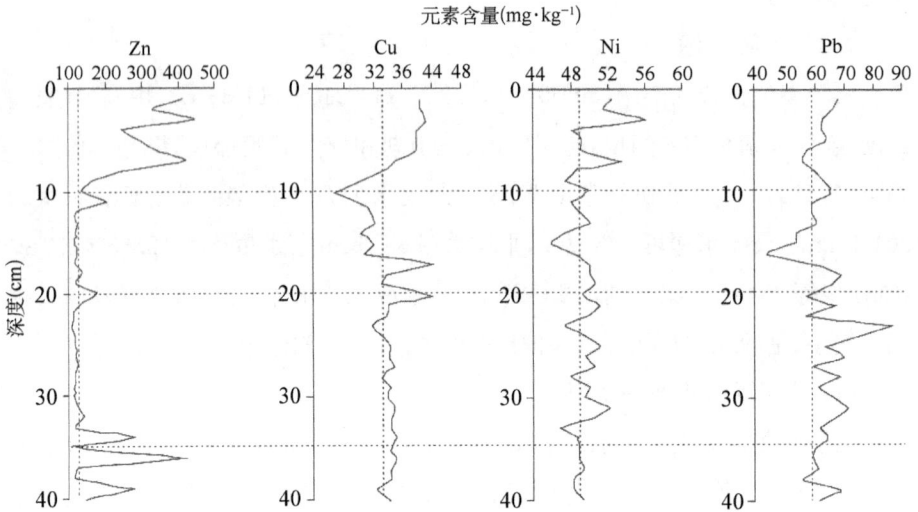

图 2-9　沉积柱 Zn、Cu、Ni、Pb 含量(mg/kg)变化曲线(盛继超、刘建华、祁士华,2004)

董金秀、乔胜英、谢淑云(2010)则对梁子湖全湖 41 个点位 0~20 cm 深度的表层沉积物进行了重金属元素分析(图 2-10),结果表明:梁子湖表层沉积物中的常量元素分布受介质物理化学条件影响比较明显;重金属元素的质量分数值大多数接近于武汉湖泊的背景值和欧美湖泊的背景值,受人类活动干扰相对

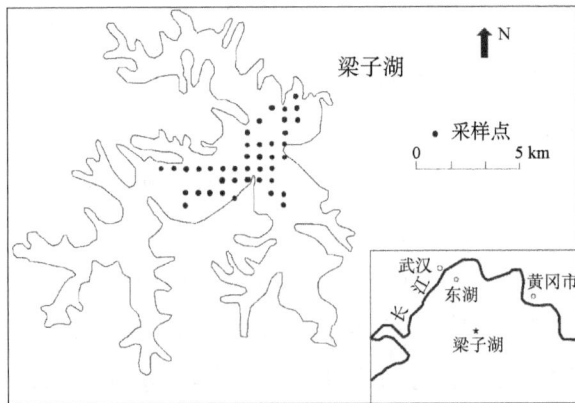

图 2-10　表层样品采样点位图(董金秀、乔胜英、谢淑云,2010)

偏低;空间上,元素的分布主要受沉积作用和湖东地区矿山地质背景等因素的控制,例如 K_2O、CaO、Na_2O、MgO、Al_2O_3、Fe_2O_3、Li、Rb、Sr、Ba、Mn、Se、Ni、Sc 等元素均在梁子湖东北部和东部富集,而 Si 元素在湖泊西南部富集,Zr 和 Hg 元素在湖泊中部富集。

王丹等(2016)对梁子湖重金属进行了更为全面的研究,其在梁子湖全湖采集了 6 根沉积岩芯,并进行了 Cd、Sn、As、Cu、V、Zn、Ni、Cr、Co、Tl、Pb 和 Mo 等 12 种重金属元素的含量及空间分布的分析,同时还探究了其污染源并对梁子湖重金属污染的生态风险作出了评价。分析结果表明,梁子湖东部湖区重金属污染问题十分严重,其中 Cd 元素的平均含量已经达到 0.80 mg·kg^{-1},是湖北省土壤背景值的 4.66 倍;Sn 和 As 平均含量分别为 6.35 mg·kg^{-1} 和 35 mg·kg^{-1},已经超过湖北省土壤背景值近 2 倍;Cd 和 Zn 在岩芯 0~20 cm 深度上显著富集,平均含量分别达到 0.67 mg·kg^{-1} 和 116 mg·kg^{-1} (表 2-6)。污染源分析结果表明,Cd、Sn、As 元素主要来自人为污染,重金属生态风险的评价指出,梁子湖目前已经整体处于中度污染水平,尤其是东部湖区污染风险程度最大,城市用水尤其是饮用水安全受到了威胁。

表 2-6　梁子湖表层沉积物重金属含量及其平均值

采样点	重金属含量/(mg·kg^{-1})											
	V	Cr	Co	Ni	Cu	Zn	As	Mo	Cd	Sn	Tl	Pb
LZ1	177	123	22	62	44	142	24	0.90	0.58	4.50	0.54	26
LZ2	169	125	20	55	62	139	43	1.34	1.05	6.78	0.95	50
LZ3	166	118	21	53	48	115	37	1.12	0.63	4.86	0.61	33
LZ4	157	110	20	51	52	128	28	1.69	1.01	7.07	0.98	54
LZ5	178	111	19	50	51	112	40	0.89	0.81	7.15	0.73	8.9
LZ6	168	104	18	45	42	107	38	1.16	0.74	7.73	0.70	2.9
平均值	169	115	20	53	50	124	35	1.18	0.80	6.35	0.75	29
背景值	110	86	15	37	30	83	13	1.70	0.20	2.20	0.60	26
超标倍数	1.54	1.34	1.34	1.42	1.67	1.49	2.71	0.70	4.01	2.88	1.25	1.12

此外,熊汉锋、谭启玲、王运华(2008)采集了梁子湖 3 个沉积物柱芯,对其

沉积物和孔隙水中氮磷元素进行分析,结果表明,梁子湖的入水口,水流带入环境中的营养盐增加,并且入水口附近沉积物中氮磷的含量较湖心和出水口高。沉积物和孔隙水中,$NO_3^- - N$ 含量从表层到底层呈下降趋势,而 $NH_4^+ - N$ 含量则逐渐增加;沉积物中全氮和有机氮随深度增加而明显降低。沉积物中全磷及不同化学相磷含量随深度增加而降低,而孔隙水中全磷含量随深度递增。

除了上述对梁子湖近现代重金属污染的研究,Lee 等(2008)还从长时间尺度上对梁子湖重金属元素 Cu、Pb、Ni、Zn、Ca、Fe 和 Mg 进行了分析,其从梁子湖钻取了一根长达 268 cm 的岩芯,并测得年代为距今 7 000 年,重金属分析结果表明:Cu、Ni、Pb 和 Zn 的浓度从公元前 3000±328 年开始增加,这标志着古中国青铜时代的开始;公元 467±257 到 215±221 年,沉积物中重金属的含量急剧增加,指示当时金属投入巨大,铜和铅被广泛用于制作青铜制品,如器皿、工具和武器;从公元 1880±35 年到 20 世纪伊始,Cu、Pb、Ni 等金属的浓度显著增加,反映了战时工业发展和武器制造时期金属的利用扩大。铅同位素分析表明,表层沉积物和次表层沉积物中 $^{206}Pb/^{207}Pb$ 和 $^{208}Pb/^{207}Pb$ 比深层沉积物中的低,指示了青铜时代和现代采矿活动对铅的额外输入。

同位素地球化学特征

金芳等(2007)于梁子湖采集了一根长达 269 cm 的沉积岩芯。1~6 cm 段为褐蓝色松散的泥质黏土,其中 1~2 cm 处有黑色生物残渣;7~19 cm 段为棕褐蓝色松散的黏土,7、9、12、19 cm 处有生物碎屑;20~137 cm 段为褐蓝色松散的黏土;138~178 cm、200~234 cm 段为褐蓝色团状黏土;179~199 cm 段为褐蓝色团状黏土,含暗色生物碎屑;235~269 cm 段为褐蓝色固结状黏土。作者从长时间尺度上分析了梁子湖 8.35 ka BP 以来沉积物中有机质 $\delta^{13}C$ 的组成特征。结果表明,梁子湖剖面沉积物有机质碳同位素值总体介于 -40.80‰~ -28.86‰之间,平均值为 -33.63‰。自沉积岩芯底部往上,有机碳同位素特征可分为三段:(1) 265~144 cm 段,有机碳同位素十分偏负,与正构烷烃的主峰 C_{14}、C_{16} 对比可知,在该段浮游生物对有机质的贡献最大,湖泊生产力达到最高;(2) 144~137 cm 段,$\delta^{13}C$ 值在 -38.08‰~ -32.86‰之间变化,平均值为 -35.1‰,该阶段 $\delta^{13}C$ 值急剧上升,偏幅达到 6‰,该段沉积柱中的有机质主要由湖泊水生生物和陆生植物碎屑共同补给;(3) 137~11 cm 段,δ^{13}C 值在 −33.26‰~−28.86‰之间变化,平均值为−30.7‰,且逐渐趋于偏正方向,随着湖面变浅,湖泊生产力下降,浮游生物贡献减小(图 2 - 11)。

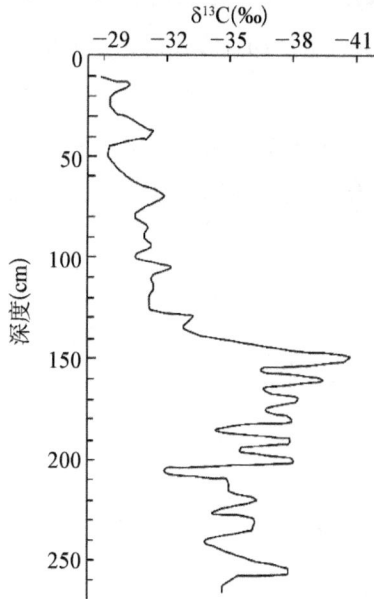

图 2 - 11　梁子湖沉积物有机质 δ^{13}C 值与沉积柱特征(金芳等,2007)

有机地球化学特征

近年来,梁子湖沉积物中不仅重金属污染程度在显著增加,湖泊营养盐也同样存在增加的趋势。梁子湖水产养殖业较为发达,由此造成的氮磷富集现象显著。高泽晋等(2016)采集了梁子湖全湖的 9 根沉积岩芯,并分析了沉积物中硝氮、亚硝氮、氨氮、总氮和总磷的空间分布特征。结果表明梁子湖表层沉积物(0~5 cm)中的总氮、总磷、氨氮、硝氮、亚硝氮的含量范围依次为 598~1 372 mg · kg^{-1}、323~804 mg · kg^{-1}、60.70~142.00 mg · kg^{-1}、4.16~31.60 mg · kg^{-1} 和 0.001~2.290 mg · kg^{-1}。湖区表层沉积物总氮和总磷含量均已超出我国东部浅水湖泊沉积物的营养物参考阈值范围,梁子湖营养水平显著提高,生态系统安全受到威胁。空间上,梁子湖湖心区的营养盐含量较低,西部湖区营养盐含量则高于东南湖区。从纵向上看,各类营养盐含量自样柱底部向上呈现大体增加趋势。

　　长时间尺度上,对梁子湖沉积样柱的有机地球化学研究较少,仅有刘建华等(2004)曾对梁子湖的沉积物进行正构烷烃与 17 种多环芳烃等有机化学分析,其在梁子湖最大水深处采集了一根长度为 3.45 m 的岩芯,按照 1 cm 间隔分样,并对样柱进行了 ^{14}C 年代测定,着重讨论了岩芯 91～345 cm 段的沉积记录对环境演变的响应。研究结果表明,该段正构烷烃的总含量为 305～5 049 ng/g,其中 181～194 cm 深度段对应中国春秋时期,该段时期正构烷烃与 17 种多环芳烃开始突然增加,指示陆源物质输入增加,并与人类活动增强的关系密切(图 2-12)。

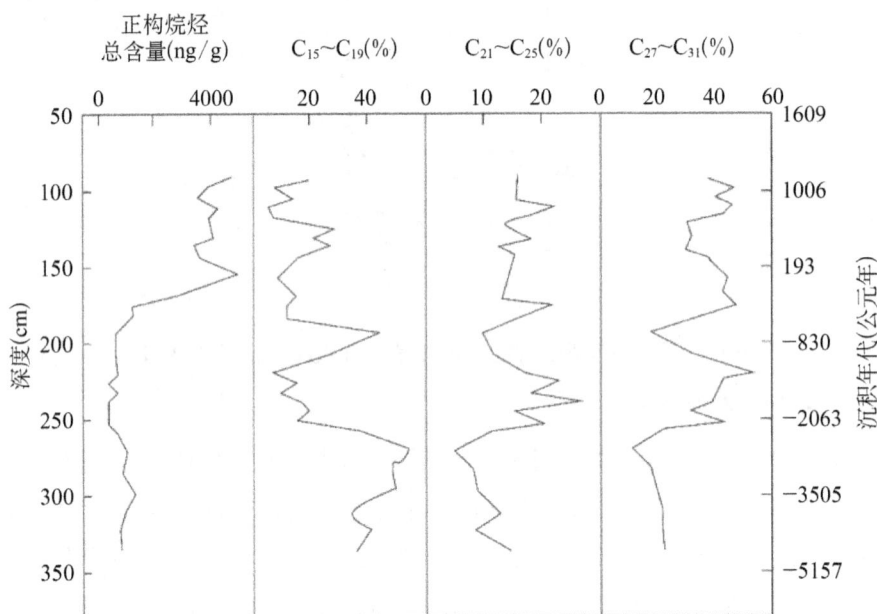

图 2-12　梁子湖沉积柱正构烷烃总含量以及
C_{15}～C_{19}、C_{21}～C_{25}、C_{27}～C_{31} 的垂直变化(刘建华等,2004)

　　(3) 梁子湖环境演化

　　顾延生等(2008a)在东梁子湖中心(30°14′30″N, 114°31′12″E)利用仿瑞典重力取样器采取了 41 cm 沉积物岩芯并按 1 cm 间隔分样,指出沉积物色素和水生生物遗存组合带的变化指示了梁子湖营养演化的 5 个阶段:过去 100 多年梁子湖地区经历了生态环境良好的贫营养化期(1885—1902 AD),湖泊水生生物发育,色素水平及湖泊初级生产力水平低;轻度富营养化期(1902—1964 AD),水生生物繁盛,湖泊初级生产力水平低;中度富营养化期(1964—1988 AD),此阶段水生高等植物含量快速降低,各色素水平开始较快地上升,总体处于中度富营养化;富营养化期(1988—1998 AD),各色素水平均达最高含量水平,总体处于富营养化;中度富营养化期(1998—2003 AD),20 世纪 90 年代以来,梁子湖湿地自然保护区进行了大力度的生态环境保护措施,加之 1998 年长江流域发生的特大洪水对湖水的稀释作用,该阶段沉积记录表明,禁止围垦对水体富营养化减轻具有贡献,但耐污染的介形类的出现和快速的金属沉积表明,近期梁子湖区生态环境危害因素依然存在,例如湖区工业的大发展造成的工业排污、排废等仍对湖泊生态产生不良影响。

　　长时间尺度上,金芳等(2007)利用有机碳同位素指标,与代表印度洋季风的四川红原泥炭 $\delta^{13}C$ 序列及代表东亚季风的长白山哈尼泥炭 $\delta^{13}C$ 序列进行了对比,探讨了早全新世以来不同阶段的气候特点及古东亚季风与印度洋季风对该区的影响。研究表明,梁子湖在其形成演化过程中存在两种典型的湖泊沉积环境。5.98 ka BP 以前 $\delta^{13}C$ 值偏负,气候温暖湿润,有机质以湖泊内源水生生物为主,$\delta^{13}C$ 值与湖泊生产力有关,早期东亚季风对该区的影响占较大优势;全新世大暖期中期(5.98—3.67 ka BP),气候持续暖湿,温度与降水达到顶峰,$\delta^{13}C$ 值也达到序列中的最小阶段,其 $\delta^{13}C$ 值偏负与浮游生物生产力的增加有很大的关系;3.67—3.29 ka BP 是气候突变期,$\delta^{13}C$ 值变幅达 6‰;3.29 ka BP 以后 $\delta^{13}C$ 值逐渐偏正,气候逐渐变冷干,沉积环境发生较大变化,有机质以陆源 C_3 植物碎屑为主,此时期东亚季风开始加强,印度洋季风持续减弱,但该区受印度洋季风影响更强烈。

2.2.3　其他湖泊:东湖、涨渡湖、长湖

　　除了以上面积较大或较为典型的湖泊具有丰富的研究成果以外,不少研究者还对两大湖区内其他小湖进行了湖沼学相关研究,本节以东湖、涨渡湖和长湖为代表进行简要叙述。三个湖泊均分布在湖北省境内,其中东湖与涨渡湖均位于武汉市。

武汉东湖(30°22′N,114°23′E)位于武汉市武昌区东北部,是长江中游一个中型浅水湖泊,水域面积在水位 20.5 m 时为 27.899 km²,流域面积约 187 km²,平均水深约 2.21 m,最大水深为 4.75 m。由于受亚热带季风气候的影响,沿湖岸疏松的堆积物是湖底沉积物的主要来源(刘建康,1990)。清末以来,随着余家湖的淤没和 1958 年青山武丰闸建成,东湖由天然湖泊变成为人工控制的城市内陆水系。自 20 世纪 60 年代以来,随着工农业迅速发展和居民大量增加,东湖受到人类活动的干扰和影响越来越大,水体富营养化严重。

涨渡湖位于湖北省武汉市新洲区境内,距长江约 1 km,面积 35.2 km²,平均深度 1.2 m,最大水深 2.3 m,涨渡湖属于北亚热带季风气候,年平均气温为 16.3℃,降雨量为 1 150 mm,蒸发量可达 1 525.4 mm,湖区地势起伏不大,海拔在 16~21 m 范围间(李黔湘、于秀波、李家永,2005)。涨渡湖主要入湖河流有南边长江、西边的倒水和东边的举水等,出流于东南隅经人工渠道排入长江。

长湖是湖北省第三大天然淡水湖泊,是一个浅水型湖泊,位于江汉平原四湖流域上游、江汉平原的上区,西北部接荆门山脉的余脉,东南、南为冲积平原,该湖东西长 30 km,南北最宽处 18 km,平均水深 1.7 m,水位 30.5 m 时,面积 129 km²,属典型的岗边洼地湖,自西向东分为海子湖、马洪台以及圆心湖 3 个湖区(王毅等,2015;杨汉东等,1998)。

(1)沉积速率的变化特征

东湖的 ^{210}Pb 和 ^{137}Cs 数据表明,直到 1960 年,东湖的堆积速率较为稳定,为 (0.069 ± 0.002)g・cm^{-2}・yr^{-1},之后堆积速率快速增加,在表层沉积物堆积速率已经达到了 (0.26 ± 0.03)g・cm^{-2}・yr^{-1},长湖的沉积物平均堆积速率也达到 0.26 g・cm^{-2}・yr^{-1}(Boyle et al.,1999)。杨洪等(2004b)在东湖Ⅰ站(30°33′02.5″N,114°21′29.9″E)钻取孔深为 90 cm 的岩芯,在东湖Ⅱ站(30°32′59.5″N,114°22′40.7″E)钻取孔深为 150 cm 的岩芯,采用 ^{210}Pb 和 ^{137}Cs 相结合的方法测定了东湖沉积速率,^{210}Pb 法测出东湖Ⅰ站和Ⅱ站的沉积速率为 8.73 mm/yr 和 6.90 mm/yr,^{137}Cs 测出东湖Ⅰ站和Ⅱ站的沉积速率为 7.4 mm/yr和 5.8 mm/yr,两种方法测定结果存在一定的差异,^{210}Pb 法比 ^{137}Cs 法测定的结果偏大。由于东湖受到自然界和人类活动的影响,^{210}Pb 法在受到

干扰的情况下很难反映真实的沉积速率,而且沉积物中^{210}Pb 活度较低,^{210}Pb 从大气到湖底的过程中和实验分离提纯过程中的干扰因素也较多,由于^{137}Cs 法 1963 年的峰值非常突出,因此认为^{137}Cs 法容易得到准确的结果。顾延生等 (2008a)采集东湖沉积物岩芯并测定^{210}Pb 和^{137}Cs 含量,推算出不同深度的年龄和平均沉积速率 4.2 mm/yr,指出东湖沉积速率呈稳定上升趋势。

张清慧等(2013)对涨渡湖^{210}Pb 和^{137}Cs 进行了测试,推算出涨渡湖近两百年来的平均沉积速率为 0.37 g·cm^{-2}·yr^{-1}。沉积岩芯沉积物堆积速率的显著增加,与人类活动对湖泊的干预强度不断增大有直接联系,矿产开采、围湖造田以及一些工业开发和城市扩张等使得大量陆源物质流入到湖泊之中,这不仅导致湖泊重金属污染的加重和营养水平的增加,也同时促进了湖泊沉积速率的增加。

(2) 沉积地球化学特征与沉积环境演化特征

东湖

杨洪等(2004a)等在东湖Ⅰ站(30°33′0.25″N,114°21′29.9″E)钻取孔深为 90 cm 的柱芯,在东湖Ⅱ站(30°32′59.5″N,114°22′40.7″E)钻取孔深为 150 cm 的柱芯对其进行了碳氮磷的分析,并对碳-氮和碳-磷耦合进行了讨论,东湖Ⅰ站和Ⅱ站沉积物总有机碳(TOC)分别为 3.00% 和 2.44%,总氮(TN)分别为 0.45% 和 0.34%,总磷(TP)分别为 1.11 mg/g 和 0.65 mg/g(表 2-7)。东湖Ⅰ站和Ⅱ站沉积物 TOC 与 TN 之间呈极显著的正相关关系,TOC/TN 质量比的变化是受到气候变化、人类活动、氮比有机碳分解速度快等因素综合作用的结果。TP 与 TOC 之间也呈正相关关系,但相关性差,由于污水大量排入Ⅰ站,导致东湖Ⅰ站 TOC/P 质量比明显低于Ⅱ站,表层沉积物中磷比碳降解速度快导致 TOC/P 质量比升高。

表 2-7　东湖Ⅰ站和Ⅱ站沉积物的 TC、TIC、TOC、TN 和 TP 含量

站位	TC(%)		TIC(%)		TOC(%)		TN(%)		TP(mg/g)	
	范围	均值	范围	均值	范围	均值	范围	均值	范围	均值
Ⅰ站	0.79~5.29	3.33	0.01~0.71	0.33	0.78~5.04	3.00	0.18~0.63	0.45	0.50~1.70	1.11
Ⅱ站	0.90~5.84	2.72	0.02~0.71	0.27	0.81~5.35	2.44	0.16~0.63	0.34	0.49~1.34	0.69

刘振东、吴洁(2008)通过对武汉市东湖沉积物 114 个样品的磁性分析,结合扫描电镜图像和区域环境背景,发现东湖主湖区之一的郭郑湖沉积物的磁性载体相对含量较少,以磁铁矿为主,同时含有钛磁铁矿以及铁的硫化物等,它们一部分来自湖区周围的各种碎屑物质,一部分来自呈球形的工业尘埃降落以及城市污水和交通尾气;塘林湖磁性物质的来源相对较为简单,以工业尘埃降落为主,少部分来自湖区周围的土壤碎屑物质。郭郑湖沉积物的磁性载体相对含量较少,与塘林湖相比,颗粒较细,颗粒粗细不均,磁性矿物以磁铁矿为主,还有钛磁铁矿和铁的硫化物等。塘林湖磁性载体颗粒相对含量较高、较粗、较均匀,以多畴磁铁矿为主,也含有铁的硫化物等其他矿物。

顾延生等(2008a)在^{210}Pb 计年的基础上,运用水生生物遗存、色素、有机碳同位素和磁化率等指标分析了东湖钻孔沉积物中的生物与环境信息,重建了东湖 100 多年来湖泊营养与环境演化历史,研究发现,东湖 100 多年来在人类活动不断增强的背景下,指示重金属污染的磁化率和指示湖泊富营养化的色素指标如蓝藻叶黄素(Myx)、颤藻黄素(Osc)快速上升,相应的水生生物如介形虫、腹足类、水生高等植物等呈现出明显的组合和变化阶段,同时有机碳同位素偏正与湖泊生产力升高和藻类繁盛有关。沉积记录表明东湖生态系统近代发生了深刻变化,湖泊营养演化自早到晚呈现四个阶段:贫营养阶段(1900—1966 AD),色素水平低、拥有较丰富的水生高等植物和腹足类;中营养阶段(1966—1983 AD),色素含量增高、水生高等植物和腹足类减少;富营养化阶段(1983—1989 AD),色素含量快速增高、水生高等植物消失;超富营养化阶段(1989 AD 至今),色素含量稳定居高、某些耐污染的介形类较繁盛。

涨渡湖

历史上,涨渡湖直通长江,江湖水位齐平,而且与周围的七湖、陶湖相通,在洪水期连成一片(吴寒,2008)。然而,自 20 世纪 50 年代以来,由于在湖区进行大规模的围垦开发和堤坝建设,涨渡湖与长江失去了自然的联系,20 世纪 70 年代围垦和水利工程建设达到高峰期,20 世纪 80 年代基本形成当前形状,仅湿地就被围垦了约 50 km^2(王利民、胡慧建、王丁,2005)。2005 年,实施了以"灌江纳苗"为主要内容的季节性江湖连通(朱江、王利民、雷刚,2005)。

张清慧等(2013)对涨渡湖的一根沉积短柱(长 45 cm)进行[210]Pb,[137]Cs 分析,采用多指标分析(硅藻、元素地球化学和粒度)的方法,揭示了涨渡湖近 200 年来湖泊生态系统对湖与长江之间联通关系改变的响应过程。涨渡湖钻孔沉积物中硅藻含量表明,沉积柱中以浮游类型为主,还有一些附生和底栖类型。根据硅藻丰度变化可划分为 3 个组合带:ZD1 带(45～24 cm;1954 年前),以浮游种 *Cyclotella bodanica* 占优势,最高含量达 78%,*Aulacoseira granulata* 为次优势种,占总含量的 10%～35%,总的特征是浮游硅藻呈现上升趋势,还有少量附生和底栖种,如 *Gyrosigma acuminatum*、*Navicula spp.*、*Fragilaria construens var. venter*、*Fragilaria brevistriata* 等也经常出现,但含量极低。ZD2 带(24～5 cm;1954—2005 年),本段总特征是 *C. bodanica* 含量迅速降低,*A. granulata* 属种在本带大量出现,附生底栖属种含量增多,一些富营养指示属种在本带出现,且呈明显增多趋势,可进一步分为 2 个亚带:ZD2-1 带(24～16 cm;1954—1980 年),*C. bodanica* 含量迅速减少,*A. granulata* 急剧增加,最高含量达 58%,成为优势种。附生底栖属种 *G. acuminatum*、*Navicula spp.*、*F. construens var. venter*、*F. brevistriata* 等出现。ZD2-2 带(16～5 cm;1980—2005 年),*A. granulata* 属种含量降低,附生底栖种含量增加,一些富营养指示属种(如 *C. meneghinena*、*A. alpigena*、*Nitzschia palea*、*Surirella minuta*)出现,且含量较高。ZD3 带(5～0 cm;2005—2011 年),硅藻组合底栖种 *Navicula spp.* 增加,富营养属种 *A. alpigena* 呈减少趋势,附生属种 *G. acuminatum*、*N. palea* 仍然保持较高含量。与历史文献记载一致,古湖沼学记录揭示出该湖与长江的连通状况经历了 3 个阶段:1) 江湖连通期(1954 年以前):该湖与长江自然相通,江湖水体交换频繁,丰富的贫营养浮游种 *Cyclotella bodanica* 表明该湖长期处于低营养及湖泊水位相对较高的状态。2) 江湖隔绝期(1954—2005 年):随着湖坝的兴建,江湖连通关系被隔绝,湖泊换水周期变长,透明度降低,喜好扰动环境的 *Aulacoseria granulata* 大量生长。相应地,富营养硅藻的增加、高 TOC 含量以及较高的沉积物 TP、TN 浓度表明,该湖营养水平逐渐升高。特别是近 20 年来,较高含量的富营养硅藻种——*C. meneghinena*、*A. alpigena*、*Nitzschia palea*、*Surirella minuta* 和地球化学记录,包括 TOC 含量和沉积物 TP、TN 浓度,表明该湖富营养化程度加剧。3)江湖季节性连通期(2005 年后):硅藻以附生种、底栖种为主,但仍有一定含量的富营养化属种,且 TOC 含量以及沉积物 TP、TN 浓度仍然保持较高水平,表明富营养程度有所缓解(图 2-13)。古湖沼学和历史记录都揭示了自涨渡湖与长江无连通后其生态状况的快速退化以及重新连通后生态状况有所好转的信息。

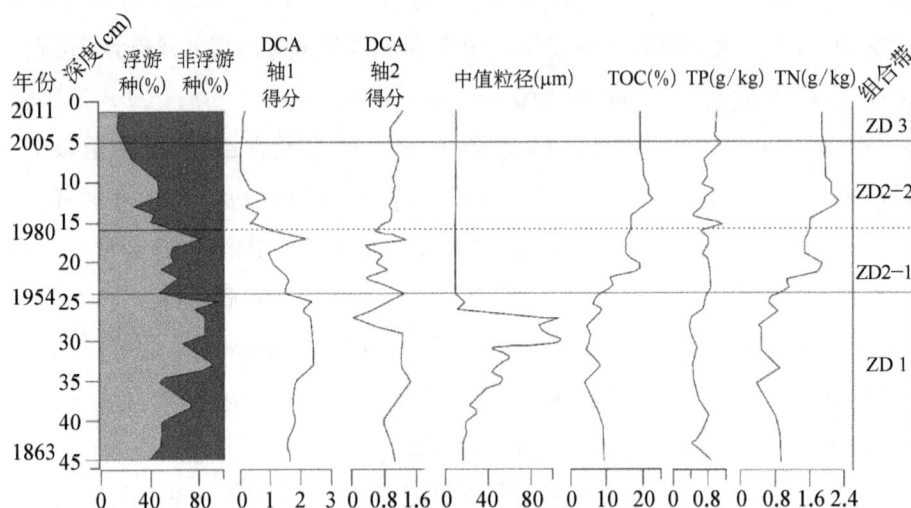

图 2-13 沉积柱中浮游硅藻和非浮游硅藻含量、DCA 第一和第二排序轴得分和沉积岩芯粒度、有机碳含量、总磷及总氮浓度的变化趋势(张清慧等,2013)

长湖

目前对长湖的研究发现,长湖全湖区的水质均处于地表水 IV 类~劣 V 类水标准,已经处于中度富营养化到富营养化程度(帅方敏、卢进登、王新生,2007;何勇凤等,2015)。

杨汉东等(1998)对长湖沉积物岩芯(长度为 142 cm)进行磁性参数测定,结果表明,岩芯自下而上可分为 4 个沉积段:A 段(144~140 cm),各参数值明显较浅层小,磁性矿物浓度较低;B 段(140~74 cm),各项磁参数在基本稳定的前提下缓慢变化;C 段(74~10 cm),磁参数值相对较高,波动稍多,磁性矿物浓度较 B 段略增大;D 段(10~0 cm),铁磁性矿物总量、特别是黏滞性磁性矿物颗粒减少(图 2-14)。由此表明,长湖经历了 A 段成湖期(一次小冰期高水位阶段);B段沉积期,沉积物中磁性矿物组合的富集浓度随温度的增高和降水量的增多而变大;随着温度的升高,湖水深度增加,沉积环境处于基本稳定的C段沉积期;D段现代沉积时期,由于水生植物的大量生长,导致有机物在沉积表层积累。近400 a以来,该区域气候变化总趋势是一个由冷变暖的过程,近30 a来,长湖的沉积过程受到了人类活动的过多影响。

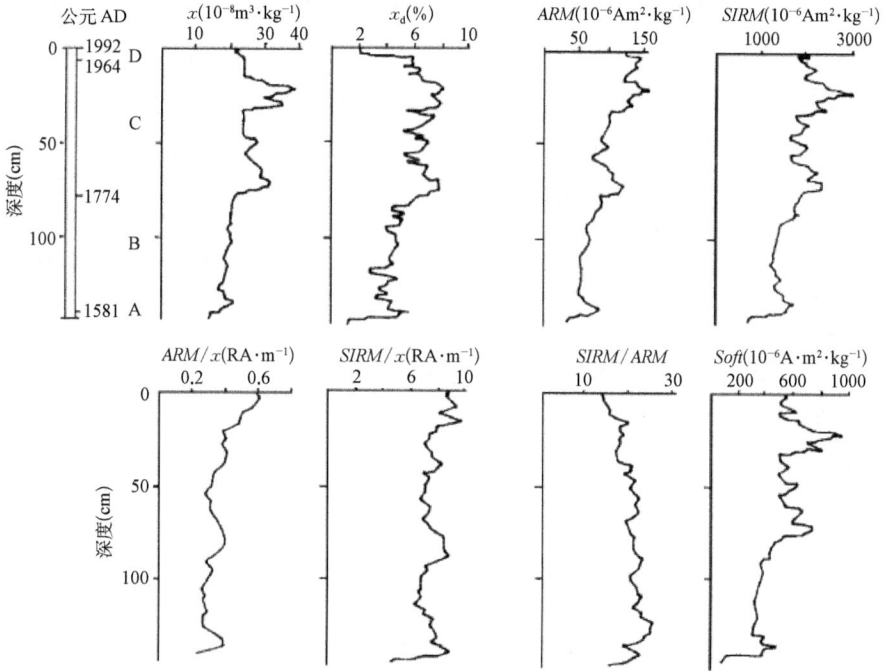

图 2 - 14　长湖 92 - 5 剖面近代沉积物磁性参数变化

王毅等(2015)测定了长湖不同湖区的14个采样点表层底泥的TN、TP、TOC含量,分析了不同湖区表层底泥中营养元素的分布特征,并对底泥和上层覆水中营养元素进行相关性分析。研究表明,长湖的3个湖区TN的平均含量为3.62 g/kg,以海子湖区TN含量最高,为4.03~5.16 g/kg,平均值为4.44 g/kg;其次是马洪台区,为3.13~3.57 g/kg,平均值为3.35 g/kg;圆心湖区TN含量最低,为2.95~3.53 g/kg,平均含量为3.24 g/kg。全湖3个湖区TP的平均含量为0.97 g/kg,其中圆心湖的含量最高,为0.97 g/kg~1.71 g/kg,平均值为

1.25 g/kg;海子湖次之,TP 含量为 0.60 g/kg～1.60 g/kg,平均值为 1.05 g/kg; 马洪台最低,TP 含量为 0.24 g/kg～1.41 g/kg,平均值为 0.63 g/kg。TOC 全湖平均含量为 14.07 g/kg,其中,圆心湖区 TOC 含量最高,为 13.74～19.67 g/kg,平均值为 16.68 g/kg;马洪台区 TOC 含量次之,为 10.86～17.22 g/kg,平均值为 13.36 g/kg;海子湖区的 TOC 含量最低,为 9.54～14.65 g/kg,平均值为 11.69 g/kg。结果表明,海子湖 TN 含量最高,圆心湖最低;圆心湖 TP 含量最高,马洪台最低;TOC 含量上圆心湖最高,海子湖最低。连接有进水口的海子湖表层底泥中的 TN 高于全湖表层底泥 TN 含量平均值的 0.23 倍,表明长湖底泥对 TN 的富集作用较明显。表层底泥中的 TN 主要来自内源有机氮,TP 主要来自外源无机磷(表 2-8)。

表 2-8　不同湖区表层底泥总氮、总磷和有机碳的浓度区间及平均值(王毅等,2015)

元素	海子湖			马洪台			圆心湖			总平均值
	最小值	最大值	平均值	最小值	最大值	平均值	最小值	最大值	平均值	
TN(g/kg)	4.03	5.16	4.44	3.13	3.57	3.35	2.95	3.53	3.24	3.62
TP(g/kg)	0.60	1.60	1.05	0.24	1.41	0.63	0.97	1.71	1.25	0.97
TOC(g/kg)	9.54	14.65	11.69	10.86	17.22	13.36	13.74	19.67	16.68	14.07

综上,长时间尺度来看,洞庭湖平原和江汉平原湖泊群的形成受到沉积构造和区域环境变化的共同影响,自全新世以来,经历了多次河湖相沉积变迁。并且由于从古到今人类活动影响的加剧,例如围湖造田、修建堤坝等曾一度造成湖区内湖泊面积的萎缩。最近百年来,洞庭湖、梁子湖、黄盖湖、东湖及长湖等洞庭湖平原湖区和江汉平原湖区的湖泊基本均经历了自 60 年代以来水体营养化逐渐增加的过程,同时随着经济社会发展,例如金属矿产开采、工农业发展而造成的污染物不断排入湖区,湖区内污染程度呈现增加趋势,湖区生态系统退化显著。

参考文献

曹隽隽,周勇,吴宜进,等.江汉平原土地利用演变对区域径流量影响[J].长江流域资源与环境,2013,22(5):610-617.

曹希强,郑祥民,周立旻,等.洪湖沉积物的磁性特征及其环境意义[J].湖泊科学,2004,16(3):227-232.

陈萍,何报寅,杜耘,等.1200 a 来洪湖演变的环境磁学记录[J].沉积学报,2005,23(1):138-142.

陈萍,何报寅,远藤邦彦,等.洪湖人类活动的沉积物记录[J].湖泊科学,2004,16(3):233-237.

陈瑞生,黄玉凯,黄兴斋,等.河流重金属污染研究[M].北京:中国环境科学出版社,1987:3-18.

陈世俭.洪湖的环境变迁及其生态对策[J].华中师范大学学报(自然科学版),2001,35(1):107-110.

董金秀,乔胜英,谢淑云.梁子湖表层沉积物元素分布模式及地球化学意义[J].地质科技情报,2010,29(3):91-96.

窦鸿身,姜加虎.洞庭湖[M].合肥:中国科学技术出版社,2000:1-334.

杜耘,殷鸿福.洞庭湖历史时期环境研究[J].地球科学,2003,28(2):214-218.

方敏,祁士华,吴辰熙,等.洪湖沉积物柱芯有机氯农药高分辨率沉积记录[J].地质科技情报,2006,25(3):89-92.

高泽晋,孟鑫,张洪,等.梁子湖沉积物营养盐的空间分布特征及其污染评价[J].环境科学学报,2016,36(7):2382-2388.

顾延生,李雪艳,邱海鸥,等.100 年来东湖富营养化发生的沉积学记录[J].生态环境学报,2008a,17(1):35-40.

顾延生,邱海鸥,谢树成,等.湖北梁子湖近代沉积记录对人类活动的响应[J].地球科学,2008b,33(5):679-686.

何勇凤,李昊成,朱永久,等.湖北长湖富营养化状况及时空变化(2012—2013 年)[J].湖泊科学,2015,27(5):853-864.

金芳,黄俊华,汤新燕,等.梁子湖沉积物有机质碳同位素特征及其古气候指示意义[J].地质科技情报,2007,26(3):13-18.

金相灿.中国湖泊环境[M].北京:海洋出版社,1995:364-368.

敬正书.中国河湖大典[M].北京:中国水利水电出版社,2013.

雷鸣,曾敏,郑袁明,等.湖南采矿区和冶炼区水稻土重金属污染及其潜在风险评价[J].环境科学学报,2008,28(6):1212-1220.

李黔湘,于秀波,李家永.湖北省涨渡湖流域湿地变化及其动因分析[J].长江流域资源与环境,2005,14(5):600-604.

刘建华,祁士华,张干,等.湖北梁子湖沉积物正构烷烃与多环芳烃对环境变迁的记录[J].地球化学,2004,33(5):70-75.

刘建康.东湖生态学研究(一)[M].北京:科学出版社,1990.

刘卫东.江汉平原土地类型与综合自然区划[J].地理学报,1994,1:73-83.

刘振东,吴洁.武汉市东湖沉积物的磁性特征与周围环境之间的关系[J].河南师范大学学报(自然版),2008,36(2):79-83.

间国年.长江中游湖盆扇三角洲的形成与演变及地貌的再现与模拟[M].北京:测绘出版社,1991.

皮建高,张国梁,梁杏,等.洞庭盆地第四纪沉积环境演变的初步分析[J].地质科技情报,2001,20(2):6-10.

盛继超,刘建华,祁士华.梁子湖近代沉积物重金属含量研究初探[J].安全与环境工程,2004,11(4):9-13.

帅方敏,卢进登,王新生.基于GIS空间插值方法的长湖水质评价[J].环境监测管理与技术,2007,19(4):40-42.

宋萌勃,刘其发,李南海.黄盖湖湿地资源与综合治理对策初探[J].人民长江,2013,(s2):12-14.

万群,李飞,祝慧娜,等.东洞庭湖沉积物中重金属的分布特征、污染评价与来源辨析[J].环境科学研究,2011,24(12):1378-1384.

王丹,孟鑫,张洪,等.梁子湖沉积物重金属污染现状分析及风险评价[J].环境科学学报,2016,36(6):1901-1909.

王利民,胡慧建,王丁.江湖阻隔对涨渡湖区鱼类资源的生态影响[J].长江流域资源与环境,2005,14(3):287-292.

王伟,祁士华,吴辰熙,等.元素沉积通量在重金属高分辨率沉积记录中应用——以洪湖为例[J].环境科学与技术,2006,29(10):41-42.

王毅,罗静波,郭坤,等.长湖表层底泥营养元素分布特征分析[J].凯里学院学报,2015,33(6):77-80.

魏军才,张建新,邢旭东,等.洞庭湖区沉积物物源推断的地球化学指标与应用[J].大地构造与成矿学,2010,34(3):444-449.

吴寒.基于RS和GIS的涨渡湖天然湿地近20年演化研究[J].安徽农业科学,2008,36(14):6050-6052.

湘水政.关于进一步加强湘江流域水资源管理的紧急通知[EB/OL].[2006-1-1].http://slt.hunan.gov.cn/xxgk/tzgg/201010/t20101021_3324971.html

熊汉锋,谭启玲,王运华.梁子湖沉积物中氮磷分布特征研究[J].华中农业大学学报,2008,27(2):235-238.

杨达源.晚更新世冰期最盛时长江中下游地区的古环境[J].地理学报,1986,41(4):302-310.

杨汉东,蔡述明.洪湖垦殖剖面的地球化学特征[J].海洋与湖沼,1995,26(3):269-274.

杨汉东,何报寅,蔡述明,等.江汉平原长湖近代沉积物磁性测量及其气候意义[J].地理科学,1998,18(2):135-138.

杨洪,易朝路,谢平,等.武汉东湖沉积物碳氮磷垂向分布研究[J].地球化学,2004a,33(5):507-514.

杨洪,易朝路,邢阳平,等.^{210}Pb和^{137}Cs法对比研究武汉东湖现代沉积速率[J].华中师范大学学报(自然科学版),2004b,38(1):109-113.

姚书春,薛滨,李世杰,等.长江中下游湖泊沉积速率的测定及环境意义——以洪湖、巢湖、太湖为例[J].长江流域资源与环境,2006,15(5):569-573.

姚书春,薛滨,夏威岚.洪湖历史时期人类活动的湖泊沉积环境响应[J].长江流域资源与环境,2005,14(4):475-480.

姚书春,薛滨,朱育新,等.长江中下游湖泊沉积物铅污染记录——以洪湖、固城湖和太湖为例[J].第四纪研究,2008,28(4):659-666.

姚志刚,鲍征宇,高璞.洞庭湖沉积物重金属环境地球化学[J].地球化学,2006,35(6):629-638.

要威,张黎明.黄盖湖流域防洪规划方案研究[J].人民长江,2017,48(24):6-10.

叶泽纲,黄祖发,秦远清,等.洞庭湖平原水网区地表产水量计算[J].水资源研究,2006,27(4):44-46.

易朝路,吴显新,刘会平,等.长江中湖泊沉积微结构特征与沉积环境[J].沉积学报,2002,20(2):293-300.

张恩楼,陈建徽,曹艳敏,等.摇蚊亚化石记录及其在中国湖泊沉积与全球变化研究中的应用[J].第四纪研究,2016,36(3):646-655.

张凤荣,储昭升,金相灿,等.洞庭湖平原中小型湖群沉积物铬污染特征与评价[J].环境科学研究,2009,22(12):1420-1425.

张清慧,董旭辉,姚敏,等.近200年来湖北涨渡湖对江湖联通变化的环境响应[J].湖泊科学,2013,25(4):463-470.

张晓阳,蔡述明,孙顺才.全新世以来洞庭湖的演变[J].湖泊科学,1994,6(1):13-21.

张玉宝,徐颖,储昭升,等.洞庭湖平原中小型湖群沉积物中砷污染特征与评价[J].湖泊科学,2011,23(5):695-700.

中国小学教学百科全书总编辑委员会地理卷编辑委员会.中国小学教学百科全书地理卷[M].沈阳:沈阳出版社,1993.

周国琪,成铁生,赵守勤.洞庭湖盆的由来和演变[J].湖南地质,1984,3(1):54-65.

朱江,王利民,雷刚.重建江湖联系保护涨渡湖湿地[J].人民长江,2005,36(11):60-62.

祝云龙,姜加虎,黄群,等.东洞庭湖与大通湖水体沉积物和生物体中Cd、Pb、Hg、As的含量分布及相互关系[J].农业环境科学学报,2008,27(4):1377-1384.

Boyle J F, Rose N L, Bennion H, et al. Environmental Impacts in the Jianghan Plain: Evidence from Lake Sediments[J]. Water Air & Soil Pollution, 1999, 112(1-2): 21-40.

Cai S, Yi Z. Sedimentary features and the evolution of lake Honghu, central China[J]. Hydrobiologia, 1991, 214(1): 341-345.

Du Y, Cai S M, Zhang X Y, et al. Interpretation of the environmental change of Dongting Lake, middle reach of Yangtze River, China, by ^{210}Pb measurement and satellite image analysis[J]. Geomorphology, 2001, 41: 171-181.

Gao L R, Zheng M H, Zhang B, et al. Declining polychlorinated dibenzo-p-dioxins and dibenzofurans levels in the sediments from Dongting lake in China[J]. Chemosphere, 2008, 73(1): S176-S179.

Lee C S L, Qi S, Zhang G, et al. Seven Thousand Years of Records on the Mining and Utilization of Metals from Lake Sediments in Central China[J]. Environmental Science & Technology, 2008, 42(13): 4732-4738.

Li F, Huang J, Zeng G, et al. Spatial risk assessment and sources identification of heavy metals in surface sediments from Dongting lake, middle China[J]. Journal of Geochemical Exploration, 2013, 132(3): 75 - 83.

Li Y, Zhang L, Wang S, et al. Composition, structural characteristics and indication of water quality of dissolved organic matter in Dongting lake sediments[J]. Ecological Engineering, 2016, 97: 370 - 380.

Liu T, Chen Z, Sun Q, et al. Migration of Neolithic settlements in the Dongting lake area of the middle Yangtze river basin, China: lake-level and monsoon climate responses [J]. Holocene, 2012, 22(6): 649 - 657.

Smith S L, MacDonald D D, Keenleyside K A, et al. A preliminary evaluation of sediment quality assessment values for freshwater ecosystems[J]. Journal of Great Lakes Research, 1996, 22: 624 - 638.

Yao S, Xue B. Sedimentary geochemical record of human-induced environmental changes in Huanggaihu Lake in the middle reach of the Yangtze River, China[J]. J Limnol, 2015, 74(1): 31 - 39.

Yao S, Xue B, Xia W, et al. Lead pollution recorded in sediments of three lakes located at the middle and lower Yangtze river basin, China[J]. Quaternary International, 2009, 208(1): 145 - 150.

第三章　皖赣平原湖泊

　　皖赣平原湖区位于江西省北部、湖北省东南部以及安徽省西南部的区域，主要湖泊包括鄱阳湖、龙感湖、升金湖、菜子湖、太白湖等。相比于江汉平原湖区和太湖平原湖区，皖赣平原湖区经济发展水平略微落后，因此，该区域湖泊的营养水平较于周边区域相对偏低，周围多分布丘陵，自然环境保存相对完好。但近年来随着经济社会的发展，该区域人类活动对湖泊的干预也在逐渐增强，污染主要来自农药化肥和养殖业等第一产业，沿湖周边一些工业的初步发展也促使大量污染物排入，皖赣平原的湖泊群也正面临着富营养化、重金属污染等生态系统逐渐恶化的问题。

3.1　鄱阳湖

　　鄱阳湖(115°49′~116°46′E、28°24′~29°46′N)位于长江之南，江西省北部，跨南昌、新建、进贤、余干、波阳、都昌、湖口、九江、星子、德安和永修等市县，与赣江、抚河、信江、饶河、修水等五大河流相连通，古称彭蠡泽、彭泽和官亭湖，中国第一大淡水湖，由我国古代地跨长江两岸的彭蠡泽解体后演化、变迁而形成，属于长江干流水系，湖口最高水位22.59 m(吴淞高程)时，面积可达4 070 km²(谢振东等，2006；王晓鸿，樊哲文，崔丽娟，2004)。鄱阳湖及其流域地处长江中游南岸，其集水总面积16.22万平方千米，流域面积占江西省总面积97%，占长江流域面积的9%，其东、南、西三面环山，北部为湖区平原，中部间隔丘陵盆地，其地形大致有三种类型：一是崇山峻岭的边缘山地，占全省面积的35.9%，海拔一般在1 000 m左右，最高峰为武夷山脉的黄岗山，高达2 158 m，孤峰独峙的庐山汉阳峰高达1 474 m;二是连绵起伏的中南部丘陵,占总面积的 42.3%,海拔多为 100～500 m;三是鄱阳湖平原,占全省总面积的 21.8%,大部分海拔在 50 m 以下(谢振东等,2006;金相灿,1998)。鄱阳湖流域属于中亚热带湿润季风区,年平均气温 16.2～19.7℃,气温向南部逐渐升高,雨量充沛,但年季节性变化很大,年平均降水量1 341～1 934 mm(谢振东等,2006)。前人对该湖泊的研究成果十分丰硕。

3.1.1　鄱阳湖沉积速率变化

马双飞(2009)分析了鄱阳湖沉积物中^{137}Cs 和^{210}Pb 活度的垂直分布,根据^{137}Cs 的沉降特征和^{210}Pb 的衰减规律,对沉积物做了年代测定,并计算出沉积速率,探讨鄱阳湖沉积速率空间分布的规律性以及沉积速率变化与人类活动扰动的关系。研究结果表明:(1) 在过去一百多年里,鄱阳湖沉积速率经历了一个由慢到快再变慢的过程,由 0.04 cm/yr 到 1.08 cm/yr 再到 0.15 cm/yr。20世纪 30 年代到 60 年代,沉积速率最大,平均沉积速率为 1.08 cm/yr,这可能是由于当时大规模开垦导致湖区周围水土流失,大量的侵蚀物质被带入湖中,从而导致沉积速率上升;60 年代之后物质转移和进入湖中的侵蚀物质数量趋于稳定,沉积速率也趋于稳定且由于人类的治理而逐渐变小。(2) 由^{137}Cs 比活度异常的分析可知:强烈的人类活动可能导致放射性核素在岩芯垂直剖面上分布的变化,与其他湖泊例如固城湖、洪湖比较,可以看出长江中下游湖泊的高沉积速率出现在 20 世纪 30 至 80 年代之间,推测可能是因为大规模围垦导致湖区周围水土流失严重,大量的侵蚀物质被带入湖中,从而导致沉积速率上升。(3) 现代鄱阳湖南部的沉积速率比北部小,鄱阳湖沉降区沉积速率较大,鄱阳湖西南部的沉积速率小于东北部的。(4) 计算得出平均沉积速率为 0.12 cm/yr,鄱阳湖淤积速率大于湖盆沉陷的速率,并且鄱阳湖湖盆淤浅,水域减少,对长江的分洪作用在减弱。(5) 根据已有研究数据可推测,鄱阳湖今后可能的演变趋势:① 全湖平均沉积速率增加放缓;② 湖面逐渐向东北湖湾滨湖地带漫延扩大。

3.1.2　鄱阳湖沉积地球化学与环境演变

元素地球化学特征

早在 1989 年,Chen,Dong 和 Deng(1989)就对鄱阳湖 12 个表层 10～15 cm 沉积物中部分重金属元素(铜、铅、锌)进行了分析(表 3-1),结果表明,铜、铅、锌在表层沉积物中略有增加趋势,这与鄱阳湖主要入湖河流河口处矿藏开采关系密切。

表 3-1　鄱阳湖沉积物中总的金属浓度(引自 Chen,Dong and Deng,1989)

样品编号	Cu(mg/kg)	Pb(mg/kg)	Zn(mg/kg)
1	59.3	44.5	175
2	30	42.5	157
3	26.8	41	149
4	29.3	48.5	143
5	26	47	136
6	22	37	113
7	39.8	47	157
8	21.5	26	128
9	56.3	37.5	176
10	54	29.5	158
11	79.5	39.5	173
12	67.8	41	178

胡利娜等(2009)则对鄱阳湖沉积物的更多种类的重金属进行了分析,结果表明,采样点泥样中重金属浓度大小依次是 Mn>Pb>Cr>Cu>Ni,其含量随深度变化呈锯齿状多峰分布特征,且锯齿形状很相似,由深至浅,总体有上升的趋势,Cu、Mn 含量随年代变化呈锯齿形分布,Cu 含量在 1964 年达到最高(125.115 mg/kg),Mn 含量在 1990 年达到最高(1 165.119 mg/kg),分别是背景值的 5.1、3.5 倍。作者推测 Cu、Mn 的含量总体有上升的趋势,与沿湖的工业化发展以及生活污水等非点源的污染关系密切,这与 Chen,Dong 和 Deng(1989)研究结论基本一致。

此外,胡春华、李鸣、夏颖(2011)也对鄱阳湖表层沉积物 5 种重金属(Cd、Pb、Cu、Zn 和 Cr)含量特征进行了分析,也得出类似结论。并采用潜在生态危害指数法对重金属的潜在生态风险进行评价,结果表明:Cu、Pb、Zn、Cd、Cr 含量范围和均值分别为 20.33~160.67 mg/kg(61.53 mg/kg);24~87.61 mg/kg(48.17 mg/kg);64.83~409.28 mg/kg(194.11 mg/kg);0.33~4.39 mg/kg

(1.54 mg/kg)和11.06～67.83 mg/kg(28.05 mg/kg)。沉积物中重金属的污染程度较高,Cu是主要的污染因子。潜在生态风险评价显示:该湖表层沉积物中重金属潜在生态风险指数 RI 的平均值为151.81,属中等生态危害,5种重金属潜在生物毒性风险大小依次为 Cu>Cd>Pb>Zn>Cr。鄱阳湖沉积物已受重金属的污染,除 Cr 外,沉积物中 Cu、Zn、Pb 和 Cd 等4种重金属含量平均值均明显高于其相应土壤背景值(表3-2)。

表3-2　沉积物中重金属的单因子污染指数及综合污染指数

	单因子污染指数					综合污染指数	综合污染等级
	Cr	Cu	Pb	Zn	Cd		
最大值	33.825	7.009	8.946	5.853	2.288	51.421	很高
最小值	4.28	1.92	1.417	0.44	0.373	10.868	较高
中值	8.701	3.858	3.832	1.48	0.853	18.075	较高
平均值	12.953	3.853	4.243	2.056	0.946	24.029	很高

伍恒赟等(2014)对鄱阳湖全湖沉积物中更多种类的重金属进行了分析,结果表明,鄱阳湖沉积物7种重金属元素 Cd、Hg、As、Cu、Pb、Cr、Zn 含量平均值分别为 0.67 mg/kg、0.078 mg/kg、17 mg/kg、51 mg/kg、72 mg/kg、42.9 mg/kg、117 mg/kg,除 Cd 外,其余6种元素均明显高于相应的背景值。从空间分布来看,Cd、Cr 含量总体呈现东南、西北部偏高的现象,而 Hg、Cu、Pb 含量总体呈现东南部偏高的现象,As、Zn 的含量分布相对平均。Hg、Cu、Pb、Zn 等4种金属元素之间存在极显著相关性,表明这些元素污染具有同源性。潜在生态风险评价结果显示,单个重金属潜在生态风险顺序为 Cu>Hg>Pb>Cd>As>Cr>Zn;从综合潜在生态风险分析来看,整个湖区的 RI 值为46.4～476.3,平均值为165.4,属于中等潜在生态危害,其中湖区东南部综合潜在生态风险最高。Cu、Hg、Pb 等重金属主要来自乐安河流域工业排放。

Yuan 等(2011)在鄱阳湖湖区、湖泊口和主要支流处钻取了八个沉积岩芯,分析了200年内(表3-3)鄱阳湖 Cd、Hg、Pb、As 和 Cr 重金属时空分布特征,结果发现在判别沉积类型后,重金属的浓度不仅受源污染程度的影响而且还受沉积物类型的影响。沉积物中 Al_2O_3 含量与重金属含量呈正相关关系。重金属污染没有得到改善,但重金属的浓度并不高。通过估算河流对湖泊的贡献率,发现了在过去 50 年,赣江向鄱阳湖贡献了近一半的重金属。

表 3-3　采样钻孔和对应年代(引自 Yuan et al. ,2011)

钻孔编号	位置	钻孔深度(cm)	年代
C1	入湖口	168	1818—2006
C2	修水	190	1925—2005
C3	湖	132	1919—2005
C4	湖	152	1948—2005
C5	赣江	240	1939—2005
C6	抚河	220	1955—2005
C7	信江	180	1952—2005
C8	饶河	198	1901—2005

　　除了重金属研究,Xiang 和 Zhou(2011),向速林、周文斌(2010)还对鄱阳湖沉积物中磷的形态与分布进行过分析,结果揭示了鄱阳湖沉积物中的总磷和不同形态的磷的含量均呈现较为明显的增加趋势。此后,刘凯等(2015)也对鄱阳湖沉积物中磷的形态与有机磷含量变化进行了分析,结果均表明,湖泊有机磷含量呈现增加趋势(图 3-1),有机磷含量与流域单位面积磷肥施用量呈现显著正相关,表明流域农业面源污染是导致鄱阳湖沉积物有机磷含量增加的重要原因之一。

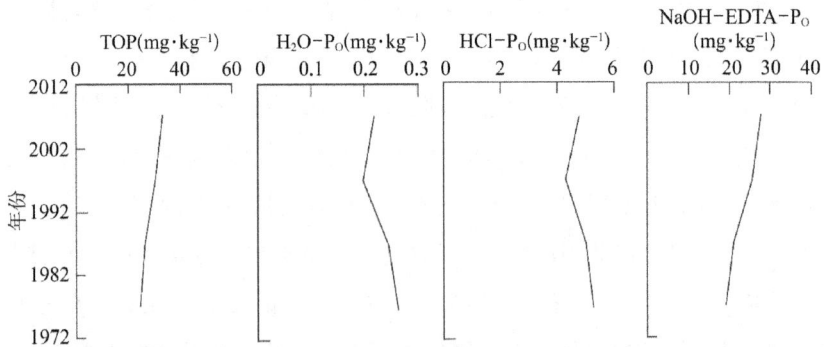

图 3-1　鄱阳湖沉积物有机磷(OP)形态历史分布特征(图源:刘凯等,2015)

王圣瑞等(2012)采集鄱阳湖流域表层(0～10 cm)沉积物样品 67 个(枯水期 24 个,丰水期 33 个,入湖河道 10 个),通过历史数据分析及沉积物样品测定,研究了鄱阳湖表层沉积物有机质(OM)、总氮(TN)和总磷(TP)的时空变化特征。结果表明,鄱阳湖表层沉积物中 OM 浓度(0.420%～3.175%)和 TN 浓度(0.026%～0.235%)以"五河"尾闾最高,其次是湖心,而 TP 浓度(0.010%～0.094%)最高值出现在赣江、抚河及信江尾闾,并且均由南向北至长江入湖口呈现降低趋势。丰水期"五河"来水量的增加显著,提高了湖心及北部湖区沉积物中 OM、TN 和 TP 浓度,尤其以北部湖区增加较明显。但南部尾闾区沉积物 TN 浓度在枯水期明显高于丰水期。1992—2008 年期间,鄱阳湖沉积物中 OM、TN 和 TP 浓度均呈明显的增加趋势,尤其是 OM 和 TP 浓度增幅较大(图 3-2)。2008 年,鄱阳湖沉积物中 OM、TN 和 TP 污染水平已经达到或超过富营养化湖泊沉积物的污染水平,与其他四大淡水湖泊相比,尽管鄱阳湖目前水质相对较好,但正呈现下降的趋势,氮磷营养底质较高,因此增大了富营养化风险。此外,鄱阳湖沉积物中有机质和氮磷污染主要源于"五河"来水,其次是农业面源污染。

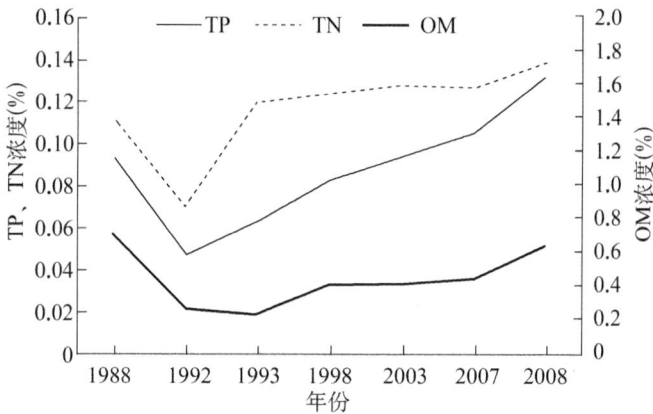

图 3-2 鄱阳湖表层沉积物中 TP、OM 及 TN 浓度变化
(图源:王圣瑞等,2012)

王毛兰等(2014)还对鄱阳湖及其主要入湖河流(赣江、抚河、信江、修水及饶河)表层沉积物总有机碳(TOC)和氮(TN)含量进行分析,结果表明:鄱阳湖湖区表层沉积物中 TOC 的含量变化范围在 0.63%~1.86% 之间,平均值为 (1.15±0.35)%,高于主支流的 TOC 含量;TN 含量变化范围为 0.06%~ 0.16%,平均值为(0.10±0.03)%,各入湖河流表层沉积物有机质 TN 含量变化范围在 0.03%~0.08% 之间,平均值为(0.06±0.02)%。鄱阳湖区氨氮 ($NH_4^+ - N$)含量变化范围为 0.12~1.94 mg/L,周溪处最小,龙口港处值最大;硝态氮($NO_3^- - N$)和 TN 含量在周溪处最小,分别为 0.73 mg/L 和 1.24 mg/L,都昌最大(分别为 1.83 mg/L 和 2.62 mg/L)。各主要入湖口河水 $NH_4^+ - N$ 含量变化范围比较大,修水最小,仅为 0.15 mg/L,赣江南支和饶河比较大,分别为 2.87 mg/L 和 2.71 mg/L;硝态氮含量最大值出现在赣江南支,为 3.05 mg/L,最小值出现在抚河和信江,均为 0.65 mg/L;TN 含量最小值出现在信江,为 1.34 mg/L,赣江南支和饶河比较大,分别为 6.86 mg/L 和 4.22 mg/L。研究表明,湖区龙口港和都昌处氮污染较严重,各主要入湖口河流中,赣江南支和饶河氮污染较为严重,其中饶河氮污染与鄱阳县发达的渔业养殖业关系密切,鱼虾的养殖将含有大量悬浮物质和营养盐的水排入河流中,致使河水氮含量明显偏高。

同位素地球化学特征

有机碳稳定同位素常被用于重建古气候和古环境以及追踪沉积物中有机质的来源。基于鄱阳湖一根长时间尺度的深钻(钻孔深度 867 cm)ZK01,彭红霞等(2003)分析了 5 ka 以来的有机碳同位素($\delta^{13}C$),结果表明,5 ka 以来鄱阳湖有机碳变化范围在 −30.5‰~−22.4‰ 之间,平均值为 −26.9‰,有机质来源主要为 C_3 植物。马振兴等(2004)则延长时间尺度到 8 ka BP,对沉积岩芯的有机质碳同位素分析,结果表明,鄱阳湖沉积物有机质 $\delta^{13}C$ 值在 −22.42‰~ −32.42‰ 之间,平均值为 −26.74‰,依然指示了有机质的来源为 C_3 植物,并将样柱分为 9 段具体进行讨论:(1) 867~590 cm,$\delta^{13}C$ 值为 −28.5‰~−29.5‰,平均值为 −28.08‰,数据稳定,变幅小。(2) 590~542 cm,$\delta^{13}C$ 值为 −25.5‰~ −26.5‰,平均值为 −26.15‰,逐渐偏正。(3) 542~423 cm,$\delta^{13}C$ 平均值为 −27.29‰,再次偏负,并保持稳定,变化较小。(4) 423~411 cm,$\delta^{13}C$ 值突然升高,达到 −24.5‰,但持续时间较短,仅为 50 年。(5) 411~277 cm,$\delta^{13}C$ 值为 −26‰~−28‰,平均值为 −26.94‰,再次偏负。(6) 277~230 cm,$\delta^{13}C$ 值为

−24‰～−24.5‰,再次升高,并持续了350年。(7) 230～131 cm,δ^{13}C值再次偏负,变化范围为−27‰～−28‰,平均值为−27.31‰。(8) 131～48 cm,δ^{13}C值为−23‰～−24‰,平均值为−23.56‰,达到全孔最高值。(9) 48 cm至表层,δ^{13}C值逐渐降低,变化范围为−25‰～−30‰,平均值为−27.94‰。

近年来,王毛兰等(2014)对鄱阳湖及其主要入湖河流的表层沉积物样品的有机碳同位素和氮同位素进行分析,并探讨鄱阳湖及其主支流沉积物有机质和氮素来源,结果表明,鄱阳湖湖区沉积物中有机质的碳、氮稳定同位素变化范围分别为−25.66‰～−12.56‰和3.51‰～6.27‰,平均值分别为(−22.48±4.10)‰和(4.71±0.95)‰,各入湖河流沉积物δ^{13}C和δ^{15}N值含量范围分别为−25.24‰～−19.55‰和0.94‰～4.64‰,平均值分别为(−23.27±2.42)‰和(3.19±1.30)‰。因此认为鄱阳湖及其主要入湖河流沉积有机质主要来源于土壤有机质、水生维管束植物和浮游植物三类,土壤有机质和人工合成肥料则是鄱阳湖及其入湖河流沉积物中氮素的主要来源。

Yao等(2015)于鄱阳湖采集了一根长达770 cm的沉积岩芯,分析了上部488 cm沉积物中长链C_{31}和C_{33}正构烷烃的氢同位素(δD),以此恢复了鄱阳湖过去1 400年来的水文变化,长链C_{31}和C_{33}正构烷烃的δD的变化范围分别为−206‰～−191‰和−203‰～−184‰,研究者认为区域降水变化对鄱阳湖δD记录有着重要的控制作用,鄱阳湖沉积岩芯记录的δD值可以较好地解释"量效应"和"蒸发蒸腾"两个潜在水文过程的相互作用(图3-3)。

有机地球化学特征

Lu,Zeng和Liao(2012)分析了鄱阳湖16个点位的沉积物有机氯杀虫剂(OCP)和16种多环芳烃(PAHs)的含量,结果表明,表层沉积物中有机氯农药的含量较高,四种六氯环己烷(HCH)异构体(α-HCH、β-HCH、γ-HCH、δ-HCH)、三种二氯二苯基三氯乙烷(DDT)同系物及其代谢产物、五氯酚钠和PAHs总浓度的变化范围分别为(0.536±0.330)μg/kg～(6.937±2.655)μg/kg、(14.421±5.260)μg/kg～(82.871±31.258)μg/kg、(15.346±6.935)μg/kg～(48.254±16.836)μg/kg、(33.0±11.5)μg/kg～(369.1±138.5)μg/kg。HCH异构体的浓度排序依次为γ-HCH>β-HCH>δ-HCH>α-HCH。最主要的

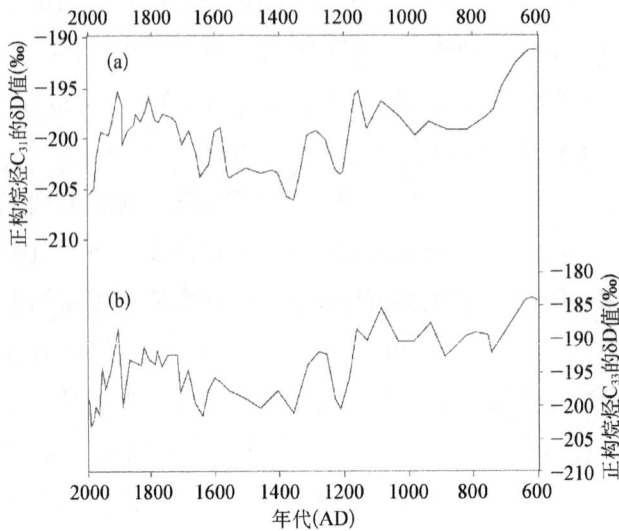

**图 3-3 鄱阳湖沉积钻孔 δD 记录：(a) 正构烷烃 C₃₁ 的 δD 值
和 (b) 正构烷烃 C₃₃ 的 δD 值（图源：Yao et al., 2015）**

γ-HCH含量为$(0.253\pm0.155)\mu g/kg\sim(3.465\pm1.010)\mu g/kg$，指示了农用杀虫剂林丹的近期输入量。通过分析，作者认为除了鄱江河口外，热源（煤、草和木材燃烧）占主导地位，其他地区多环芳烃主要来源于液体化石燃料的燃烧和渗漏。

杨明生等（2014）着重分析了鄱阳湖及附近村庄的沉积物正构烷烃和有机碳指标，结果表明，鄱阳湖沉积物有机碳含量呈现明显的空间分布差异，距离湖区村庄越远，沉积物有机碳含量越小。沉积物中正构烷烃以短链烃占绝对优势，表明正构烷烃的生物源主要为湖泊菌藻类，且菌藻类生物量贡献的沉积物正构烷烃大于水生沉水植物和陆生植物。

此外，张绵绵等（2015）对鄱阳湖沉积物中的氨基酸含量进行了分析，认为江湖关系变化引起的水位下降导致鄱阳湖沉积物中氨基酸含量增加。北部湖区、"五河"入湖尾闾区及湖心区沉积物氨基酸含量在不同高程上均表现为$12\sim13$ m＞$11\sim12$ m＞$10\sim11$ m，表明水位下降引起沉积物出露，高程越高的沉积物出露时间越长，其氨基酸含量越高。江湖关系变化引起的水位变化对沉积物氨基酸组分影响显著，高程越高，沉积物氨基酸富集越明显，氨基酸含量有增加趋势,并且天冬氨酸、谷氨酸、丝氨酸、甘氨酸、丙氨酸、赖氨酸含量变化越大。这主要是因为丝氨酸、甘氨酸、丙氨酸、赖氨酸作为难以降解和不易被微生物利用的氨基酸会富集起来;天冬氨酸和谷氨酸富含于浮游和底栖生物中,沉积物出露后,由浮游生物和底栖生物等分解释放所致。高程越高,沉积物氨基酸含量越高,其中酸性氨基酸所占比例也越高,表明可供浮游植物等生物吸收的营养物质越多。若鄱阳湖与长江江湖关系进一步变化,随着枯水期水位的持续降低,低水位时间进一步延长,将导致沉积物出露时间延长,出露面积增大,当来年沉积物覆水后,其氨基酸可被释放出来,从而影响鄱阳湖水质,可在一定程度上增加鄱阳湖富营养化风险。因此认为,在未来的鄱阳湖保护中,由于江湖关系变化引起的水位下降,导致的沉积物出露时间延长和面积增大,从而影响水质和增加富营养化风险的问题值得关注。

鄱阳湖沉积环境演化

自更新世以来,鄱阳湖经历了数次沉积演化,鄱阳湖人类活动出现较早,人类活动随自然环境的变化在湖泊沉积物中有所反映(朱海虹,1997),因而不同时间尺度上相关研究成果均较为丰硕。在长时间尺度上,吴敬禄、王苏民(1996)着重对有机碳同位素指标的气候意义进行解释,指出晚更新世以来鄱阳湖流域具有河湖交替的记录并存在较为明显的气候突变。

吴艳宏、羊向东、朱海虹(1997)对鄱阳湖湖口梅家洲 ZK2 孔(长度22.22 m)沉积物进行孢粉分析,初步恢复了 4 500 年来鄱阳湖湖口地区的古植被演替及古气候变迁历史,研究表明,鄱阳湖地区经历了 4.5—3.8 ka BP 气候暖湿期、3.8—3.4 ka BP 气候凉偏干期、3.4—3.0 ka BP 气候温暖偏湿期、3.0 ka BP 前后短暂的降温-凉湿期、2.8—2.35 ka BP 气候温暖偏湿期以及 2.35 ka BP 以来气候偏凉但仍存在数次微弱冷暖波动期等阶段的气候演变。吴艳宏(1999)还对该孔其他指标进行了综合分析,研究了鄱阳湖 4 500 年来湖口地区古环境演变历史,发现该区域经历多次冷暖干湿交替,沉积环境也经历了三角洲(3.8 ka BP 以前)、古赣江河流(3.8—3.4 ka BP)、彭蠡泽开阔湖(3.3—2.3 ka BP)和鄱阳湖湖漫滩(2.3 ka BP 以来)的变化。

项亮(1999)在鄱阳湖枯水期期间,在鄱阳湖西部湖湾洼地大叉湖,采集了一根长度为 150 cm 的沉积岩芯(DCH 孔),并对该孔年代学、粒度、磁化率和有机碳等参数进行分析,同时与历史文献资料进行对比,探讨了鄱阳湖流域环境变化与人类活动的相互关系及环境指标的响应特征。研究表明,该钻孔环境演变可划分为 6 个阶段:第一阶段(150～126 cm,约 145 BC—155 AD),该段底部向上,黏粒(CL)含量增加,粒度向细颗粒集中,而标准差(δ 值)和峰态(K)减少,反映水动力条件减弱,分选变差,水动力条件不稳定,该地水域由较易受河流泛滥影响的较小洼地逐渐扩展成湖相沉积为主的较大水面,低频磁化率和频率磁化率均较小,且没有明显变化,沉积物源较稳定,物源组成中,受风化较强影响的表土成分在沉积物中含量变化不大,反映人类活动强度较弱。第二阶段(126～100 cm,155 AD—480 AD),124～126 cm 层位,粒度参数显示出洪水沉积的特点,其他层位磁化率参数表明水动力先逐步增强随后逐步减弱,多数层位低频磁化率偏低,此外,该段有机碳含量明显提高,表明湖泊初始生产力及富营养程度有较大的提高,指示湖区人类活动开始逐步增强。第三阶段(100～62 cm,480 AD—955 AD),在本段 70 cm 以下,数据表明沉积物粒度逐渐向细粒集中,之后形成的水域逐步扩大,磁化率指示这一段沉积物物源组分中表土含量变化明显,有机碳含量逐步变低,有较粗颗粒的细砂出现,说明该段水动力较强,水下三角洲向前推进显示可能与山地开垦有关的芯土流失量增加有关。第四阶段(62～48 cm,955 AD—1180 AD),粒度表明沉积物分选性增强,为类似残留湖湾的沉积,磁化率相对偏低,物源可能来自洼地内湖浪掀翻底泥的二次沉积或降水在湖岸边滩形成的侵蚀沟,沉积环境是相对封闭的三角洲前缘洼地,表明当时水下三角洲已推进到大汉湖地区,气候较干,水面偏小。第五阶段(48～18 cm,1180 AD—1790 AD),粒度开始变粗,沉积物分选性变差,水动力增强,沉积环境呈现既有湖相又有河漫滩沉积的特点,磁化率在多数层位显示为高值,人类对土地利用的方式在频繁地改变。第六阶段(18～0 cm,1179 AD—1997 AD),以 10 cm 为界,其下自底部向上,标准差和中值粒径迅速增加,表明水动力增强;10 cm 以上,细沙含量增加,磁化率、有机质和粒度均达到最大值,反映人类活动的显著增强,环境变化剧烈。此外,吴艳宏等(1999)还对鄱阳湖中大汉湖 DCH 孔粒度、磁化率、孢粉、有机碳含量等指标进行了综合分析,恢复了鄱阳湖 2 000 年来环境演化过程,研究表明,鄱阳湖经过多次扩张,形成如今的格局,约在 1 500 a BP,水面由北向南扩张至大汉湖附近,大汉湖由古赣江河流洼地(1 500 a BP 前)发展为赣江三角洲分流间洼地。该地区气候的变化经历了多次波动,900 a BP 以前偏干,气温略高于后期;900 a BP 以后偏湿,在 450 a BP 前后,温度偏低。

彭红霞等(2003)对鄱阳湖沉积岩芯 ZK01(芯长 878 cm)有机碳同位素以及沉积特征等环境指标进行了综合分析,本岩芯共取了 6 个[14]C 样品进行年龄测试,并经树轮校正,结合鄱阳湖湖口地区孢粉组合特征,重建了鄱阳湖地区 5 ka BP 以来的古气候演变过程。结果表明,鄱阳湖中晚全新世经历了 4 次较大的湖泊涨缩过程,与之相对应气候经历了 4 次干湿冷暖相互交替的变化过程:5.0—4.2 ka BP,气候以暖湿为主;4.2—3.9 ka BP 以冷湿为主;3.9—3.2 ka BP,气候转温和,以温偏干气候为主;3.2—3.0 ka BP,气候凉偏干;3.0—2.8 ka BP,暖偏干气候为主;2.8—2.2 ka BP,以凉偏湿为主;2.2—1.2 ka BP 为较长时期的温暖湿润气候;1.2—0.2 ka BP,对应冷湿的气候特征;0.2 ka BP 到现在,气候又开始变得越来越温暖,推测由人类活动的影响所致。马振兴等(2004)同样基于 ZK01 孔进行了有机质碳同位素分析,讨论了鄱阳湖更长时间尺度(近 8 ka 以来)的古气候环境,鄱阳湖沉积物有机质 δ^{13}C 值为 $-22.42‰ \sim -32.42‰$,属于 C_3 类植物来源。暖湿期 δ^{13}C 值相对偏负,冷(凉)干期 δ^{13}C 值相对偏正。这些记录表明,鄱阳湖近 8 ka 来经历了 4 次暖湿和 4 次冷(凉)干的气候环境变化,7.9—3.66 ka BP、3.44—2.99 ka BP、2.94—2.17 ka BP 和 1.82—0.65 ka BP 属相对温暖湿润的气候环境;3.66—3.44 ka BP、2.99—2.94 ka BP、2.17—1.82 ka BP 和 0.65—0.2 ka BP 为相对冷凉干旱的气候环境,自 0.2 ka BP(1750 AD)以来湖区气候开始转暖,暖湿期持续时间较长,冷(凉)干期持续时间较短,1000 BC 左右发生一次重要的气候变冷事件。

此外,针对 ZK01 钻孔,之后还有不少研究者开展了一系列深入研究工作。例如谢振东等(2006)基于鄱阳湖 ZK01 钻孔在 7 300—50 a BP 期间的孢粉记录,主要根据岩芯中孢粉的主要种属类型及含量变化特征共划分出 9 个孢粉组合带:第 1 组合带(孔深 7.95～6.12 m,约 7 300—3 680 a BP),该带以木本植物花粉占优势,含量为 31.8%～53.6%;第 2 组合带(孔深 6.12～5.32 m,约 3 680—3 230 a BP),孢粉贫乏带;第 3 组合带(孔深 5.32～4.09 m,3 230—2 900 a BP),本带木本植物花粉的含量达到剖面的最高峰,平均含量 50.3%,最高 53.9%;第 4 组合带(孔深 4.09～3.59 m,约 2 900—2 760 a BP),孢粉贫乏带;第 5 组合带(孔深 3.59～2.79 m,约 2 760—2 210 a BP),本带草本植物花粉和蕨类植物孢子较第 4 组合带大量增加,含量分别为 25.5%～43.2% 和 24.7%～51.5%;第 6 组合带(孔深 2.79～2.27 m,约 2 210—1 850 a BP),本带的显著特征是蕨类植物孢子含量(61.0%～72.4%)增加及草本植物花粉(5.9%～14.4%)的大幅度锐减;第 7 组合带(孔深 2.27～1.5 cm,约 1 850～920 a BP),本带中草本植物花粉再次大量增加,含量为 26.1%～42.4%,平均 37.5%,木本植物花粉也增加为 22.0%～43.7%,蕨类植物孢子减少为 18.5%～46.6%;第 8 组合带(孔深 1.5～0.7 m,约 920—370 a BP),该带的显著特征是蕨类植物孢子迅速繁衍,成为优势分子,在组合中占主导地位,含量为 58.9%～67.4%,木本植物花粉略有减少,为 22.6%～33.6%,草本植物花粉则急剧下降为 4.5%～15.7%;第 9 组合带(孔深 0.7～0.1 cm,约 370—50 a BP),该组合带中蕨类植物孢子含量(56.7%～88.4%)进一步增加,达到空前繁盛。同时根据孢粉记录,作者尝试恢复鄱阳湖流域的古植被和鄱阳湖区的水域面积变迁过程,以及地区气候冷暖变化,其中利用亚热带乔木花粉和山地针叶林植物花粉之间百分比含量差值的变化特征,对鄱阳湖流域自 2 760 a BP 以来的冷暖气候变化进行较为详细的探讨,具体表现为孢粉记录了 3 个暖期,2 个寒冷期,而在各阶段当中均有小暖期和小冷期的记录。总体上暖期逐渐变短而寒冷期变长的特征非常明显,从气候系统的 500～1 000 年尺度上看冷暖发展变化过程,均是一个渐变过程再以一个快速突变结束一个冷期或暖期,并且在 100 年尺度上看,气候突变事件更为频繁。

Gu 等(2017)则根据 ZK01 钻孔的孢粉记录和碳同位素指标,划分了过去 3 500 年 8 个古环境变化时期,作者认为气候状况与落叶常绿阔叶林/针阔混交林以及太阳强弱变化有关。由水生生物和稳定碳同位素百分比重建的古水文变化表明,潮湿事件与成熟的湖相以及增强的厄尔尼诺-南方涛动(ENSO)活动有关。在 2 000—1 200 cal a BP 期间,统一的开放湖(鄱阳湖)的存在与强 ENSO 活动造成的长时间潮湿有关。在近百年的时间尺度上,气候变化和 ENSO 活动对鄱阳湖南部地区水文条件和沉积演化可能起着重要作用。古气温、古水文与北半球众多资料的相关分析表明,古气温随季风强度的变化与太阳活动有关,而古水文变化与 ENSO 活动有明显的一致性。

有关 ZK01 钻孔最新研究还包括 Huang 等(2018)基于地球化学指标着重分析了晚全新世(过去 4 000 年)以来化学风化与东亚夏季风之间的关系,采用 K/Na、Ti/Na、Al/K、高岭石/伊利石和黏土/长石比值以及化学蚀变指数(CIA)作为化学风化指标,追踪了东亚夏季风强度的变化。近 4 000 年来,鄱阳湖化学风化的代用记录总体呈增强趋势,与前人记录的区域水文变化相一致。进一步的对比分析表明,中国中部地区水汽变化与东亚夏季风(EASM)强度呈负相关,EASM 减弱时,中部则降水增多。同时,研究数据揭示了三个显著干旱的气候期(即约 4 000—3 200 cal a BP、2 800—2 400 cal a BP 和 500—200 cal a BP)。在小冰期(LIA)期间,出现与冷干气候条件有关的弱化学风化期,而在中世纪暖期(MWP),则出现反映暖湿气候条件的强烈化学风化期。此外,鄱阳湖全新世晚期化学风化的增强与 ENSO 活动强烈一致,表明中国中部的水分变化主要受 ENSO 变化的驱动。

董延钰、金芳、黄俊华(2011)在鄱阳湖采集沉积岩芯,进行了粒度分析,结果表明,从湖滨到湖心沉积物粒度呈由砾石—粗砂—细砂—粉砂—黏土等逐渐变细的正旋回,指示了鄱阳湖在 4 500 a 以来呈现河湖相交替发展的现象,与前人研究结论基本吻合。

3.2　龙感湖

龙感湖(29°52′~30°05′N,115°55′~116°17′E)位于长江北岸,地处湖北黄梅和安徽宿松境内,是古长江变迁形成的河迹洼地与古彭蠡泽解体后的残迹湖,湖的北面为丘陵地带,位于大别山脉南坡山麓部位,主要出露第四纪网纹红土,局部出现黄土状堆积层,东西南三面为滩地,现被农田所覆盖(周志华、李军、朱兆洲,2007)。龙感湖为开口湖,入湖河流主要来自北部山区,出水河流位于湖的南岸,分两支汇入长江,是一个典型的草型湖泊。湖泊现有面积 316.2 km²,水位 12.1 m,平均水深 3.78 m(王苏民、窦鸿身,1998)。龙感湖东流注入大官湖、黄湖、泊湖,最后经华阳闸和杨湾闸注入长江,华阳闸和杨湾闸的建成时间是 1956 年(吴艳宏等,2010)。

3.2.1　龙感湖沉积速率变化

Wu 等(2010)等测定了龙感湖沉积岩芯的 210Pb 含量,并采用恒定沉积通量模式(CIC)和恒定放射性通量模式(CRS)两种模式相结合的方法,计算出 20 世纪 60 年代之前,龙感湖的平均沉积速率为 0.11 g·cm⁻²·yr⁻¹;20 世纪以来,平均沉积速率为 0.32 g·cm⁻²·yr⁻¹。吴艳宏等(2010)在龙感湖大湖面采集 2 根沉积物岩芯(LS-1 和 LGL-1),长度分别为 38 cm 和 39 cm,对其进行了 210Pb 分析,从而推算出两孔上部的平均沉积速率分别为 0.19 cm/yr 和 0.23 cm/yr。此外,Wu 等(2010)发现在修建水库、闸坝等水利设施之前,龙感湖沉积通量的变化主要受到流域降水与径流等自然环境条件的影响,但人类活动改变了湖泊流域的水系结构和湖泊自然的沉积过程,使得入湖碎屑通量明显减少。羊向东等(2001)采用 210Pb 也建立了龙感湖沉积物年代框架,计算得出,25～14 cm 段(1906—1959 AD)的平均沉积速率为 2.08 mm/yr,14 cm 以上(1959 年以来),沉积速率明显增加,为 3.6 mm/yr。陈诗越等(2001)同样根据一根长度为 25 cm 的沉积物岩芯 210Pb 的活性变化,推算出相似沉积速率,14 cm 以上沉积速率较高,达 3.6 mm/yr;14 cm 以下平均沉积速率较低,约 2.17 mm/yr,25 cm 处年代约为 1905 AD,据此建立了年代序列(表 3-4)。

表 3-4　龙感湖沉积物年代序列结果(210Pb CRS 模式)(引自陈诗越等,2001)

深度(cm)	年代(AD)	深度(cm)	年代(AD)
2	1991±1.03	14	1959±1.74
4	1986±1.35	16	1954±2.45
6	1981±1.40	18	1948±2.02
8	1975±1.55	20	1939±2.98
10	1970±1.96	22	1928±3.67
12	1964±1.45	24	1915±5.70

3.2.2　龙感湖沉积地球化学与环境演变

周志华、李军、朱兆洲(2007)分析了龙感湖两个钻孔的沉积物样品中 1948 年以来的 $\delta^{13}C_{org}$、$\delta^{15}N$、有机碳与总氮比值(C/N)、总有机碳(TOC)和总氮(TN)含量等指标,结果表明,孔 L1 有机碳同位素值变化范围在 $-28.88‰$～ $-23.67‰$ 之间,孔 L2 有机碳同位素值在 $-27.54‰$～$-24.42‰$ 范围之间,L1 和 L2 点的剖面 $\delta^{15}N$ 值呈交互增长的变化趋势,数值区间近似,在沉积深度 5 cm 以下,$\delta^{15}N$ 值范围为 $2.99‰$～$5.31‰$,从 5 cm 至表层,$\delta^{15}N$ 值从 $3.71‰$ 逐步增大到 $7.58‰$。在沉积剖面上,同一个采样点的总氮变化趋势与总有机碳的变化趋势类似,但有机碳含量比总氮整体含量高 5～10 倍(图 3-4)。在沉积深度 5 cm 以上,L1 和 L2 点 TOC 值分别为 2.14% 和 2.01%,TN 同样都是 0.27%,两个沉积柱的 TOC 和 TN 都开始增大,增大的幅度不同,到达表层时的数值相近。两孔 C/N 值在整体上保持在 6～12 之间(图 3-4)。

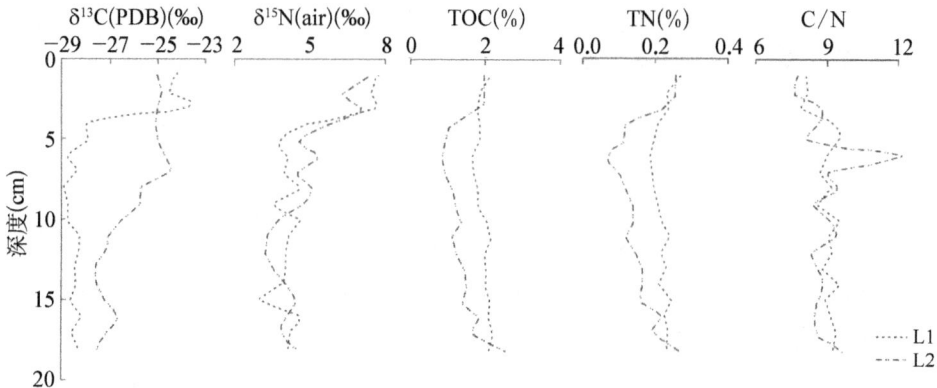

图 3-4　龙感湖 L1、L2 采样点沉积物柱的 $\delta^{13}C_{org}$、
$\delta^{15}N$、TOC、TN、C/N 随深度变化趋势(周志华、李军、朱兆洲,2007)

Wu,Lücke and Wang(2008) 在龙感湖采集了一根长达 65 cm 的沉积岩芯 LL-4,着重分析了 TOC、TN、TP、$\delta^{13}C_{org}$、和 $\delta^{15}N$ 等指标,评估龙感湖的营养源和古生产力状况,结果表明,TP 含量的变化范围在 260.1 mg/kg～713.5 mg/kg 之间,平均值为 485.1 mg/kg,TOC 和 TN 呈现明显的偏正趋势,TOC 含量的变化在 0.93%～2.81% 之间,平均值为 1.74%,TN 含量变化范围在 0.09%～0.39% 之

间,平均含量为 0.22%(图 3 - 5)。C/N 和 $\delta^{13}C_{org}$ 指示了龙感湖有机质主要来源于湖泊内源水生植被,陆源物质较少。$\delta^{15}N$ 自 1950 年以来有明显减少趋势,这与化肥农药的排入关系密切。

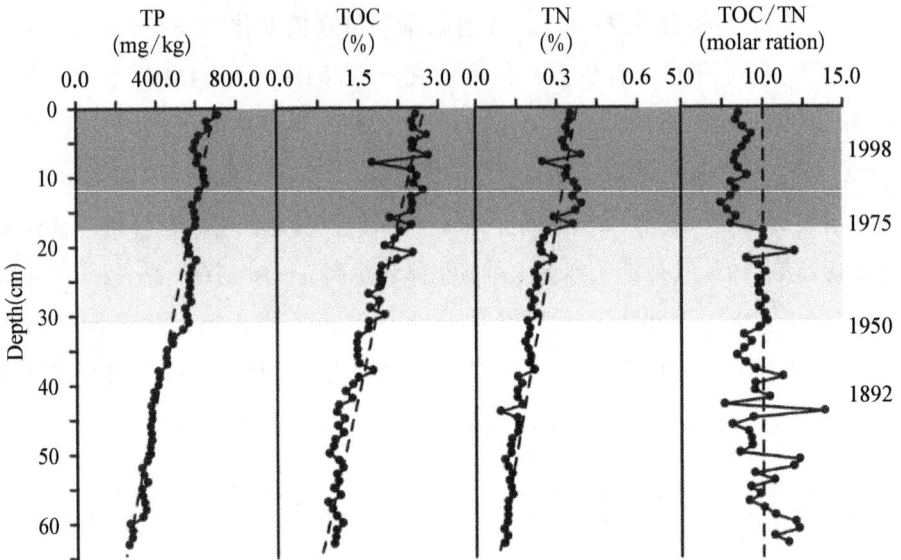

图 3 - 5　龙感湖 LL - 4 孔 TOC、TN、TP 和 TOC/TN 浓度变化

吴艳宏等(2010)对龙感湖沉积物 LGL - 1 孔和 LS - 1 孔岩芯沉积物进行了重金属元素分析,结果表明,LS - 1 孔自底部向上,Al、Pb、Co、Ni、Cu 和 Zn 等重金属元素浓度呈下降趋势,到 9.5 cm 各元素浓度突然上升。LGL - 1 孔的各元素浓度自下,呈现 3 个增长阶段,分别为 31.5 cm 以下、31.5～13.5 cm 和 13.5 cm 以上,13.5 cm 处的增长幅度小于 LS - 1 孔 9.5 cm 处的增长幅度(图 3 - 6)。Pb、Co、Ni、Cu 和 Zn 的分布与沉积物的粉砂级颗粒含量成正比,尤其是在 LGL - 1 孔中,Cu 浓度与 4～32 μm 粒级含量相关性较高($R=0.80, n=40$)。因此认为重金属元素 Pb、Co、Ni、Cu 和 Zn 等浓度的变化指示了人类活动的强度。人类活动造成沉积物中粒度组分发生变化的同时,也造成了上部重金属浓度的上升。

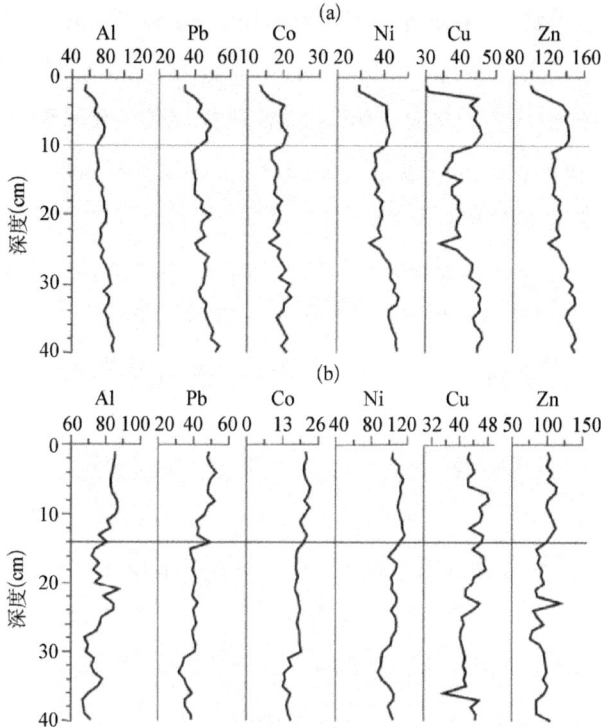

图 3 - 6　LS - 1 孔和 LGL - 1 孔主要元素浓度变化：(a) LS - 1 孔，
(b) LGL - 1 孔。Al 的浓度单位为 mg/g，其余元素为 mg/kg

3.2.3　龙感湖沉积环境演化

　　龙感湖与太白湖同属于华阳水系，但是就湖泊生态环境类型而言，龙感湖目前仍然属于草型湖(Zhang et al.，2012)。然而，自 20 世纪 50 到 60 年代以来，由于人类活动的增强，龙感湖的生态环境逐渐发生了改变。众多研究成果表明龙感湖近年来水体营养化程度在不断升高，并存在一定程度的重金属污染等一系列问题(Wu，Lücke and Wang，2008；Zhang et al.，2012；Bing et al.，2013；2014)。20 世纪 50 年代初，龙感湖大规模的围湖造田开始，龙感湖流域内分别兴建了华阳农场和龙感湖农场，人口从全国各地迁入，修建湖堤，开垦荒地，自 0.3 ka BP 来，龙感湖营养态发生显著变化，经历了两次由贫营养向中等营养的转变和两次富营养化的发生(1770 AD 后和 1906 AD 后)，近年来，湿地的严重破坏和流域化学肥料的使用等人类活动的增强，使得龙感湖富营养化程度呈现明显加重趋势(羊向东等,2001;Wu,Lücke and Wang 2008)。

在短时间尺度上,刘健、羊向东、王苏民(2005)依据龙感湖过去 200 年的钻孔沉积物总磷浓度、由化石硅藻及硅藻-总磷转换函数定量重建湖水总磷浓度、近 50 年气象观测的温度和降水量、气候模拟的温度和降水序列,以及近 50 年来龙感湖地区农用磷肥施用量等资料,分析了近 200 年以来龙感湖营养态演化的特点和规律,揭示了气候因素、人类活动因素及水生生物因素对龙感湖营养态演化的影响和机理。结果发现,在过去 200 年间,龙感湖沉积物中的总磷浓度呈逐渐增加趋势,其变化范围介于 330~580 mg/kg 之间,平均值为 388 mg/kg,到了 1950 年前后,有近 30 年的振荡调整期。在世纪尺度上,气候变化是控制龙感湖营养状态变化的主要因素,而在最近 50 年的年代际尺度上,人类活动是龙感湖营养状态变化的主导因素。尤其是自 1950 年以来,人类活动对沉积物总磷和湖水总磷变率的贡献已分别占到 60% 和 57%,沉积物和湖水中磷浓度的不同变化反映湖泊生态系统对湖泊营养水平的响应过程和调节能力,表现为藻类-水生植物之间平衡关系的维持与破坏以及磷的蓄积特点。Zhang 等(2012)采用定量摇蚊推断 TP(CI-TP)浓度的方法,重建了龙感湖营养态演变过程,结果表明,TP 浓度自 19 世纪 80 年代到最近几年呈现相对下降趋势,同时伴随着摇蚊方面的强有力的证据:随着 TP 水平显著下降,大型植被生物量增加。但是目前随着营养物质的不断输入,龙感湖也在面临着大型水生植被减少甚至消失的威胁,从而走向富营养化的境地。

羊向东等(2002a)基于生物指标硅藻的分析,恢复了近两个世纪以来龙感湖硅藻植物群演替历史和营养动态演化过程,结果表明,20 世纪初期(1906 AD),硅藻种群中小型底栖的 *Fragilaria*、*Amphora libyca*、*Pinularia sp.* 等种迅速减少或消失,而浮游种 *Aulancoseira granulata* 增多,与 *Eunotia* 类型共同组成优势属种,反映龙感湖开始由贫营养状态向中营养状态转变,为水体富营养化开始发生时间;20 世纪 70 年代初期,硅藻又逐渐由附生为主的 *Cocconeis placentula*、*Epithemia sp.*、*Gomphonema sp.* 等种占主导地位,反映了营养程度的再次提高,并呈现加重趋势。硅藻组合变化反映的湖泊营养级的增加与流域人类活动影响关系密切,早期的湖泊富营养化是对流域土壤侵蚀速率增加的响应;而 70 年代以来,湖泊营养程度的加重则与龙感湖流域农药化肥的使用以及湿地植被的破坏导致湿地拦截功能的减弱或消失关系密切。

周志华、李军、朱兆洲(2007)通过对龙感湖两个钻孔的沉积物样品中 $\delta^{13}C_{org}$、$\delta^{15}N$、C/N、总有机碳(TOC)和总氮(TN)含量等指标的分析,指出自 1948 年以来龙感湖沉积物有机质的来源,并探讨了湖泊生产力变化以及随后的沉积演化过程。结果表明,自 1948 年以来,龙感湖沉积物有机质以自生有机物源为主,同时大型水生植被发育,伴有低等藻类,湖泊沉积物受陆源输入影响较小,基本不受城市污染物的输入影响,但受到流域农业化肥大量使用的影响较大。随着人类活动增强,营养物质的输入增加,湖泊的初级生产力逐渐增大,藻类开始增加。

在长时间尺度研究上,瞿文川等(1998)对龙感湖沉积物中的色素、孢粉和硅藻等指标进行综合分析,探讨了该区域近 3 000 年来的气候环境波动,结果表明:3 200—2 400 a BP 为暖湿阶段,其中仍有凉湿波动;2 400—1 600 a BP 具体分为两个阶段,前期约 2 400—2 000 a BP,气候偏凉干,但后期温度有升高趋势;1 600—1 500 a BP,该段时期生物量较少,富营养化程度低,存在明显降温事件;1 500—1 100 a BP 湖泊生产力有所提高,气候好转;1 100—100 a BP 色素含量达到最低,湖泊富营养化程度低,水质较好,但气温偏低,植被不发育,对应小冰期;100 a BP 至今,水体富营养化程度显著增加,人类活动显著,水质逐渐恶化。

羊向东等(2002b)在龙感湖滩地钻得一根深钻并对 24.4 m 深度以内的沉积物岩性、生物和物理指标进行分析,在 ^{14}C 年代测定的基础上,对龙感湖末次盛冰期以来的环境演化进行了恢复,结果表明:在 15.0 ka BP 之前和 10.0—6.3 ka BP 期间,龙感湖区发育河流相沉积,生物量较低,磁化率偏高;约 15.0—10.0 ka BP 期间的晚冰期,龙感湖开始形成,生物量显著提高;现代龙感湖雏形始于约 6.3 ka BP 后,至 3.7 ka BP 后发展为稳定的湖泊环境。此外,孢粉分析表明,龙感湖湿地植被大致形成于 3.3 ka BP 以后。

除此之外,邹怡(2011)利用历史学的方法重建了 1391—2006 年龙感湖-太白湖流域的历史人口序列。龙感湖、太白湖的沉积记录揭示了流域开发强度的变化,研究结果表明,1391—2006 年间,流域内人口整体呈增长趋势,1634—1644 年的明末战乱和 1853—1864 年的太平天国战争造成了两次重大的人口损失,且后者的程度远甚于前者。硅藻组合、总磷、磁化率、碳屑和孢粉等指标序列清晰地反映了同期人口的波动趋势。硅藻组合、总磷、磁化率和孢粉等指标综合反映出龙感湖-太白湖流域的开发强度自 14 世纪以来逐渐加大,但是在 1630 年后经历了一个短期的低谷,此后,开发力度继续上升,至 1800 年前后达到一个顶峰,但随之而来的是近一个世纪的持续低谷,进入 20 世纪后,又逐渐回升,1953 年后甚至出现了一个加速趋势。研究时段内,人口曲线在明末和清末有两次大的低谷,这与文献所反映的明清小冰期中的两次冷期相对应。

此外,龙感湖沉积环境最新研究指出龙感湖晚全新世以来的湖泊水位的变化特征。Xue 等(2017)利用粒度和多烷芳烃等指标重建了过去 4 000 年龙感湖湖泊水位的变化,研究表明,用于指示植被组成的正构烷烃分子分布、平均链长(ACL)和 $P_{aq}=(C_{23}+C_{25})/(C_{23}+C_{25}+C_{29}+C_{31})$,均对水深的变化较为敏感,在 4.0—2.7 ka BP 期间,龙感湖水位偏低但呈现逐渐升高趋势,在 2.7—1.2 ka BP 期间,则出现了晚全新世最高水位,之后直到现代,水位逐渐降低(图 3-7)。

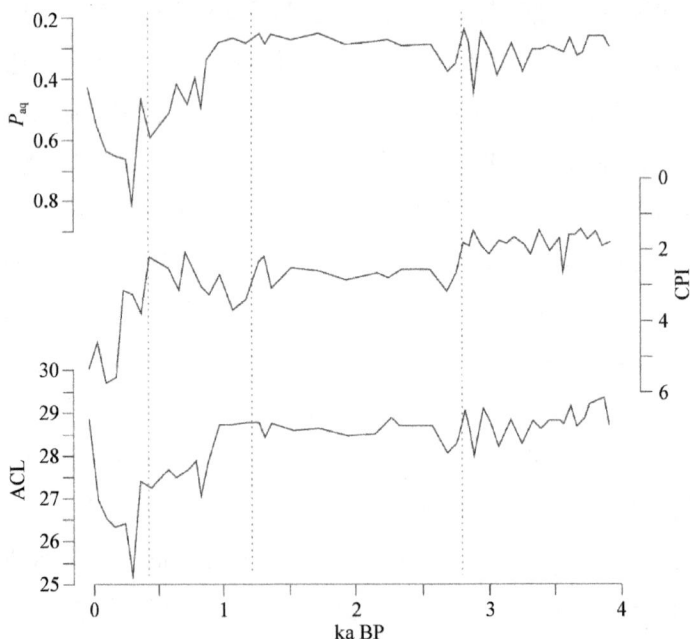

图 3-7　正构烷烃平均链长(ACL)、碳偏好指数(CPI)、水生植物与水生植物加陆生植物比率(P_{aq})的下部核心变化(Xue et al.,2017)

3.3 太白湖

太白湖与龙感湖同处长江北岸,纬度位置为 29°56′～30°01′N,115°46′～115°51′E,位于龙感湖西侧,与龙感湖有着直接的上下游关系,太白湖无直接通江河流,湖水大部分从南部的梅济港进入龙感湖后排入长江,位于湖北省黄冈市东南部,横跨武穴、黄梅两县,北部为大别山南麓延伸的丘陵地带,南部为广阔的长江泛滥平原,流域面积 607 km²,与龙感湖同属于华阳水系,20 世纪 30 年代前后湖泊面积约 69.2 km²(叶怀锦,1997;王苏民、窦鸿身,1998;邹怡,2011)。根据 2002 年遥感影像解译结果,湖泊面积已经缩小为 28.98 km²(刘恩峰等,2007)。太白湖湖水依靠地表径流和湖面降水补给,除了接纳上游的荆竹河、考田河等来水外,汛期还西承武山湖来水,一般湖水处于缓流状态,多年平均水深 3.2 m(王苏民、窦鸿身,1998)。太白湖地处亚热带湿润季风气候区,四季变化明显,年均温 16.7℃,多年平均降水量 1 273 mm,蒸发量 1 041 mm,最大年降水量为 1 873 mm(1952 年),在湖北植被区划中,太白湖流域植被属湖北南部中亚热带常绿阔叶林地带-鄂东南低山丘陵植被区-江东丘陵平原植被小区(仝秀芳等,2009)。

3.3.1 太白湖沉积速率变化

刘恩峰等(2007)依据太白湖 1.5 m 长沉积岩芯的 ²¹⁰Pb 测定结果,建立了近百年来的沉积年代序列,并对比分析了不同时期太白湖沉积通量变化与流域降水量及人类活动的关系。结果表明,1900—1920 年、1928 年、1937—1942 年、1953—1954 年是沉积通量较高的四个时段,并与夏季降水量偏多时段相对应,因此认为这与因降水量增多而被带入湖泊的泥沙量增加关系密切(图3-8)。1958—1963 年间,太白湖流域上游兴建三座水库,其对洪水及入湖泥沙起到了调蓄作用,此后,太白湖的平均沉积通量减小,降水量不再是影响沉积通量的主导因素;1958—1970 年沉积通量较高,这主要是由于太白湖围垦等人类活动导致的入湖泥沙量增加及湖泊面积减小;1983—1993 年沉积通量的增加则反映了农业生产方式由集体转为个体生产模式后,耕作业的快速发展所导致的水土流失的加重。

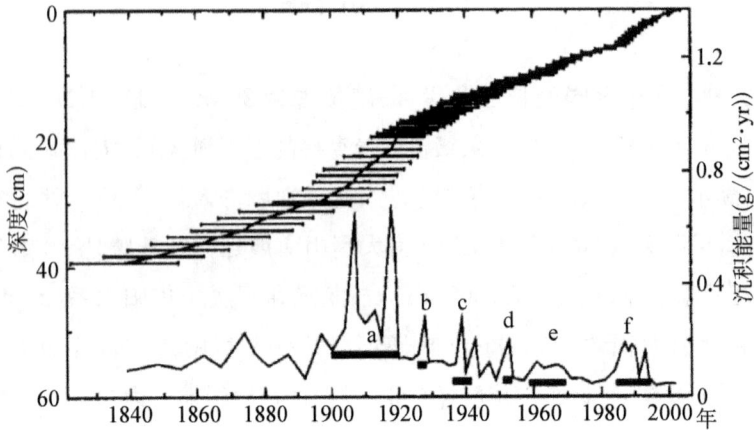

图 3-8   沉积通量变化及深度-年代对应结果

刘恩峰等(2009)再次采集太白湖沉积岩芯样品,并进行^{210}Pb 与^{137}Cs 分析,结果表明,太白湖沉积岩心中^{137}Cs 活度低于 20 Bq/kg,并且具有显著的峰值,采用恒定沉积通量模式(CIC)和恒定放射性通量模式(CRS)两种方法相结合,计算得出太白湖过去 100 年来的平均沉积速率为 0.26 g·cm^{-2}·yr^{-1}。

3.3.2   太白湖沉积地球化学与环境演化

近代以来太白湖已然成为一个藻型、浅水湖泊,受到人类活动的强烈干扰,湖泊营养水平不断提高(Zhang et al.,2012)。目前,不少研究者从长时间尺度上对太白湖沉积环境演化历史进行了重建。Liu 等(2007)从太白湖钻取一根长达 80 cm 的沉积岩芯,分析了其元素、粒度、孢粉等指标,揭示了过去 400 年太白湖流域环境对气候变化和人类活动的响应。研究结果表明,太白湖流域人类活动密集,表现为森林砍伐和谷类养殖扩张,沉积物中松花粉百分率低,禾本科花粉比例高。沉积物由灰色粉质黏土组成,细粉土(4~16 μm)和黏土(<4 μm)占粒度组成的 60%~90%,粗粉粒级(16~64 μm)变化与之相反,沉积物中>64 μm 砂的百分比小于 2%。TOC 含量整体偏低,变化范围仅为 0.8%~2.0%。K、Mg、Ca 和 Fe 有相似的变化趋势并与细粒分级(<16 μm)有显著正相关,但与 Na 呈负相关,Na/K 摩尔比与粗粉砂分级(16~64 μm)有相

似变化趋势(表3-5)。公元1928年以来,人类活动频繁,诸如森林砍伐、水库建设、土地复垦等活动造成水土流失。高沉积通量时期(如 1900 AD—1920 AD、1931 AD、1938 AD—1939 AD 和 1954 AD)与高降水关系密切;但在1958 AD—1970 AD 和 1983 AD—1993 AD 时的高沉积通量期与太白湖周边的土地复垦和土壤流失有关。"小冰期"中最冷的两个阶段是1650 AD—1700 AD和 1810 AD—1900 AD,与历史记载一致,当时气候条件恶劣,森林覆盖率高,人类活动较弱。

表 3-5 金属元素浓度与不同粒度分级之间的相关性分析

	K	Mg	Ca	Al	Fe	Na	$<16\ \mu m$	$16\sim64\ \mu m$
Mg	0.911[a]							
Ca	0.724[a]	0.739[a]						
Al	0.347[a]	0.275[a]	0.054					
Fe	0.405[a]	0.317[a]	0.123	0.648[a]				
Na	0.285[a]	0.282[a]	0.218[b]	0.066	−0.125			
$<16\ \mu m$	0.426[a]	0.399[a]	0.357[a]	0.146	0.239[a]	−0.562[a]		
$16\sim64\ \mu m$	−0.419[a]	−0.396[a]	−0.351[a]	−0.152	−0.244[a]	0.577[a]	−0.998[a]	
Na/K	−0.513[a]	−0.451[a]	−0.373[a]	−0.203[b]	−0.433[a]	0.670[a]	−0.837[a]	0.844[a]

a 在0.01水平下相关性显著
b 在0.05水平下相关性显著

仝秀芳等(2009)采集了太白湖沉积岩芯 TN1,总长为 153 cm,并对其进行了孢粉组合与炭屑指标等分析,揭示了近 1 500 年以来太白湖流域的植被经历了 7 个阶段的变化:第 1 阶段,520 AD—720 AD,阔叶乔木花粉含量相对较高,孢粉总浓度相对较高,气候暖湿期,人类活动小;第 2 阶段,720 AD—1050 AD,松属含量明显增加并超过阔叶乔木花粉的含量,孢粉总浓度有所增加,气温有所下降、湿度减小,人类活动的范围可能有所扩大,强度有所增加;第 3 阶段,1050 AD—1310 AD,本阶段落叶栎类、枫香属和常绿栎类的含量达到整个剖面最高,孢粉总浓度也增加到整个剖面的最高值,更加温暖湿润;第 4 阶段,1310 AD—1580 AD,孢粉组合反映此期研究区的生物量虽然仍然比较丰富,但原始森林面积明显减少,并以常绿阔叶乔木和松树减少为主,林中以落叶阔叶乔木占优势,气温降低、降水减少;第 5 阶段,1580 AD—1710 AD,常绿阔叶乔木因常绿栎类含量明显减少而进一步降低,落叶阔叶乔木花粉含量无明显变化,松属花粉含量相对上阶段有所增加,并超过阔叶乔木花粉含量,孢粉总浓度处于较低值,气候变冷,人类活动增强;第 6 阶段,1710 AD—1950 AD,本阶段落叶和常绿阔叶乔木花粉含量都是整个剖面最低的,松属花粉含量逐渐增加到较高值,陆生草本花粉含量继续减少,孢粉总浓度相对上阶段又明显增加,仍处于较寒冷的时期,人类活动进一步加强;第 7 阶段,1950 AD 以来,落叶和常绿阔叶乔木花粉含量都稍有回升,松属含量增加到剖面的最高值,以至乔木花粉含量占绝对优势,孢粉总浓度迅速降低至剖面的最低值,湖泊中营养物质增多,湖泊发生了富营养化,气候相对温暖湿润。作者对引起植被发生这种变化的主导因素进行了探讨,认为 520 AD—1310AD 期间,植被变化主要受气候变化的控制,人类活动的影响相对较弱;1310 AD—1710 AD 期间,人类活动对植被的影响强度增加,为以自然控制为主向人类活动驱动为主转化的过渡期;1710 AD以来,植被变化以人类活动驱动为主,反映的气候信号相对较弱。在孢粉组合所反映的气候变化中,具有 520 AD—720 AD、1050 AD—1310 AD 和自 1950 AD 以来的三个暖期以及 720 AD—1050 AD、1310 AD—1710 AD 间的两个冷期。

Zhang 等(2012)和 Cao 等(2014)均采用定量摇蚊推断 TP(CI-TP)浓度的方法,分析了太白湖湖底沉积物中摇蚊微体化石组成和营养态的变化特征。Zhang 等(2012)重建了太白湖营养态演变过程,结果表明,自 19 世纪 60 年代以来,太白湖经历了较为清晰的营养态演变,20 世纪 50 年代之前,CI-TP 浓度在 50~80 lg·L^{-1} 范围内,在后期阶段达到 80~130 lg·L^{-1} 范围,这反映了太白湖目前随着营养水平的增加和内部循环作用,大型水生植被正在消失。Cao 等(2014)依据摇蚊化石和 CI-TP 浓度变化,追踪了太白湖 1 400 年以来的环境变化,结果表明,公元 600—1370 年间,太白湖保持清水状态,植物生长茂盛,总磷(TP)的重建范围为 40~60 μg/L;1370—1650 年间,CI-TP 有所下降,TP 含量低于 50 μg/L;CI-TP 在 1650—1940 年间再次上升到以前的水平;20 世纪 50 年代以来,*Chironomus plumosus*-type 在摇蚊群落中占主导地位,说明该段时期太白湖营养盐负荷较高,CI-TP 由 80 μg/L 增加到 140 μg/L(图 3-9)。由此反映了长期的气候变化是调节太白湖摇蚊群落的主要决定因素,但 20 世纪 50 年代以来,增强的人类活动对太白湖水生生态系统的影响大于气候因素。

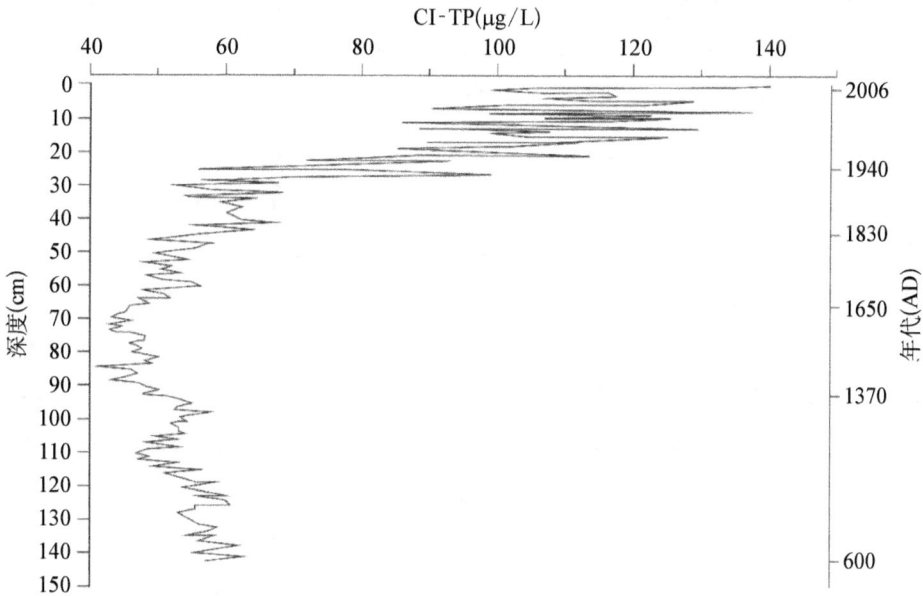

图 3-9　太白湖过去 1 400 年的 CI-TP 浓度变化(图源:Cao et al.,2014)

3.4　其他湖泊:赤湖、网湖和汤逊湖

皖赣平原湖泊数量众多,鄱阳湖、龙感湖和太白湖等是当前湖泊生态环境演变研究的热点,并且大多面临着湖泊富营养化等问题,其他小湖生态环境也在悄然发生改变,例如赤湖、网湖和汤逊湖是皖赣平原湖泊区三个小型湖泊,目前生态环境受到人类活动的影响正在恶化。

赤湖位于江西省北部的长江南岸,纬度位置为北纬 29°41′~29°50′,东经 115°37′~115°45′,地跨九江、瑞昌两县,湖为长形,东西长约为 9 km,南北宽约 6.5 km,全湖总面积在标高 18.03 m 时为 83 km²,一般水位(即标高 15~16 m

时）为 60 km²，平均水深 2.8 m，最大水深 3.5 m，沿湖大小湖汊众多，流域面积可达 360.0 km²（吴文谱，1987；王苏民、窦鸿身，1998；Yao and Xue，2015a）。赤湖正处在我国中亚热带的北缘，属季风区气候，年平均气温 16.5℃，10℃时的平均积温为 5 250℃；年平均降水量为 1 216 mm，最高可达 1 676 mm，主要集中于春夏季 4～6 月，约占整个降水量 50%；年平均蒸发量 1 157.2 mm，年平均湿度 75%～70%，年平均日照时数 2 000 h 以上（吴文谱，1987）。赤湖属近河道湖型，是由长江不断冲积土壤，与长江隔断而成。湖底为深软泥，一般呈黑色或黑褐色淤泥，含有丰富的有机质，水体 pH 为 6 左右，透明度一般在 1.3～3.2 m（吴文谱，1987）。综上所述，赤湖流域气候温暖湿润，雨量丰沛，阳光充足，土壤肥沃，各种水生维管束植物的发展繁盛（吴文谱、吴志忠，1996）。

网湖位于湖北省阳新县东，濒临长江，系沉溺河谷出流受阻积水而成，网湖长 9.2 km，最大宽 5.4 km，平均宽 4.6 km，原有面积 80.9 km²，经围垦后现有面积 42.3 km²，水位 17 m，最大水深 5.4 m，平均水深 3.7 m，蓄水量 1.57 ×10⁸ m³（王苏民、窦鸿身，1998）。网湖湖区属亚热带季风气候，四季分明，雨量充沛，气候温和，年平均气温 15.9℃（王苏民、窦鸿身，1998）。自有记载资料以来，网湖湖区年平均降雨日为 159 d，年平均降雨量 1 371～1 496 mm，降雨时空分布不均匀，4～8 月为多雨季节，雨量占全年的 60% 以上，湖水依赖地表径流和湖面降水补给（阳新县水利志编纂委员会，1989；阳新县县志编纂委员会，1993）。历史上，网湖与长江相通，冬季湖水补给长江，夏季长江洪水倒灌入湖，流域主要水系为富水，从网湖东侧流入长江。20 世纪 60 年代前，富水因集水面积大，暴雨季节洪泛频繁，20 世纪 60 年代，富池大闸的建成使得进出网湖的湖水受人工闸口的控制（阳新县水利志编纂委员会，1989；阳新县县志编纂委员会，1993）。

汤逊湖位于武汉市东南方向 20 km 处，总面积 36.6 km²，分为汤逊湖外湖和汤逊内湖两大部分，湖区由汤逊湖、黄家湖、南湖等 11 个小型湖泊组成，各湖通过巡司河及其他人工或天然河、港、渠相连，1949 年前通过巡司河及一些沟渠经武泰闸自排将汤逊湖水系的水排入长江，重汛期关闸时，滨湖山丘来水量大，常泛滥成灾，干旱年份常水枯田涸、干旱严重，湖泊总承雨面积为 470 km²，湖区年平均气温 16.3℃，pH 平均值为 8.21（段雪梅等，2007）。自 1950 年以来,陆续建立水闸,如 1956 年建陈家山排水闸,同年建武泰闸,1978 年建汤逊湖电排站,后建解放闸取代武泰闸的节制功能。目前,非汛期汤逊湖水系通过武泰闸、陈家山闸自排入江,汛期由汤逊湖泵站电排入江(段雪梅、胡守云、杨涛,2007)。巡司河污染较为严重,汛期时常将有毒物质带入湖中。近年来,汤逊湖、南湖等周边开发过度,填湖及生活工业污水入湖现象严重。有数据显示:较1984 年,汤逊湖湖面面积缩小了 36%,自净能力和纳污容量随之锐减。综合结果显示,汤逊湖整体水质已逼近 4 类标准,并且水质还有继续恶化的趋势(段雪梅、胡守云、杨涛,2007)。

3.4.1　沉积速率变化

有关皖赣平原湖区赤湖、网湖和汤逊湖的沉积速率的研究相对偏少,Boyle 等(1999)曾采用 ^{210}Pb 和 ^{137}Cs 测定了网湖的年代,并对其沉积速率进行推算,得到网湖沉积速率为 0.13 g/cm^2 · yr^{-1}。Yao 和 Xue(2015a)采用 ^{210}Pb 和 ^{137}Cs 测定赤湖两根沉积岩芯的年代(图 3 - 10),^{137}Cs 在 20.5 cm 处达到峰值,因此计算得到的平均沉积速率达到 0.42 cm/yr,采用 CRS 模式计算得到赤湖钻孔底部年代界限为 130~150 a BP;第二根岩芯 ^{137}Cs 在 24.5 cm 处达到峰值,推算出的平均沉积速率为 0.51~0.56 cm/yr,二者十分接近。

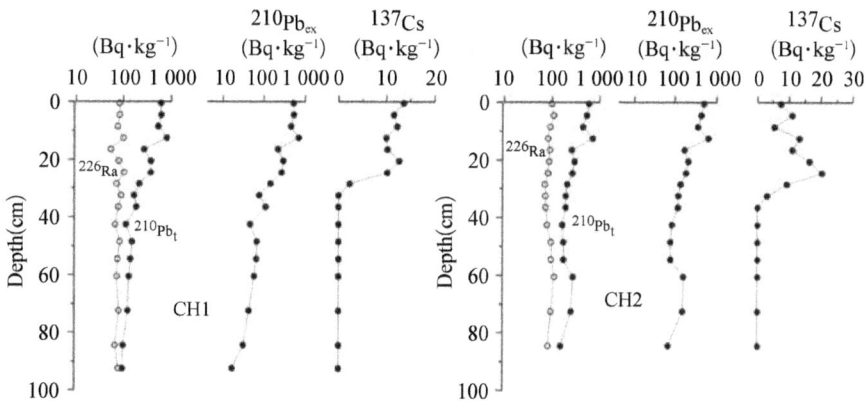

图 3 - 10　赤湖 ^{226}Ra、^{210}Pb$_t$(总 ^{210}Pb)、^{210}Pb$_{ex}$ 和 ^{137}Cs 的垂直变化

此外,孔冉冉(2014)在皖赣平原其他小型湖泊选取了江西的洪湖钻取两根沉积岩芯,并进行 ^{210}Pb 和 ^{137}Cs 测定,通过分析得到洪湖 1862—2011 年期间的

平均沉积速率范围为 0.41~0.47 g/cm² • yr⁻¹。具体来说,可分为 4 段时期:1900 年以前,沉积速率整体处于低值段,沉积速率较低,两根岩芯的沉积速率分别为 0.085 g/cm² • yr⁻¹ 和 0.097 g/cm² • yr⁻¹,该段时期洪湖生态环境受到人类活动的干扰较小,以自然沉积为主;1900—1949 年,沉积速率略有增加,两根岩芯的沉积速率分别为 0.269 g/cm² • yr⁻¹ 和 0.234 g/cm² • yr⁻¹,该阶段水土流失量略有增加,但仍以自然沉积为主;1949—1980 年,沉积速率迅速上升,两根岩芯的沉积速率分别为 0.487 g/cm² • yr⁻¹ 和 0.517 g/cm² • yr⁻¹,湖区周围人口与农业活动显著增加,人类活动对沉积环境干预增强;1980—2011 年,两根岩芯的沉积速率分别为 0.570 g/cm² • yr⁻¹ 和 0.445 g/cm² • yr⁻¹,总体上沉积速率下降。

3.4.2 沉积地球化学和环境演化

(1)赤湖

赤湖附近于 1970 年建立了一座尾矿池,该尾矿库的蓄水能力达到 460 000 m³,并且沉积了 1 990 845 500 吨的废石。废石产生了大量 Cu 元素,对赤湖水质产生了较大影响。Yao 和 Xue(2015a)于 2012 年在赤湖采集两根沉积岩芯(CH1 和 CH2),分别长 89 cm 和 95 cm,进行了元素分析,包括 Pb、Cu、Zn、Cd、Cr、Co、Ni、Mn、Al、Fe、K、Mg、Ti、Ca、总磷(TP)以及 ²⁰⁶Pb、²⁰⁷Pb、²⁰⁸Pb 同位素等,结果表明,在赤湖两个孔自底部到 60 cm 范围内,TP 含量偏低,自 60 cm 到表层,TP 含量有所增加。Ca 含量在 CH1 孔表层 25 cm 范围内相对较高,在 CH2 孔自底部向上至 30 cm 处呈增加趋势,自 8.5 cm 到表层范围内则呈现下降趋势。两个钻孔的 Fe、Al、K、Mg 和 Ti 含量自 30 cm 到 15 cm 范围内呈现下降趋势,之后则保持相对稳定状态(图 3 - 11)。Pb、Cu、Zn 和 Cd 从约 25 cm 到 12.5 cm 呈现增加趋势,直到 4.5 cm,略有下降。在 CH1 岩芯中,Pb、Cu、Zn 和 Cd 的最大浓度分别为 77.6 mg • kg⁻¹、337 mg • kg⁻¹、325 mg • kg⁻¹ 和 931 mg • kg⁻¹ (干重)。在 CH1 孔 13~14 cm 处,Mn 浓度较高。在 CH2 孔中,Pb、Cu、Zn 和 Cd 的最大浓度分别为 174 mg • kg⁻¹、2 047 mg • kg⁻¹、1 343 mg • kg⁻¹ 和 60.9 mg • kg⁻¹(干重),Mn 浓度在钻孔上部急剧增加。20 世纪 60 年代(约 25 cm)之后,CH2 岩芯中 ²⁰⁶Pb/²⁰⁷Pb 显著降低但 ²⁰⁸Pb/²⁰⁶Pb 的比例显著升高 (P<0.01)。总体而言,赤湖沉积物中 Pb、Cu、Zn 和 Cd 含量受采矿等人类活动

的影响而变化较大,过去 30 或 40 年来不断增加。Cr 含量偏低,文章认为采矿等活动对其影响较小,自底部向地表的 $^{206}Pb/^{207}Pb$ 比值逐渐降低,表明湖泊沉积物中采矿来源的铅在增加。

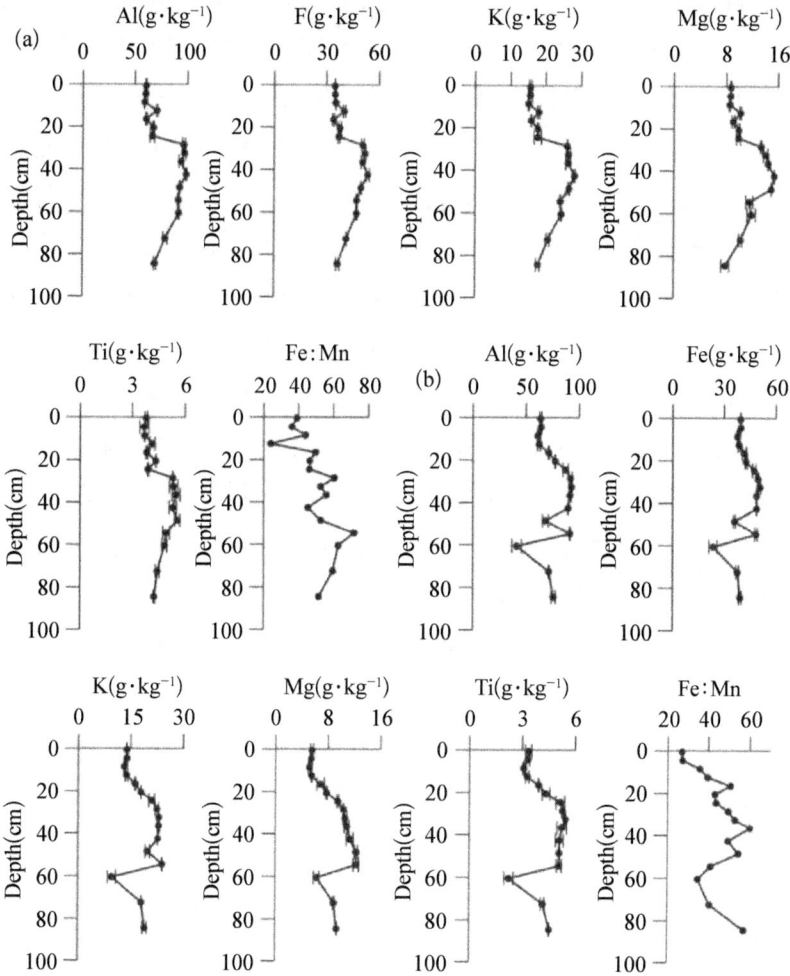

图 3-11　赤湖两个钻孔主要元素和 Fe∶Mn 垂向变化。(a) CH1 孔,(b) CH2 孔

(2) 网湖

Yi 等(2006)采集了两根平行沉积岩芯,分别长为 70 cm 和 93.4 cm,采用 ^{210}Pb 和球形碳质粒子(SCP)技术相结合的方法进行了年代推算,结果表明测年

钻孔的年代可追溯到 18 世纪上半叶。用反射显微镜和偏光显微镜测量了岩石薄层的厚度,同时用电子探针测定了地球化学参数,暗层的厚度与钛浓度呈正相关,与铝、钾浓度呈负相关。发现光层的厚度与钛的浓度呈负相关。结果表明,暗层沉积来自长江支流富水河正常流水时段,而浅层主要沉积于长江自身洪水时段。湖泊流域内洪涝灾害发生的文献证据与高钛浓度厚层叠体一致。此外,发现三个厚度最厚、钛浓度低的轻质层状物中有两个与长江中游记录的洪水日期同步,但有一个与局部干旱同步。这些数据表明,湖泊沉积物提供了长江和网湖相对水位的档案资料,包括长江干流洪水和当地水文情势等信息。

史小丽、秦伯强(2009)于 2007 年在网湖湖心($29°51'49''$N,$115°20'13''$E,水面高程17 m、水深 2.3 m 位置,钻取 2 根平行沉积岩芯(WHD - 72 cm,WHA - 42 cm),通过放射性核素^{137}Cs 和^{210}Pb 测定了 WHA - 42 cm 年代,建立了网湖沉积物的年代序列,分析了 WHD - 72 cm 孔的粒度参数,重建了网湖的沉积环境特征,结果表明,近 100 多年来,网湖沉积速率较大,平均约为 0.56 cm/yr。沉积物粒度参数的变化与流域降雨量、人类活动以及长江洪水密切相关,降水大的年份和大洪水时期,沉积物粒径增大,分选性变差,峰态变宽。根据沉积物粒度指标特征,近 100 年来网湖的沉积环境可分为两个阶段:① 20 世纪 50 年代以前,湖泊沉积主要受降水和洪水等自然因素控制,沉积物粒度组合变化相对较小,湖泊水动力条件变化时,沉积物粒度出现明显的波动,反映了流域降水及长江洪水对湖泊沉积环境影响较大。② 20 世纪 50 年代以后,湖泊沉积物平均粒径较大且分选性差,与流域内强烈的人类活动所引起的大量陆源碎屑进入湖泊有关,湖泊沉积粒度指示了流域工农业生产的快速发展、人口的持续增长以及水利工程建设等人类活动对湖泊沉积环境的影响。

此外,史小丽、秦伯强(2010)还对该两根沉积岩芯进行了 TOC、TN、TP、孢粉、重金属元素、粒度等指标的分析,结合相关文献资料,讨论了近百年来网湖沉积物中营养元素的分布特征、物源变化以及主控因子。结果表明,TOC 含量在6.64~16.50 mg/g 间,平均为 9.74 mg/g;TN 含量为 0.65~1.65 mg/g,平均为 0.96 mg/g;TP 含量为 0.585~0.791 mg/g,平均为 0.690 mg/g。近百年来,网湖沉积物中 TN 和 TOC 含量显著相关,呈不断上升趋势,存在 2 个明显的演化阶段,主控因子为流域人类活动强度,气候波动对其有影响,但影响不大。TP 的变化与 TN 和 TOC 明显不同,波动较大,规律不明显,主要受人类活动强度以及径流侵蚀输移入湖物质变化两大因子控制。网湖沉积柱各层均含孢粉,共鉴定出 170 余种(包括科、属、种),其中乔木植物花粉 39 种,含量最多,占孢粉总数的 46%~86%,平均为 62.7%;灌木植物花粉 45 种,含量最少,占孢粉总数的 1%~6%,平均 2.3%;草本植物花粉 72 种,占孢粉总数的 8%~41%,平均 22.5%;另外,有藻类 3 种,其中盘星藻含量较高,尤其在 30 cm 至表层,最多层位占孢粉总数的 66%,平均占 16%。

　　于革、沈华东(2010)对网湖沉积样柱(WHD - 72 cm,WHA - 42 cm)的岩性又进行了详细的分析,发现其岩性为含有机质灰黑色黏土-粉砂河、湖相沉积,对钻孔花粉沉积近、现代过程以及其与沉积粒度、过去百年湖泊由开放水系到封闭湖泊的气候、水文动力变化的关系分析表明,花粉浓度、类型与沉积粒度的变化特征以及聚类分析反映出网湖经历了湖泊水系通江与封闭两个重大阶段变化,其花粉序列变化与沉积粒度、区域降水以及长江流量在时间序列上也具有显著的相关性。主要孢粉类型,包括陆生松属、常绿栎/落叶栎、乔灌木花粉、湿生莎草科、水生和陆生草本花粉,以及蕨类孢子,与沉积物粒度和降水具有同步相关的年份占过去 130 年的 27%~40%,与 1960 年湖泊封闭以前长江流量的同步相关达到 47%~57%,反映出花粉沉积量的变化受到了沉积粒径和流域降水量的影响。花粉类型还对沉积和气候具有不同的响应关系,表现出降水大于 70% 的年份以黏土沉积为主,乔灌木花粉占优的多水年模式和降水小于 30% 的年份以粉砂沉积为主,水生、湿生、陆生草类花粉增加的少水模式。

　　(3) 汤逊湖

　　段雪梅、胡守云、杨涛(2007)对武汉汤逊湖东部湖区沉积物 T06 - 1 样芯(实长 80 cm)进行了磁性测量、重金属分析和粒度分析,探讨了利用磁参数追踪、指示城市湖泊重金属污染的可行性。对照 Cr、Pb、Zn 和 Cu 与磁参数 X_1、SIRM 和 ARM 的垂向变化,可以发现两者之间呈现极为相似的垂向变化特征:55 cm 深度之下,元素的含量较低且波动较小;55~10 cm 之间,元素含量随深度的减小急剧增加,同样在 20~10 cm 之间,曲线变动较大;10 cm 至表层,元素含量随深度降低急剧增加。作者发现 Cr、Pb、Zn 和 Cu 的垂向变化与黏土的含量变化较为一致,且两者之间相关性显著,反映了元素的含量主要受粒度的控制。Cr、Zn、Cu 和 Pb 与＜ 4 μm 组分之间存在显著的正相关关系,反映了沉积物颗粒愈细,越容易吸附重金属。结果表明,低矫顽力的亚铁磁矿物主导了沉积物的磁性特征。磁参数 X_1、$SIRM$ 和 ARM 与重金属 Cr、Zn、Cu 和 Pb 呈现较为一致的垂向变化特征:55 cm 之下,磁参数值和重金属的含量均较低且稳定;在 50～10 cm 之间,两者基本呈现随深度的减小而增加的趋势,其中在 20～10 cm 区间,出现小范围内波动;而 10 cm 至表层,元素含量和磁参数值随深度减小而急剧增加。选取黏土(＜4 μm)对沉积物中 Cr、Zn、Cu 和 Pb 进行粒度校正的结果显示,校正后元素的变化趋向于平稳,但在表层的 10 cm 处 Cr、Pb、Zn 和 Cu 的含量仍然较高,表明了表层沉积物中金属元素的含量主要受人类活动的影响(图 3 - 12)。

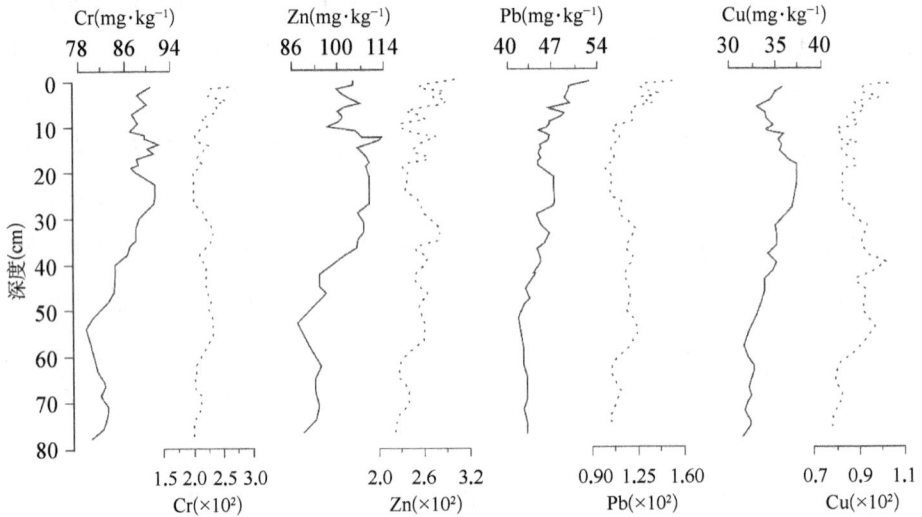

图 3 - 12　汤逊湖 T06 - 1 样芯沉积物重金属含量(实线)
和黏土标准化(虚线)垂向变化曲线(段雪梅、胡守云、杨涛,2007)

综上,近现代以来,皖赣平原区湖泊受到人类活动影响显著,尤其是在 20 世纪 30 到 80 年代以来,由于大规模围垦导致湖区水土流失严重,沉积速率增加。此外,过去几十年来,重金属、有机地球化学元素污染和营养水平均呈明显增加趋势,这与湖区工农业发展导致大量金属和氮磷排放关系密切。全新世以来,皖赣平原的湖区受到河流的影响显著,经历多次沉积演化,以鄱阳湖为例,在气候影响的背景下,鄱阳湖经历了多次河湖交替沉积的过程。与此同时,人类活动对湖泊的形成演化也产生了重要的影响,随着人类改造自然的能力增强,人口的迁入、修建湖堤、修闸建坝以及流域内化学肥料和工业废水等污染物质的排放等,均在一定程度上改变了湖泊的面积和水质状况。

参考文献

陈诗越,金章东,吴艳宏,等.近百年来龙感湖地区湖泊营养化过程[J].地球科学与环境学报,2001,26(4):81-84.

董延钰,金芳,黄俊华.鄱阳湖沉积物粒度特征及其对形成演变过程的示踪意义[J].地质科技情报,2011,30(2):57-62.

段雪梅,胡守云,杨涛.武汉市汤逊湖沉积物重金属垂向变化的磁响应特征及环境意义[J].第四纪研究,2007,27(6):1105-1112.

胡春华,李鸣,夏颖.鄱阳湖表层沉积物重金属污染特征及潜在生态风险评价[J].江西师范大学学报(自然版),2011,35(4):427-430.

胡利娜,刘小真,周文斌,等.鄱阳湖水域dw采样点底泥重金属垂直污染分析[J].环境科学与技术,2009,32(6):108-111.

金相灿.中国湖泊环境(第二册)[M].北京:海洋出版社,1998.

孔冉冉.近百年来江西洪湖沉积环境变化研究[D].南京:南京师范大学,2014.

刘恩峰,薛滨,羊向东,等.基于^{210}Pb与^{137}Cs分布的近代沉积物定年方法——以巢湖、太白湖为例[J].海洋地质与第四纪地质,2009,(6):89-94.

刘恩峰,羊向东,沈吉,等.近百年来湖北太白湖沉积通量变化与流域降水量和人类活动的关系[J].湖泊科学,2007,19(4):407-412.

刘健,羊向东,王苏民.近两百年来龙感湖营养演化及其控制因子研究[J].中国科学:地球科学,2005,35(s2):173-179.

刘凯,倪兆奎,王圣瑞,等.鄱阳湖沉积物有机磷累积特征及其与流域发展间的响应关系[J].环境科学学报,2015,35(5):1292-1301.

马双飞.基于 Pb 的鄱阳湖近代沉积速率及环境演变分析[D].武汉:中国地质大学,2009.

马振兴,黄俊华,魏源,等.鄱阳湖沉积物近 8 ka 来有机质碳同位素记录及其古气候变化特征[J].地球化学,2004,33(3):279-285.

彭红霞,石超艺,魏源,等.5 ka BP 鄱阳湖地区古气候演化的有机碳稳定同位素记录[J].华中师范大学学报(自然科学版),2003,37(1):128-130.

瞿文川,吴瑞金,羊向东,等.龙感湖地区近 3000 年来的气候环境变迁[J].湖泊科学,1998,10(2):37-43.

史小丽,秦伯强.近百年来长江中游网湖沉积物粒度特征及其环境意义[J].海洋地质与第四纪地质,2009,(2):117-122.

史小丽,秦伯强.长江中游网湖沉积物营养元素变化特征及其影响因素[J].地理科学,2010,17(5):766-771.

仝秀芳,肖霞云,羊向东,等.湖北太白湖孢粉记录揭示的近 1500 年以来长江中下游地区的气候变化与人类活动[J].湖泊科学,2009,21(5):732-740.

王毛兰,赖建平,胡珂图,等.鄱阳湖表层沉积物有机碳、氮同位素特征及其来源分析[J].中国环境科学,2014,34(4):1019-1025.

王圣瑞,倪栋,焦立新,等.鄱阳湖表层沉积物有机质和营养盐分布特征[J].环境工程技术学报,2012,2(1):23-28.

王苏民,窦鸿身.中国湖泊志[M].北京:科学出版社,1998.

王晓鸿,樊哲文,崔丽娟.鄱阳湖湿地生态系统评估[M].北京:科学出版社,2004:27.

吴敬禄,王苏民.湖泊沉积物中有机质碳同位素特征及其古气候[J].海洋地质与第四纪地质,1996,(2):103-109.

吴文谱.江西赤湖水生维管束植物的初步调查[J].南昌大学学报(理科版),1987,11(4):66-73.

吴文谱,吴志忠.江西赤湖水生维管束植物及其与环境影响[J].南昌大学学报(理科版),1996,(2):188-192.

吴艳宏.鄱阳湖湖口地区 4500 年来环境变迁[J].湖泊科学,1999,11(1):40-44.

吴艳宏,刘恩峰,邴海健,等.人类活动影响下的长江中游龙感湖近代湖泊沉积年代序列[J].中国科学:地球科学,2010,40(6):751-757.

吴艳宏,项亮,王苏民,等.鄱阳湖 2000 年来的环境演化[J].海洋地质与第四纪地质,

1999(1):85 - 92.

　　吴艳宏,羊向东,朱海虹.鄱阳湖湖口地区 4500 年来孢粉组合及古气候变迁[J].湖泊科学,1997,9(1):29 - 34.

　　伍恒赞,罗勇,张起明,等.鄱阳湖沉积物重金属空间分布及潜在生态风险评价[J].中国环境监测,2014;30(6):114 - 119.

　　项亮.鄱阳湖历史时期水面扩张和人类活动的环境指标判识[J].湖泊科学,1999,11(4):289 - 295.

　　向速林,周文斌.鄱阳湖沉积物中磷的赋存形态及分布特征[J].湖泊科学,2010,22(5):649 - 654.

　　谢振东,冯绍辉,黄文虹,等.江西鄱阳湖区 ZK01 钻孔孢粉记录及其古环境信息[J].华东地质,2006,27(1):63 - 72.

　　杨明生,张虎才,邹长伟,等.鄱阳湖沉积物正构烷烃特征及其生物源[J].福建师范大学学报(自然科学版),2014(3):111 - 118.

　　羊向东,沈吉,夏威岚,等.龙感湖近代沉积硅藻组合与营养演化的动态过程[J].古生物学报,2002a,41(3):455 - 460.

　　羊向东,王苏民,沈吉,等.近 0.3 ka 来龙感湖流域人类活动的湖泊环境响应[J].中国科学:地球科学,2001,31(12):1031 - 1038.

　　羊向东,吴艳宏,朱育新,等.龙感湖钻孔揭示的末次盛冰期以来的环境演化[J].湖泊科学,2002b,14(2):106 - 109.

　　阳新县水利志编纂委员会.阳新县水利志,1989.

　　阳新县县志编纂委员会.阳新县县志,1993.

　　叶怀锦.黄冈地区水利志[M].北京:中国水利水电出版社,1997.

　　于革,沈华东.长江中游网湖百年花粉序列及其沉积动力和环境特征[J].湖泊科学,2010,22(4):598 - 606.

　　张绵绵,王圣瑞,沈洪艳,等.鄱阳湖沉积物氨基酸分布特征及其对江湖关系变化的响应[J].环境科学学报,2015,35(5):1302 - 1309.

　　周志华,李军,朱兆洲.龙感湖沉积物碳、氮同位素记录的环境演化[J].生态学杂志,2007,26(5):693 - 699.

　　朱海虹.鄱阳湖:水文·生物·沉积·湿地·开发整治[M].合肥:中国科学技术大学出版社,1997.

邹怡. 1391—2006 年龙感湖-太白湖流域的人口时间序列及其湖泊沉积响应[J]. 中国历史地理论丛,2011,26(3):41-59.

Bing H, Wu Y, Nahm, W H, et al. Accumulation of heavy metals in the lacustrine sediment of Longgan lake, middle reaches of Yangtze river, China[J]. Environmental Earth Sciences, 2013, 69(8): 2679-2689.

Bing H, Wu Y, Zhang Y, et al. Possible factors controlling the distribution of phosphorus in the sediment of Longgan lake, middle reach of Yangtze river, China[J]. Environmental Earth Sciences, 2014, 71(10): 4553-4564.

Boyle J F, Rose N L, Bennion H, et al. Environmental Impacts in the Jianghan Plain: Evidence from Lake Sediments[J]. Water Air & Soil Pollution, 1999, 112(1-2): 21-40.

Cao Y, Zhang E, Langdon P G, et al. Chironomid-inferred environmental change over the past 1400 years in the shallow, eutrophic Taibai lake (south-east China): separating impacts of climate and human activity[J]. Holocene, 2014, 24(5): 581-590.

Chen J, Dong L, Deng B. A study on heavy metal partitioning in sediments from Poyang lake in China[J]. Hydrobiologia, 1989, 176-177(1): 159-170.

Gu Y, Liu H, Guan S, et al. Possible El Niño-Southern Oscillation-related lacustrine facies developed in southern Lake Poyang during the late Holocene: Evidence from spore-pollen records[J]. The Holocene, 2017: 1-10.

Huang C, Wei G, Li W, et al. A geochemical record of the link between chemical weathering and the East Asian summer monsoon during the late Holocene preserved in lacustrine sediments from Poyang Lake, central China [J]. Journal of Asian Earth Sciences, 2018, 154: 17-25.

Liu E, Yang X, Shen J, et al. Environmental response to climate and human impact during the last 400 years in Taibai Lake catchment, middle reach of Yangtze River, China[J]. Science of the Total Environment, 2007, 385(1): 196-207.

Lu M, Zeng D C, Liao Y. Distribution and characterization of organochlorine pesticides and polycyclic aromatic hydrocarbons in surface sediment from Poyang Lake, China[J]. Science of the Total Environment, 2012, 433: 491-497.

Wu Y, Liu E, Bing H, et al. Geochronology of recent lake sediments from Longgan Lake, middle reach of the Yangtze River, influenced by disturbance of human activities[J]. Science in China Series D: Earth Sciences, 2010, 53(8): 1188 - 1194.

Wu Y, Lücke A, Wang S. Assessment of nutrient sources and paleoproductivity during the past century in Longgan Lake, middle reaches of the Yangtze River, China[J]. Journal of Paleolimnology, 2008, 39: 451 - 462.

Xiang S, Zhou W. Phosphorus forms and distribution in the sediments of Poyang Lake, China[J]. International Journal of Sediment Research, 2011, 26(2): 230 - 238.

Xue J, Li J, Dang X, et al. Paleohydrological changes over the last 4000 years in the middle and lower reaches of the Yangtze River: Evidence from particle size and n-alkanes from Longgan Lake[J]. The Holocene, 2017, 27(9): 1 - 7.

Yao S, Xue B. Sediment records of the metal pollution at Chihu lake near a copper mine at the middle Yangtze river in China[J]. Journal of Limnology, 2015a, 75(1).

Yao Y, Yang H, Liu W, et al. Hydrological changes of the past 1400 years recorded in δD of sedimentary n-alkanes from Poyang lake, southeastern China[J]. Holocene, 2015b, 25(3): 94 - 99.

Yi C, Liu H, Rose N L, et al. Sediment sources and the flood record from Wanghu lake, in the middle reaches of the Yangtze River[J]. Journal of Hydrology, 2006, 329 (3): 568 - 576.

Yuan G L, Liu C, Chen L, et al. Inputting history of heavy metals into the inland lake recorded in sediment profiles: Poyang Lake in China[J]. Journal of Hazardous Materials, 2011, 185(1): 336 - 345.

Zhang E, Cao Y, Langdon P, et al. Alternate Trajectories in Historic Trophic Change from Two Lakes in the Same Catchment, Huayang Basin, Middle Reach of Yangtze River, China[J]. Journal of Paleolimnology, 2012, 48(2): 367 - 381.

第四章　苏皖平原湖泊

　　苏皖平原主要是指江西湖口以下到江苏镇江之间沿长江两岸分布的冲积平原,主要呈东北-西南带状分布,平均海拔较低,多在 20 m 左右。该区域是我国重要的粮食产区,沿革数千年,被誉为"鱼米之乡"。在苏皖平原分布的湖泊主要包括巢湖、南漪湖、固城湖和石臼湖等,流域中上游地形变化剧烈,土壤易受侵蚀,河流输沙严重,加上人类活动影响,导致苏皖平原区域内湖泊面积逐步减小。同时,近几十年来,由于工农业生产的迅猛发展、水利工程的修建和流域内人口数量的激增,给该区域的生态环境带来了巨大的压力。流域内湖泊出现了明显的富营养化,水产资源遭受严重破坏,有必要对该流域的湖泊环境研究进行全面的总结,以便深入了解该区域内湖泊的演化过程和存在的问题。本章主要介绍了巢湖、南漪湖、固城湖和石臼湖的概况,阐述了苏皖平原湖泊的沉积地球化学和环境演变。

4.1　巢　湖

　　巢湖位于安徽省中部,地处长江与淮河两大水系之间,是我国五大淡水湖之一(图 4-1)。巢湖流域东南毗邻长江,西部与大别山接壤,北靠江淮分水岭,东北濒临滁河流域,总面积达 13 350 km²。巢湖流域是远古人类重要的活动区域,是龙潭洞猿人和巢县早期智人的重要发源地,特别是凌家滩遗址的发掘证实了新石器时代巢湖流域的人们伟大的智慧和创造出的灿烂文明。现代考古资料发现在 5 500 年前该地区出现了许多新石器遗址,但随后减少,此后到商周时期开始逐步繁盛。同时,巢湖流域的地理环境也发生了显著的变化。探讨巢湖流域的环境演变,对认识该地区远古人类活动与文明发展具有重要的意义。而当代巢湖的环境问题也日趋严重。巢湖是合肥市水源的重要来源之一,1962 年,巢湖建坝,使得湖水滞留期加长,流域内城市化和农业化的迅速发展,大量的生活污水和工业废水排入巢湖,湖水中的营养盐含量增加,导致湖水污染加重,湖水自净能力下降,营养化不断加剧,蓝藻水化问题日趋严重,使得巢湖成为我国富营养化严重的三大湖泊之一。通过研究巢湖沉积物的地球化学特征分布与迁移,揭示巢湖生态系统的演化规律,对于巢湖的富营养化控制和生态恢复具有重要意义。

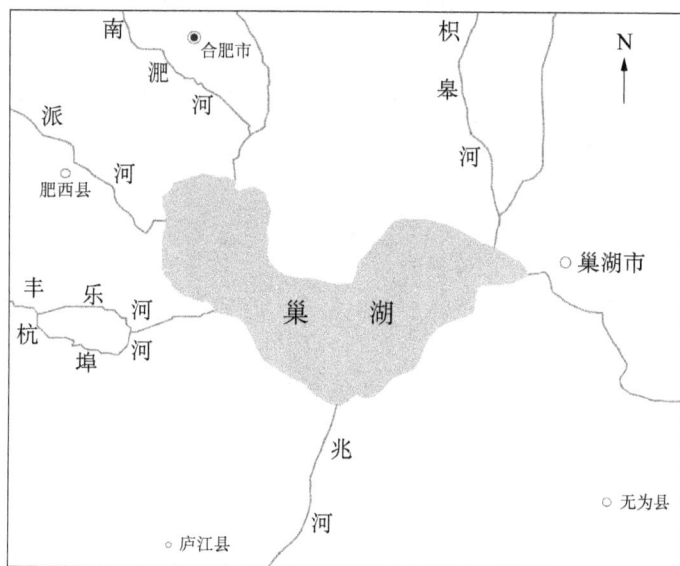

图 4-1　巢湖位置示意图

4.1.1　巢湖沉积速率变化

湖泊沉积物记录了丰富的环境变化信息,可靠的年代分析是研究环境变化的重要前提条件。沉积速率是和年代相关的一个重要研究方面,沉积速率能综合体现湖泊沉积过程的特征,是确定湖泊沉积环境的定量指标之一。

（1）地质历史以来巢湖沉积速率变化

2006 年 4 月，张广胜（2007）利用荷兰 Eijkelkamp 公司生产的 04.23.SA Beeker 型沉积物采样器在巢湖西湖区分别获取了 8 m 长的岩芯（CH-1）和 3 m 长的平行样（CH-2）。CH-1 沉积柱样主要为青灰色泥层，其中部分为青灰色泥夹细砂层，颜色变化不大。在实验室将柱样按 1 cm 间隔取样，然后对 CH-1 钻孔的 7 个样品进行 AMS^{14}C 测年，结果除 87 cm 处有异常外，其余数据线性关系显著。在对 ^{14}C 测年结果进行"老碳"校正以后，建立巢湖沉积物的日历年代序列，年代值分别为：1.27 m 处为（2 550±40）a BP；1.89 m 处为（3 720±130）a BP；2.27 m 处为（4 565±55）a BP；2.87 m 处为（5 475±95）a BP；3.87 m 处为（6 590±130）a BP；4.87 m 处为（9 770±40）a BP（图 4-2）。

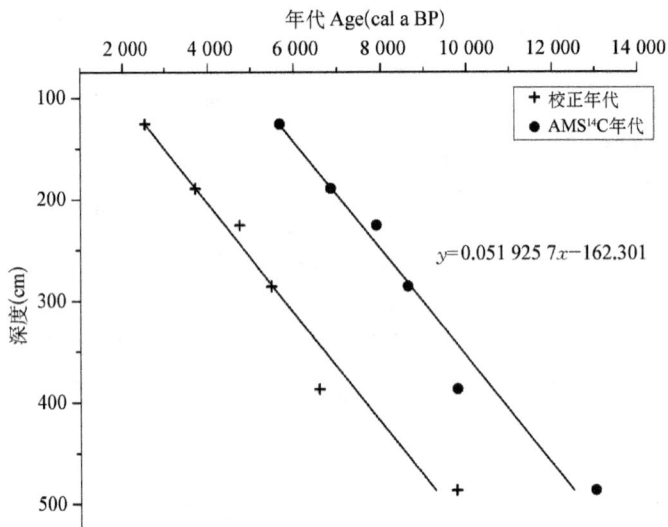

图4-2　巢湖沉积物^{14}C 年代线性回归校正（修改于张广胜，2007）

张卫国等（2007）研究了位于巢湖西岸的南灵钻孔（ACN），长度为 15.5 m。根据其岩性和 11 个 AMS ^{14}C 样品测年分析结果显示，ACN 孔的年代为 11 413 cal a BP，主要是全新世以来的沉积。作者通过对该孔上层 8.0 m（7 200 cal a BP）的沉积样品进行分析，其平均沉积速率以 0.11 cm/yr 计算，其分辨率可达到 10 a。此后，胡飞等（2015）选择了巢湖西岸灵台村为采样地点，获取了约 20 m 长的岩芯(CH-1)。作者通过分析 CH-1 中 1.72～10.58 m 部分湖相沉积物,按 2 cm 间隔进行分样,并测试了 4 个 AMS ^{14}C 年代数据,利用外推内插法计算出 CH-1 钻孔的年代,底部为 12 560±110 cal a BP,沉积速率为 0.15 cm/yr,建立了巢湖西岸三角洲湖相沉积物的年代框架。我们从上述研究结果可以看出学者们对巢湖沉积物的研究年代主要为全新世以来,巢湖地质历史时期以来的沉积速率较慢,主要在 0.1 cm/yr 左右。

(2) 近现代湖泊沉积速率的变化

姚书春、李世杰(2004)利用 ^{210}Pb 和 ^{137}Cs 相结合的方法测定了巢湖的沉积速率,发现巢湖沉积柱样 ^{137}Cs 在 1963 年蓄积峰最为明显,巢湖的 ^{210}Pb$_{ex}$ 剖面虽有波动,但大致可以看出随深度呈指数下降。巢湖钻孔 ^{210}Pb CIC 模式计年获得的平均沉积速率为 0.25 cm/yr。利用巢湖钻孔 1954 年以及 1963 年 ^{137}Cs 的蓄积峰位置分别作为计年时标,获得的该岩芯沉积物平均沉积速率相同,都是 0.27 cm/yr(图 4-3)。考虑到 CIC 模式和 ^{137}Cs 时标得到的是一段时间内的平

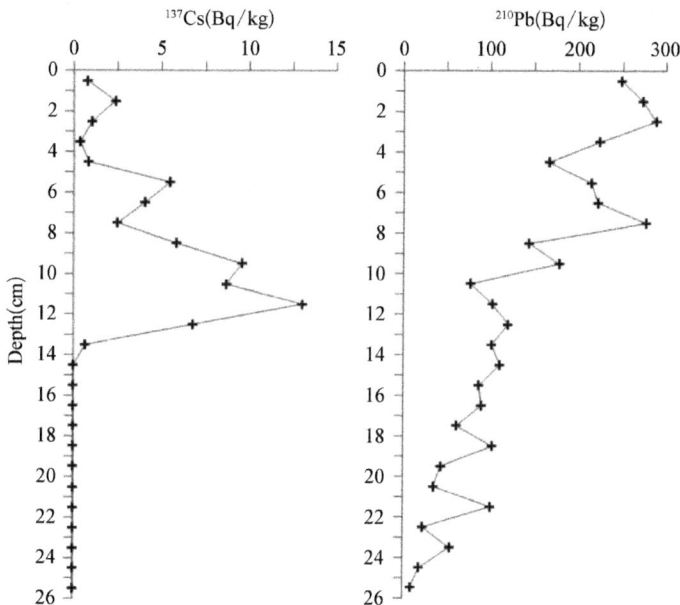

图 4-3　巢湖柱样 ^{137}Cs 和 ^{210}Pb 测定结果
(引自姚书春、李世杰,2004)

均沉积速率,不能反映该时间内的湖泊沉积速率的变化。作者采用^{210}Pb的CRS模式,^{137}Cs 1963年峰辅助,获取了1963年以来的沉积速率和通量的变化。从总体来看,20世纪70年代以来进入湖泊底部沉积下来的物质在不断增加,富营养化状况开始恶化。

杜磊、易朝路、潘少明(2004)2002年12月在巢湖东、西、北三个湖区湖心处利用静压式采样器采集了3个长度分别为93 cm、88 cm、79 cm的沉积物柱样,在野外现场按1 cm间隔对柱样进行分样。利用^{137}Cs测定沉积物年代,其中三个钻孔中^{137}Cs最大值层均出现在9~10 cm之间,年代为1963年,三个柱样中沉积物的沉积速率分别为0.29 cm/yr、0.35 cm/yr和0.24 cm/yr,与姚书春、李世杰(2004)研究所测结果相似。

2006年3月,贾铁飞等在巢湖中心水深最深的范围内采用自制活塞式重力冲击取样器钻取了柱状岩心,其中CH-1孔长度为1.41 m,CH-2孔长度为1.08 m。作者通过对两个钻孔沉积物描述,发现两个钻孔除深度上存在差异之外,沉积物的性质和相位基本一致。根据不同层位出现螺壳的积聚情况,可以判断出两个钻孔存在大约18 cm的误差。螺壳和沉积层成层分布,可以推断出两个钻孔的沉积信息比较稳定。通过对沉积物样品进行^{210}Pb和^{137}Cs分析,发现CH-1钻孔和CH-2钻孔具有良好的^{210}Pb记录,但是^{137}Cs记录不理想。根据^{210}Pb比活度随钻孔深度变化关系式,并按照指数衰变特性计算出CH-1孔沉积速率为0.17 cm/yr,其底部年代约为1177 AD;CH-2孔平均沉积速率为0.23 cm/yr,其底部年代约为1536 AD。沉积速率与同为沿江浅水型湖泊太湖梅梁湾钻孔获取的沉积速率相似,并且与姚书春、李世杰(2004)在巢湖东部湖心所获取的沉积速率数值具有可比性。

通过不同学者对巢湖沉积物沉积速率的分析,我们发现全新世以来巢湖经历了复杂的河、湖相交互变化,这不仅是由于巢湖地区局部的气候自然环境变化所引起,也是由于长江流域环境变化带来的长江下游河流水文地貌对巢湖的调节作用。巢湖流域中沉积空间上也存在较大的差异性,湖泊相的粉砂质黏土、湖沼相的泥炭、河流相的冲击砂等等,这都展现了河流与湖泊强烈的交互作用。

4.1.2　巢湖沉积地球化学与环境演变

湖泊沉积物的有机质含量的变化、不同组分的同位素组成变化、元素分布特征和各种有机物的含量变化等是揭示湖泊环境变化和区域气候演化的重要技术手段,这些地球化学指标与物理指标、生物指标等一样在湖泊环境研究中具有重要的作用。

（1）元素地球化学

湖泊沉积物中的元素地球化学特征记录了研究区内化学风化作用和环境变化过程,可以揭示不同元素在环境变化过程中的地球化学行为。沉积物中的化学元素含量不仅与风化作用等过程密切相关,也深受人类活动的影响。

2013 年,郭敏、徐利强(2016)在巢湖西湖区湖心深水区利用柱状活塞式沉积柱采样器采集了长度为 1.5 m 的岩芯(CHX),其中沉积物柱样 20 cm 以上为灰黑色,与下部样品颜色具有显著差别。作者推测这可能是近年来污染物输入增加所导致,然后又对 CHX 沉积柱表层沉积物进行^{210}Pb 定年,并对沉积物进行粒度、烧失量、元素等指标分析。其中,C、H、N、S 四种元素的含量在表层具有明显增加的趋势,且在表层达到了最大值。由于这四种元素均是亲生物性的元素,表层中元素含量的增加反映了表层生产力的增长,一定程度上反映了人类活动对巢湖环境变化产生的影响。剖面中轻稀土、重稀土和总稀土变化趋势基本一致,稀土元素的地球化学性质一致性非常明显。巢湖沉积物中稀土元素总量分布在 200～290 μg/g 之间,高于我国土壤和地壳中稀土元素的平均值。稀土元素总量最大值出现在剖面中 14 cm 处,最小值出现在 30 cm 处,在 0～30 cm,稀土元素总量和轻稀土元素总量明显增加,而在 30～142 cm 处,稀土元素总量和轻稀土元素总量较 30 cm 之上要偏低。通过计算轻重稀土比值、铈异常和铕异常参数,发现巢湖轻、重稀土差异明显,轻稀土富集,沉积物来源区域分布有长英质岩石。在 CHX 剖面中,30 cm 处是临界点,稀土元素的地球化学行为显现了巨大的差别。30 cm 之下的稀土元素含量与黏土、粉砂含量的相关性存在显著差异,主要受控于碎屑物质中的黏土含量,此部分稀土元素含量反映了巢湖区域内自然环境演变过程。剖面中 30 cm 以上样品中稀土元素含量显著增加主要与人类活动相关,近 200 年,巢湖流域人口急剧增长,工农业活动不断加剧,导致人为源释放的稀土元素增多,而表层部分稀土元素含量下降,这可能主要受我国能源结构的逐步优化和渔业捕捞量增加所影响。

吴立等(2015)为研究巢湖东部含山凌家滩遗址晚更新世以来的气候与环境变化如何影响地层沉积物的化学元素成分的迁移,在凌家滩地层剖面进行采样,选择了 6 个光释光年代样品,年代结果与地层层序和考古断代结果一致,然后对剖面自上而下不等间距选取 45 块样品用于元素地球化学分析。凌家滩遗址剖面中的元素含量以 SiO_2、Al_2O_3 和 Fe_2O_3 三种组分最高,平均值为 87.45%。K_2O、Na_2O、CaO 和 MgO 等易溶组分含量比较低,大部分组分含量不足 1%。这表明凌家滩遗址地层经历了明显的风化淋溶过程和脱硅富铝化过程。剖面中的 TiO_2 组分具有很好的稳定性,但是高于上陆壳的含量,也表明剖面中易溶组分经历了大量迁移的过程。受化学风化作用影响,Fe、Al 氧化物淋滤于剖面下层,SiO_2 富集于表层,剖面下层中的 Fe_2O_3 含量较高。凌家滩遗址地层剖面中的主要元素与已有的典型风成沉积物有明显的相似性。作者通过对地层中样品的化学蚀变指数(CIA)和风化淋溶指数(ba)等进行计算,发现该地层中含有较高的 CIA 值和较低的 ba 值,表明剖面中的活动组分较惰性组分强烈淋失。元素迁移的剖面特征总体反映了凌家滩遗址地层剖面由下至上脱硅富铝铁程度渐弱的趋势。

磷是长江中下游湖泊富营养化的主要影响因子,通过湖泊沉积记录能够恢复和重建湖泊演化过程和人类活动影响贡献,为保护湖泊环境和治理提供借鉴。刘恩峰等(2012)利用水上采样平台在巢湖西部湖心区采集了长 1.5 m 沉积岩芯,然后在实验室内以 0.5 cm 间隔进行分样。根据测年结果主要选取了沉积岩芯上部 0～40 cm 的沉积物为研究对象,对沉积物中磷的含量、形态组成、人为污染贡献量进行详细分析(图 4-4)。沉积岩芯中 TP 含量为 434.5～929.7 mg/kg,剖面中 NaOH-P、OP 与 TP 的含量变化趋势相近,其含量分别为 146.0～466.0 mg/kg、117.7～238.5 mg/kg,HCl-P 含量较稳定,为 102.5～130.5 mg/kg。作者通过分析发现沉积物中磷的含量及形态组成可划分为 3 个变化阶段。1850 年以来,西部湖心区沉积岩芯中 TP 呈明显的 3 段式变化,1850—1950 年,TP 含量较为稳定;1950—1980 年,TP 含量逐渐增加;1980 年以来,TP 含量达到近 150 年内的最大值,平均为 858.3 mg/kg。沉积岩芯中 NaOH－P 及 OP 含量变化趋势与 TP 一致,但 NaOH－P 所占 TP 质量分数在上述 3 个阶段中逐渐增加,OP 所占 TP 质量分数相对稳定,而 HCl－P 含量较为稳定,所占 TP 质量分数逐段降低。作者发现在表层沉积物中 NaOH－P 和 TP 含量空间变化规律总体上为西部湖区＞东部湖区,北部湖区＞南部湖区。通过采用地球化学方法对沉积物中磷含量"粒度效应"进行校正,计算得到 1850 年以来上述 3 个阶段沉积岩芯中磷的人为污染贡献量平均分别为 59.5 mg/kg、118.8 mg/kg、297.9 mg/kg。表层沉积物中磷的人为污染贡献量为 22.9 mg/kg～2 500.0 mg/kg,由西北部湖区向东南部湖区递减。除了农业面源污染之外,通过南淝河输入的来自合肥等城市废水是西部湖区磷污染的主要"贡献者"。20 世纪 80 年代以来,外源性磷的输入和内源污染负荷的增长导致了磷的释放使得巢湖富营养化加重。

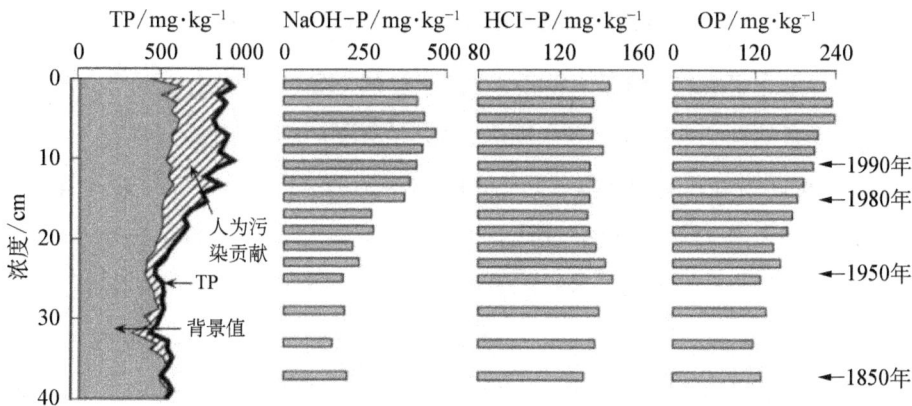

图 4－4　巢湖西部湖心区沉积岩芯中磷含量和形态组成(引自刘恩峰等,2012)

孟祥华(2010)研究了巢湖沉积岩芯中磷的赋存特征和相关地球化学指标,发现巢湖沉积岩芯(90 cm)中磷的含量和形态分布可分为 5 个阶段(图 4－5):第一阶段(90～65 cm,1680 年之前):此阶段 TP、NaOH－P 和 OP 含量较低,TP 的平均含量为 241.5 mg/kg,NaOH－P、HCl－P 和 OP 的平均含量分别是57.4 mg/kg、96.0 mg/kg 和 42.2 mg/kg,占 TP 含量的 23.8%、39.8% 和17.5%。在 1680 年前,巢湖流域人口数量较少,此时农业发展缓慢,由农业活动引起的土壤侵蚀对于流域物质输入的影响较小且保持相对稳定。沉积物中

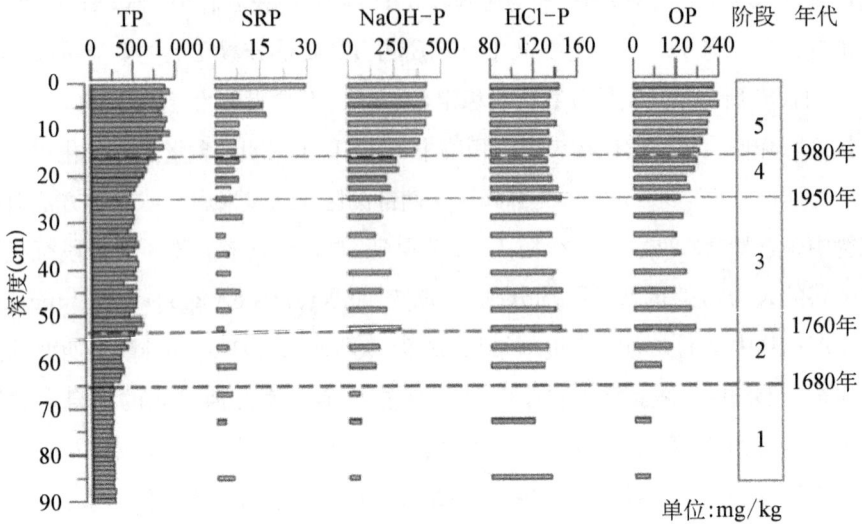

图 4-5　沉积岩芯中磷的形态组合和含量变化(引自孟祥华,2010)

磷的各种形态组成较为稳定,以流域自然来源的 HCl-P 为主,总磷含量较低,与金属元素具有完全一致的变化规律,说明沉积物中的磷以流域自然输入为主,该阶段湖泊营养水平相对较低。第二阶段(65~54 cm,1680—1760 年):沉积物中 TP、NaOH-P 及 OP 含量快速增加,平均含量分别为 355.5 mg/kg、139.5 mg/kg 和 89.6 mg/kg,HCl-P 含量变化不大,为 94.7 mg/kg,与第一阶段基本相似。第三阶段(54~25 cm,1760—1950 年):TP 的平均含量为 510.3 mg/kg,比第一阶段增加了 1.1 倍。NaOH-P、HCl-P 和 OP 的平均含量分别为 200.3 mg/kg、118.9 mg/kg 和 139.5 mg/kg,占 TP 含量的 39.3%、23.3%、27.3%。与第一阶段相比,NaOH-P 和 OP 含量增加较为明显,平均含量分别增加了 2.5 和 2.3 倍,NaOH-P 占 TP 比重也明显增加,而 HCl-P 占 TP 比重明显下降。1680 年—1950 年,沉积物中磷的含量逐渐增加,金属元素及磁化率也逐步增高,说明此阶段沉积物经历了较强的化学风化作用,这与这一时期流域内人口数量迅速增加、农业发展上升有关。第四阶段(25~16 cm,1950—1980 年):沉积物中 TP、NaOH-P 及 OP 含量快速增加,其平均含量分别为 569.8 mg/kg、228.0 mg/kg、156.3 mg/kg,而 HCl-P 含量略有减小,为 116.5 mg/kg。此时,流域内农业和工业生产活动逐渐恢复和发展,人类活动对流域环境影响程度加大。另外,巢湖闸的建立使得巢湖的换水周期变长,水体流动变缓,这使得N、P等营养物质在湖体内蓄积,促使大量藻类生长。第五阶段(16～0 cm,1980年以来):沉积物中磷的含量达到整个岩芯的最高值,TP 的平均含量为845.6 mg/kg,以 NaOH‐P 和 OP 为主,与磷的空间分布具有很好的一致性。1980 年—2007 年,巢湖流域内的工农业发展急速上升,在水土流失比较严重的合肥地区,农田的磷流失更加严重。大量未吸收降解的化肥、农药随地面径流进入巢湖,这也成为导致巢湖水体磷超标的原因之一。

通过学者们关于巢湖地区沉积物中磷的含量在时间和空间上的变化研究,我们可以看出在巢湖流域西部地区磷的含量较东部地区高,这主要与西部地区河流沿岸的工业和农业污染排放进入湖区有关,而自 1850 年以来,沉积物中磷的含量至表层逐步增多,这也反映了该区域受人类活动影响逐步加剧,导致巢湖污染逐步加重。

重金属元素具有难降解、易积累、毒性大的特性,且存在通过食物链危害人类健康的潜在危险,一直备受环境工作者的高度关注(Suthar and Nema,2009;Yang et al. ,2009)。进入水体的重金属污染物绝大部分易于由水相转入悬浮物,随着悬浮物的沉降进入沉积物中,在环境条件变化时沉积物又向水相释放重金属,造成二次污染。因此,水体沉积物能明显地反映湖泊受重金属污染状况。2007 年,陈洁和李升峰分析了巢湖湖区东西南北 4 个不同方位巢湖表层沉积物中 Cr、Mo、Ni、Hg、Cd、Zn、As、Pb、Mn、Cu 等十种重金属的含量与分布。作者发现巢湖底泥中的重金属浓度总体以靠近南淝河的西北部浓度最高、东北部其次、南部最低(图 4‐6 和图 4‐7)。主要是由于南淝河穿过合肥市,沿河的污染型工业、生产和生活污水排放导致了南淝河的污染较重。对 Hg、Cd、As、Pb 形态分析的结果表明:Hg、As 和 Pb 都以非有效态和中等可利用态为主,其中 As 的腐殖酸结合态比例较大,Pb 的铁锰氧化态比例较大,具有一定的潜在危害性;而 Cd 的离子交换态比例较大,且主要集中在巢湖的西部,具有较强的生物活性,具有直接危害性,总体来看巢湖西部的重金属污染相对较重尤其是Cd 的污染更要加以重视和控制。

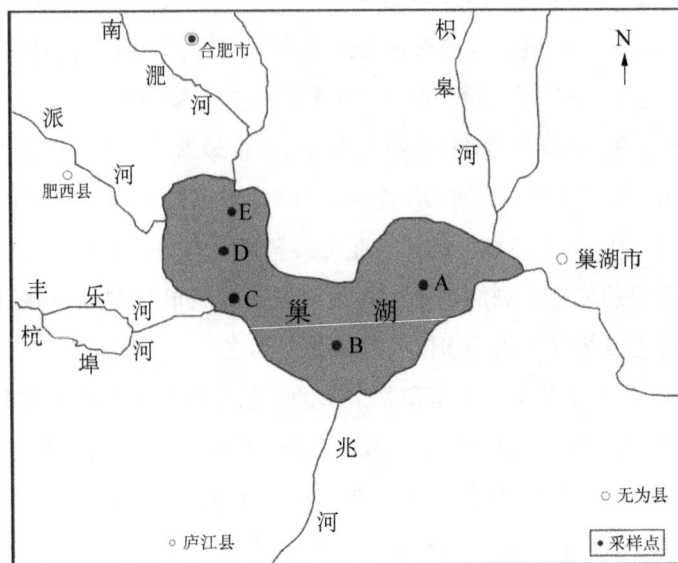

图 4-6　巢湖表层沉积物采样点分布图(引自陈洁、李升峰,2007)

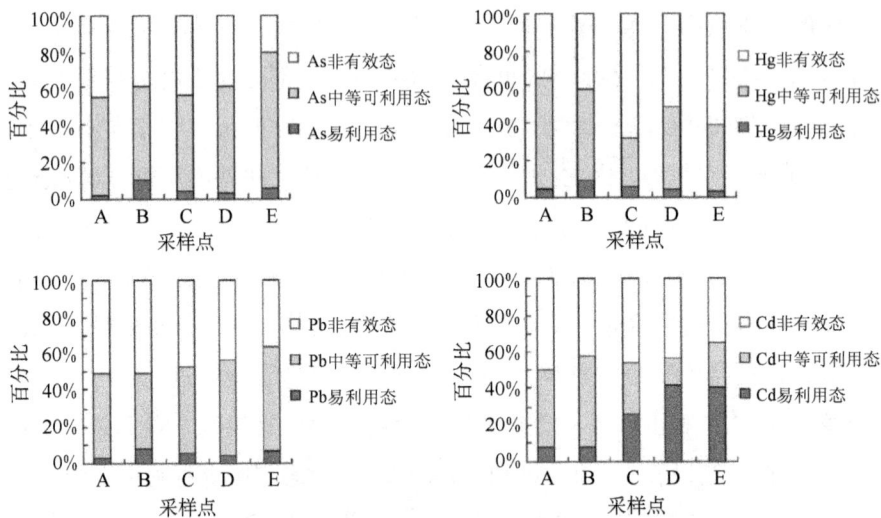

图 4-7　四类重金属在各采样点的形态百分配比图(引自陈洁、李升峰,2007)

　　此后,2008 年 10 月郑志侠、潘成荣、丁凡(2011)对巢湖流域的 9 个样点进行表层沉积物采集,同样发现巢湖水体表层沉积物中 Fe、Cr、Pb、Cu 和 Co 含量均呈现出西半湖区高于东半湖区的趋势。通过富集指数评价研究,发现表层沉积物中 Cr、Pb、Cu、Co 和 Ni 的 *EF* 值大于 1,表明人类活动对巢湖表层沉积物中的这五种元素具有显著的影响。巢湖西半湖表层沉积物中 Cr 含量相对最高,并呈现沿湖心区至东半湖区逐渐降低趋势。由于重金属 Cr 主要是由电镀、冶炼、制革、印染、制药等工业废水污染所产生的,而巢湖的西半湖区靠近合肥市区,河流沿岸大量的工业废水通过河道排入湖区,这引起西半部湖区沉积物中重金属 Cr 含量较湖心区和东半湖区高。陈富荣(2009)也同样发现巢湖西部沉积物中重金属含量明显高于中东部湖区,以西北部湖区最为严重,Hg 和 Cd 是主要影响因子,其他元素生态危害性较小。综上所述,巢湖表层沉积物重金属污染程度和潜在的生态风险程度均呈现增加趋势,需要加强相关管理与控制。

(2) 同位素地球化学

湖泊沉积物中稳定同位素比值的测定则是湖泊生态系统古环境历史重建的最有效手段之一。2002 年 10 月,周志华等(2007)利用中国科学院南京地理与湖泊研究所自行研制的柱状采样器在巢湖采集了两个沉积物柱状样(H2 与 H3),沉积岩芯长 24 cm,以 1 cm 间隔分样,并测试了样品的总氮、有机碳、碳氮比值、有机碳同位素组成和氮同位素组成等指标(图 4-8)。作者研究发现 H2 点沉积物的有机碳同位素组成($\delta^{13}C_{org}$)从下层向上层逐步偏负,而 H3 点的有机碳同位素组成变化趋势却有所不同,自剖面底层向上到 17 cm 处,$\delta^{13}C_{org}$ 逐步偏正,而后又逐步偏负。总体来看,$\delta^{15}N$ 和 $\delta^{13}C_{org}$ 剖面整体呈现镜像相反趋势。在沉积物 24 cm 到 10 cm 之间,H2 和 H3 点的总有机碳(TOC)含量保持稳定的一致性,但是从 9 cm 深度向表层则呈现出迅速增大的趋势,H2 点的剖面变化幅度要远大于 H3 点。在沉积物表层,H2 点 TOC 含量较 H3 点多近 1 倍。在这两个沉积物岩芯中,总氮与总有机碳的变化趋势相近,但是整体含量总氮比有机碳含量要低。H2 点有机碳与总氮比值(C/N)的变化范围在 5.93~8.27 之间,变化趋势较缓,但是 H3 点 C/N 比值变化则明显不同,波动范围较大,在 8.52~27 之间,其比值较 H2 点剖面要高。

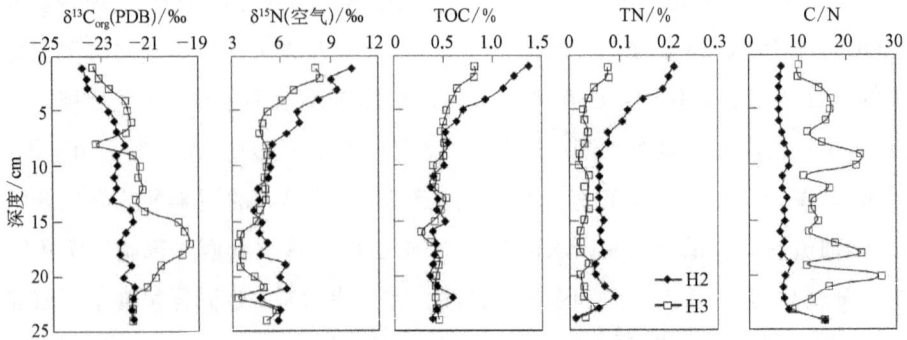

图 4-8 巢湖 H2 和 H3 沉积柱样的 $\delta^{13}C_{org}$、$\delta^{15}N$、TOC、TN、C/N 随深度变化趋势（引自周志华等,2007）

沉积物中氮同位素组成能反映有机物质来源,巢湖两处沉积物岩芯的氮同位素组成比较相近,作者推测 H2 和 H3 点的沉积物有机质来源以藻类为主,城市污染物和农业中产生的污染物的输入都对巢湖沉积物两处研究点的有机碳和氮记录产生了不同程度影响。通过综合分析两个沉积物岩芯的 $\delta^{13}C_{org}$、$\delta^{15}N$ 和 C/N 比值等指标,发现巢湖沉积物有机质的来源主要是水生藻类,陆生物质的输入量较少。H2 点沉积物的物质来源主要是湖泊自身的产物,也受城市污染物输入的影响。H3 点则主要受到巢湖流域农业面源污染的输入影响。巢湖的历史演化进程由于受到巢湖建闸的影响,可以大致划分为两个阶段:首先,二十世纪初到 1963 年前,湖泊中植物以藻类植物为主,其中固氮植物和非固氮植物共存,H2 和 H3 点具有不同的营养化进程;其次由于巢湖闸的建成使得湖水滞留时间延长,与外界交换量减少,在 H2 和 H3 这两个沉积物岩芯上的表现是 $\delta^{13}C_{org}$ 迅速减小,$\delta^{15}N$、TOC 和 TN 则是显著增大,说明湖泊内源营养物质的快速积累,初始生产力水平迅速增大,富营养化加剧。

（3）有机地球化学

现代沉积物中含有较丰富的类脂化合物,它们的组成和分布特征与母源性质、沉积环境以及成岩作用有关,通过研究现代沉积物中类脂化合物的组成和分布,可以提供这方面的信息。

2001 年 12 月,姚书春、李世杰(2004)采用重力采样器在巢湖东部湖心采集了沉积物柱样(25 cm)。巢湖柱状孔的沉积物年代确定主要以 [210]Pb 法测定的沉积速率和^{137}Cs法测定的绝对年龄时标进行对比获得,共测量25个样品。根据^{210}Pb法测定的沉积速率和^{137}Cs法测定的绝对年龄时标进行对比,巢湖25 cm沉积柱样代表了1898年以来的百年历史记录,根据^{210}Pb变化计算得到的沉积速率为0.24 cm/yr,然后对沉积柱样进行了有机碳、总氮、碳氮比(C/N)变化特征、正构烷烃长短组分间的比值(TAR$_{HC}$)、C_{25}/C_{29},以及奇偶优势指数(OEP)等指标分析。综合分析各项环境代用指标,巢湖地区百年来经历了三个阶段(图4-9)。阶段一,25~16 cm相当于1898年到1946年。作为营养盐的氮的含量一直就比较低,这段时间内湖泊沉积物的总有机碳也比较低。碳氮比和TAR$_{HC}$表明湖泊沉积有机质是藻类和陆生高等植物来源并重。饱和烃的C_{25}/C_{29}为0.51,说明此阶段内大型水生植物与陆生高等植物相比相对较少。阶段二,16~9 cm相当于1946年到1972年。粒度从最粗逐渐变细,经过计算发现该阶段在整个剖面中沉积通量最大,说明该阶段水土流失比较严重。从粒度和TAR$_{HC}$这两个指标来看,这一阶段湖泊沉积物中的有机质是陆源有机质占主要地位。但碳氮比波动剧烈,出现剖面中峰值和谷值,表明这一阶段以陆源为主和以藻类来源为主交替进行。进一步研究饱和烃发现,这一阶段湖泊沉积有机质正构烷烃的奇偶优势指数OEP为1.17,接近于1。用奇偶优势指数来研究有机污染物的来源已有报道,当其值接近于1,甚至小于1时即其奇优势减弱,甚至为微弱的偶优势,说明受到石油烃的污染,它掩盖了高等植物源的特征。一般现代沉积物的该值大于1.6,成熟原油为1.0~1.2。古老沉积物风化

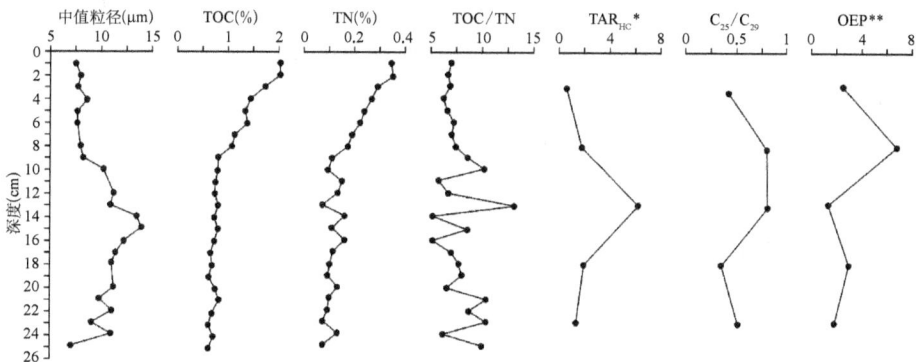

图4-9 巢湖沉积钻孔沉积物指标变化(引自姚书春、李世杰,2004)

后其有机质进入湖泊也可引起OEP接近于1。但巢湖流域内大面积出露第四纪上更新统和全新统黏土、亚黏土,水系的源头则是大别山元古界变质岩、中生界火山碎屑岩及侵入岩,河流水系呈辐聚状汇入巢湖,再由裕溪河排放进入长江。而二叠纪地层则位于巢湖市的西北和西南,其风化沉积物很难进入到采样区。因此这一阶段的沉积物可能是受到外源性石油污染。阶段三,9~1 cm 相当于1972 年到 2002 年。巢湖 70 年代以来存在富营养化加剧的趋势。由图 4-9 可以看出,总氮和总有机碳在 19 世纪末到 20 世纪 70 年代初之间基本维持在一个相对较低且比较稳定的范围内。但自 1972 年以后,总氮和总有机碳呈现明显的增大趋势,分别增加了 1.5、1.9 倍。与水体初级生产力有关的水生有机碳 C_a 与 TOC 和 TN 的趋势一致,而陆源的有机质 C_t 在 70 年代以来的增幅远小于水生有机碳 C_a 的增幅。20 世纪 70 年代以来 TOC/TN 比值在整个剖面中处于比较低的水平,平均为 7.0,这一阶段的正构烷烃的主峰为 C_{17},TAR_{HC} 出现了剖面中最低值 0.57,表明这段时间内藻类和细菌是湖泊沉积物中有机质的主要来源。说明这一阶段富营养化刺激了藻类生产力的提高。巢湖沉积柱状样的研究表明 20 世纪 70 年代以来巢湖富营养化开始恶化。

甘油二烷基甘油四醚脂(GDGTs)母源体对环境变化响应比较敏感,已成功应用于古环境与古气候重建等方面(Powers et al.,2004;Schouten et al.,2002)。2005 年 5 月,王丽芳等(2010)利用自制便携式重力型沉积物采样器同样在巢湖东湖湖心区采集沉积柱样,并测定了沉积物样品的 TOC、TN、δ^{13}C 和 δ^{15}N 等指标,研究了巢湖现代沉积物中结合态脂肪酸的组成及其单体碳同位素的组成分布特征,探讨了巢湖近 70 年来的富营养化过程。作者研究发现巢湖沉积物中总有机质基本参数变化可以划分成两个主要阶段(图 4-10),在沉积样品中 7 cm 至表层段部分,δ^{13}C、TOC 和 δ^{15}N 显著增大,反映巢湖沉积柱样中的有机质迅速增加,通过分析 C/N 比值发现此时应该是湖泊中藻类和细菌增加导致沉积物中的 TOC 和 TN 增加。利用结合态脂肪酸单体分子 $C_{16:0}$、$C_{18:2w6}$ 和单体分子组合 TARFA,$C_{18:1w7}/C_{18:1w9}$、$(i\text{-}C_{15:0}+a\text{-}C_{15:0})/nC_{15:0}$ 比值的特征变化(图 4-11),表明 12 cm 以上结合态脂肪酸以藻类和细菌等低等生物来源为主,并且从 12 cm 至表层沉积物中的结合态脂肪酸贡献不断增加,反映出巢湖自 20 世纪 50 年代以来湖泊逐步富营养化的过程。结合态脂肪酸以单体 $C_{16:0}$ 为主峰,沉积剖面中结合态脂肪酸中单体 $C_{16:0}$ 的 $\delta^{13}C$ 值在 12 cm 开始迅速地增加,可以作为指示巢湖富营养化发生的重要指标。

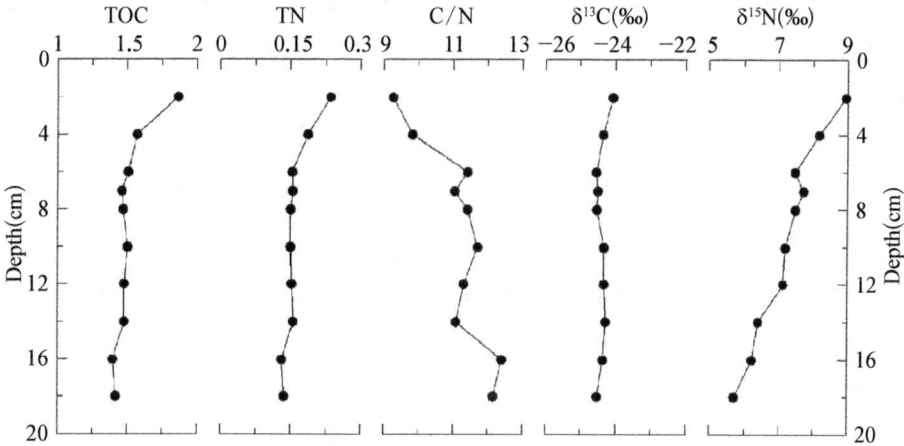

图 4-10 巢湖沉积剖面 TOC、TN、C/N、$\delta^{13}C$ 和 $\delta^{15}N$ 的变化特征(引自王丽芳等,2010)

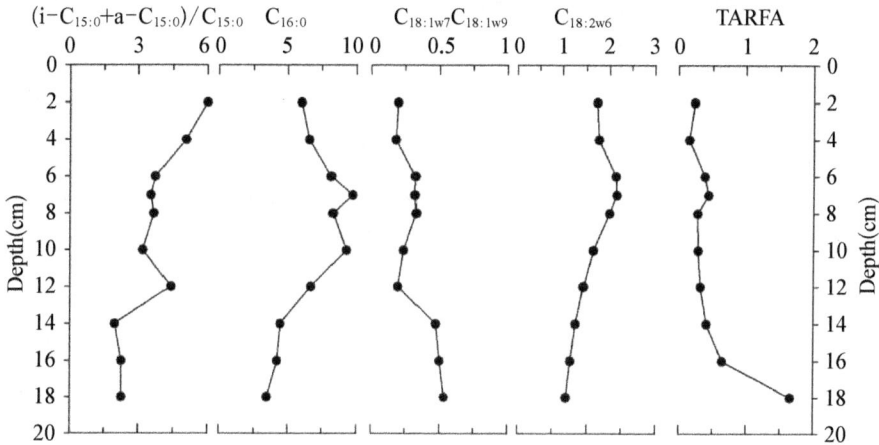

图 4-11 巢湖沉积剖面中($i-C_{15:0}+a-C_{15:0}$)/$nC_{15:0}$、$C_{16:0}$、$C_{18:1w7}/C_{18:1w9}$、$C_{18:2w6}$ 和 TARFA 的变化特征(引自王丽芳等,2010)

(4) 环境演化

在燕山运动期间,巢湖流域以垂直断陷为主要特征,受控于郯庐断裂和东西向的断裂构造控制,此后在早第三纪此构造更突出。在第四纪时,由于气候变迁和新构造运动影响,巢湖最终形成。在早更新世,由于气候变迁和构造运动抬升,气候以潮湿温凉为主,流水侵蚀和堆积作用加强,形成了较宽的河谷和磨圆度较好的堆积物。中更新世时,构造盆地下沉,山体上升,气候多变,风化作用强烈,堆积物来源增多。晚更新世以来,气候以干冷为主,河流相沉积物分布较广,湖泊面积逐步扩张(谢平,2009)。

历史时期以来,巢湖受流域河流输沙影响而导致淤积严重,湖面面积不断缩小。根据考证,古巢湖湖面面积约为 2 000 km²,较现代巢湖平均湖面面积约800 km²大一倍以上;宋代前的 200 年间,巢湖面积缩小 20% 左右;巢湖西南方的三河镇在嘉庆年间曾是濒湖重镇,现在已远离湖岸约 12 km。同时,巢湖在历史时期也伴随着湖面的升降变化,如发现的水下汉代古城遗址,其中灰烬的¹⁴C 年龄为(2 090±130)a BP,说明在此后发生过湖水淹没的灾害性事件。

贾铁飞等(2006)在巢湖南岸新河口镇钻取了长约 16 m 的沉积岩芯(ACN孔),通过对样品进行¹⁴C 测年分析,发现整个沉积岩芯含括了整个全新统。通过将沉积岩芯与西岸、北岸和南岸湖盆沉积记录进行对比,作者发现巢湖流域全新世以来沉积特点主要有以下两点。第一,频繁复杂的河、湖沉积相交互变化。在各个沉积序列中,可以发现巢湖在全新世期间经历了较粗颗粒的砂砾石、湖相的粉砂质泥黏土和河流相、湖相的泥质黏土等多种沉积相变化。由于巢湖与长江相连,长江流域环境的变化对巢湖流域自然环境的调节具有重要的影响。巢湖流域这种复杂的沉积相的变化也证实了巢湖在全新世期间经历了多次的湖面波动变化和湖泊扩张与收缩过程,由于上游河流与长江共同影响,巢湖水位上升,湖泊范围扩张,河流对湖泊的影响削弱;相反,巢湖水位下降,湖盆面积减小,河流作用对巢湖和湖盆沉积影响加强。但从沉积特点上看,湖泊作用与湖泊沉积的特点并不十分显著,河流作用给巢湖沉积打上了深刻的“河流烙印”。第二,湖盆中沉积的空间相变显著。巢湖沉积物的河湖相变化不仅反映在时间上,也反映在空间相变中。巢湖同一时期不同位置上的沉积物表现出较大的差异,如湖泊相的粉砂质黏土、砂质黏土,湖沼相的泥炭,河流相的冲积砂,河流湖泊交互相的淤泥质黏土,陆地环境下的古土壤,等等。巢湖空间上的相变说明在巢湖流域的不同部位,河流与湖泊的交互作用是不同的,巢湖岸线和形状在全新世中的变化也应当是不同部位河流与湖泊交互作用影响差异造成的。

作者通过对巢湖沉积物粒度和元素含量等指标进行综合分析,发现全新世中巢湖沉积物粒度变化、营养元素含量变化应当反映的是巢湖湖泊扩张与收缩、水位升降的变化。黏粒含量、TOC 和 TN 含量增加表明巢湖湖泊扩张、水位逐步上升,相反,沉积物颗粒变粗、TOC 与 TN 含量减少则反映了巢湖湖泊缩小、湖水变浅。从巢湖沉积钻孔来看,巢湖自中全新世以来共发生了三次显著的变化过程:5 887—5 680 a BP 时巢湖流域逐步收缩,然后又再度扩张,这可能是全新世大暖期鼎盛时期之后气候干旱的结果。2 239—2 126 a BP 时期,是巢湖流域收缩、受长江等河流作用盛行时期,ACN 钻孔湖相层中夹进去的河流相砂层,巢湖湖盆中发育了相应的河流相冲积层或淤积黏土,巢湖周边战国至汉代的古文化遗址便发育在这层沉积基底上,之后巢湖再度扩张,甚至导致汉代古城成为水下遗址。巢湖的最后一次大规模收缩,即 1 827 a BP 以来,奠定现代巢湖的形态格局,河流冲积物的填充成为现代耕作土地的基底,人类活动影响已变得前所未有的深刻了。

此后,Chen,Wang and Dai(2009)在巢湖 ACN 钻孔采集了长约 1 650 cm 的岩芯,通过对岩芯进行孢粉学分析,发现该钻孔记录了当地的植被演化过程以及人类活动历史。自 10 500 a BP 以来,青冈属和栎属植被逐步增加,直至 7 550a BP;7 550 a BP 至 3 750 a BP 期间,青冈属植物显著减少,草本植物迅速增加,流域内植被组成发生明显变化,此时植被种类的变化与考古学相关记录一致;3 750 a BP 之后,阔叶林逐步被陆地草本植物所取代,其中 3 750 至 2 000 a BP 期间,松属类逐步增多,但是在 2 000 a BP 之后也逐步减少,表明人类活动对该区域的影响显著增加;从 2 000 a BP 之后,该研究区的自然环境受到人类活动的影响显著增加,不断受到流域内农业和人口的压力影响。

韩伟光、王心源、吴立(2010)为探讨巢湖流域近现代环境的演化,测定了巢湖西湖区 CH-1 钻孔连续湖泊沉积物的粒度和磁化率数据,并结合公元 1450 年以来该区域旱涝灾害文献资料和全球气候变化代用指标中的 Intcal 98 [14]C

同位素数据,重建了巢湖流域 500 cal a BP 以来的古气候演变。研究发现 1450—1949 年间,巢湖流域降水变化经历了少—多—少—多的变迁。

巢湖在人类活动的影响下,其生态环境受到了严重的破坏,湖盆淤积,水质恶化,已成为长江中下游典型的富营养化湖泊。姚书春、李世杰(2004)通过研究巢湖沉积柱样中的各种指标,发现巢湖沉积钻孔柱状样中总有机碳和总氮自 20 世纪 70 年代以来呈明显升高趋势,分别增加了 2.5、2.9 倍。由柱状样中的 TOC/TN、TAR$_{HC}$、OEP 判断得出,19 世纪末到 20 世纪 40 年代中期 TOC 是陆源和内源两种来源并重;20 世纪 40 年代中期到 20 世纪 70 年代初期以陆源为主,并可能存在石油污染;20 世纪 70 年代以来沉积物有机质中藻类来源的有机质占主要地位。巢湖沉积柱状样的研究表明 20 世纪 70 年代以来巢湖富营养化开始恶化。此外,巢湖建闸也加速了巢湖的自然演化过程,使得湖水交流量降低,湖水滞留时间增长,湖泊内源营养物质的快速积累,初始生产力水平迅速增大,富营养化加剧(周志华等,2007)。

综上,第四纪气候变迁与新构造运动奠定了巢湖的基本形态,全新世期间巢湖大致经历了温暖湿润—干旱—干冷的变化特点,自近代以来由于受人类活动的影响,湖泊面积不断减少,湖泊富营养化也逐步加重。

4.2　南漪湖、固城湖、石臼湖

南漪湖、固城湖和石臼湖分布于水阳江下游,呈串珠状分布,这三个湖泊与围垦而消亡的丹阳湖均源于全新世形成的丹阳湖(图 4 - 12)。南漪湖是安徽第四大湖,主要补给河流为东北部的郎川河和新郎川河,平均水深 4.56 m,集水面积 3 368.7 km²。固城湖湖水主要依靠降水和地表径流补给,入湖河流主要为牛儿港、胥溪河和漆桥河等,湖泊面积 24.5 km²,平均水深 1.56 m,集水面积 248.0 km²。石臼湖与固城湖一样,湖水主要依靠地表径流和大气降水补给,入湖河流主要为水阳江、青弋江和漳河等河流,湖泊平均水深 4.08 m,集水面积 1.86×10⁴ km²。青弋江和水阳江流域上游位于丘陵地区,土壤易被侵蚀,水土流失严重,大量泥沙被冲击入湖,导致湖盆不断淤积变浅,调蓄能力降低。青弋江、水阳江流域下游水资源丰富,水产养殖较多,当地农民依靠围网养殖等增加收入,大量的有机饵料和污染物进入湖中,导致湖中溶解氧降低。此外,流域内城镇、农村和工业废水排入湖中,导致湖水富营养化,水质下降。追踪流域内湖泊环境的演化以及人类活动的影响,可以为保护湖泊生态环境和构建和谐的生态系统提供科学依据与借鉴。

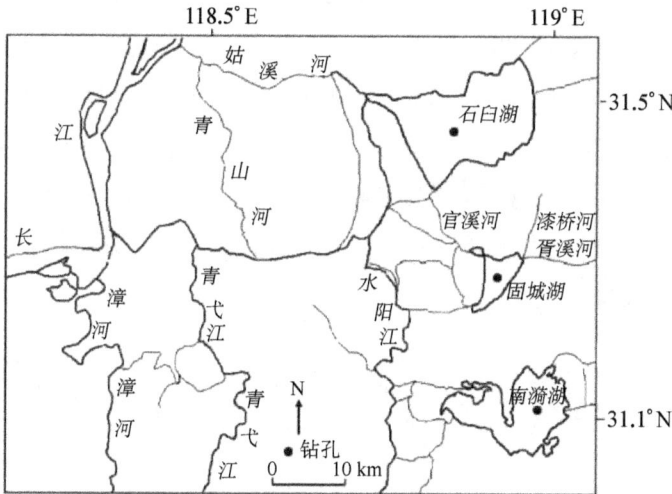

图 4-12　南漪湖、固城湖和石臼湖位置示意图

4.2.1　沉积速率变化

在青弋江水阳江流域,关于该区湖泊较长尺度的研究主要是在固城湖。1991 年 5 月,吉磊、王苏民(1993)在固城湖湖心处钻取岩芯 1.1 m(G91-3孔),同时在围垦区狮树乡附近利用澳大利亚转动式采样器采集岩芯 5.1 m,去除表土层 1 m,即 GDm 孔。由于 G91-3 孔底部与 GDm 孔顶部处于同一高程,因此将二孔上下衔接,组成总长 6.2 m 的完整岩芯。通过对沉积岩芯有机质泥进行 ^{14}C 测年,结果为(3 630±230)a BP。此后,中科院南京地理与湖泊研究所王苏民、童国榜(1996)在原固城湖湖泊中心位置钻取了长约 20 m 的沉积岩芯(GS1),通过对沉积岩芯进行 ^{14}C 年代测定,发现所采集的样品在 15.8 m 处年代为(121 900±80)a BP,然后根据沉积速率推断出 12.08 m 处年代为(9 582±95)a BP(沈吉等,1997)。根据上述 GS1 钻孔从 11.77 m(9 365 a BP)至 8.35 m

(7 545 a BP)之间的沉积速率为 0. 19 cm/yr,但是该钻孔自 8. 35 m(7 545 a BP)至 4. 35 m(6 895 a BP)之间的沉积速率较高,为 0. 62 cm/yr。

2004—2008 年,姚书春、薛滨(2010)在南漪湖、石臼湖和固城湖三个湖泊运用重力采样器采集了短柱沉积样品。其中南漪湖柱样长为 54 cm,固城湖短柱样长为 29. 5 cm,长钻孔岩芯长度为 1. 78 m,石臼湖柱样长为 29. 5 cm。对所采集到的样品进行核素^{210}Pb 和^{137}Cs 测试获取年代。作者发现南漪湖所采钻孔中^{210}Pb 随着深度基本呈指数下降,^{226}Ra 表层稍高,总体表现稳定(图 4 - 13)。其中在钻孔中 16. 5 cm 处^{137}Cs 出现峰值(11. 44 g/cm^2),而此时沉积年代为 20 世纪 60 年代初(1963—1964)。通过将这个沉积段作为时标,得到该区域的堆积速率为 0. 25 g · cm^{-2} · yr^{-1},而沉积速率为 0. 37 cm/yr;但是通过^{210}Pb 稳定初始放射性通量(CIC 模式)计算得到的 1963 年以来的平均沉积速率为 0. 53 cm/yr,这二者之间存在较大的偏差。

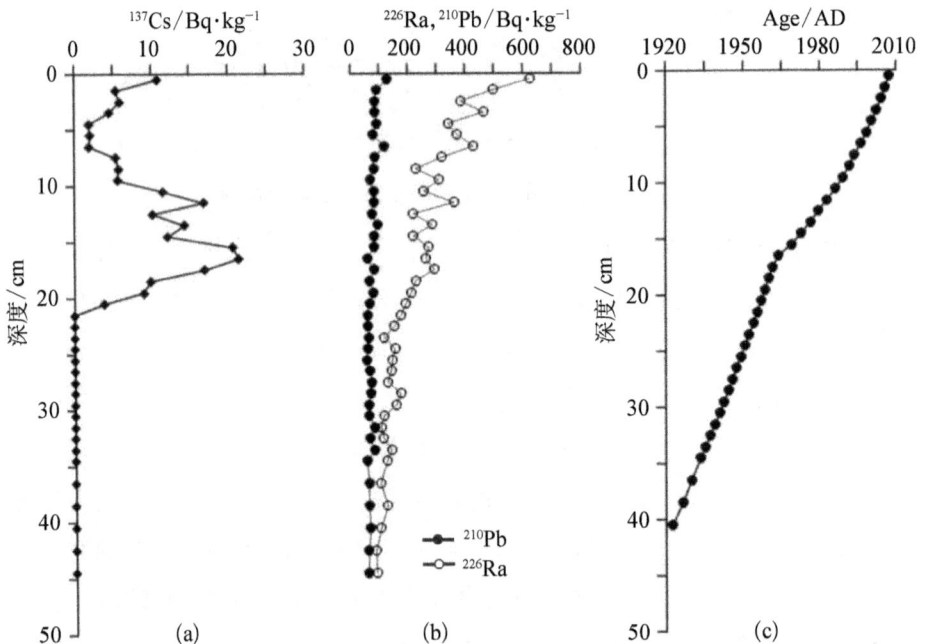

图 4 - 13　南漪湖沉积物钻孔核素垂向变化(a,b)以及深度-年代对应(c)图(引自姚书春、薛滨,2010)

固城湖柱样按 0.5 cm 间距分样,并对样品进行^{210}Pb 和^{137}Cs 分析。固城湖柱样剖面中^{137}Cs 在深度 1.25 cm 处只出现了一个峰值,作者推测这可能与1986 年苏联切尔诺贝利核电站核泄漏有关,也有可能指示 1963 年的核素沉降高峰。作者认为若将此蓄积峰值出现位置以 1986 为计年时标,获得该岩芯1.25 cm 以上近 20 年的沉积速率为 0.07 cm/yr(图 4 - 14)。而利用^{210}Pb 计算得到该钻孔平均速率与上述沉积速率相接近。利用^{210}Pb 稳衡沉积通量模式(CRS 模式)得出固城湖自 20 世纪 20 年代以来沉积物堆积速率波动较大。20 世纪 30 年代平均堆积速率高达 0.12 g·cm^{-2}·yr^{-1},然后在 50 年代中期到60 年代中期则降低,70 年代后沉积物堆积速率继续下降,在 80 年代后趋于稳定。对石臼湖运用稳衡沉积通量模式(CRS 模式)计算得到钻孔中 11.5 cm 处年代为 1954 年,平均沉积速率为 0.26 cm/yr,沉积年代具有一定的可靠性。

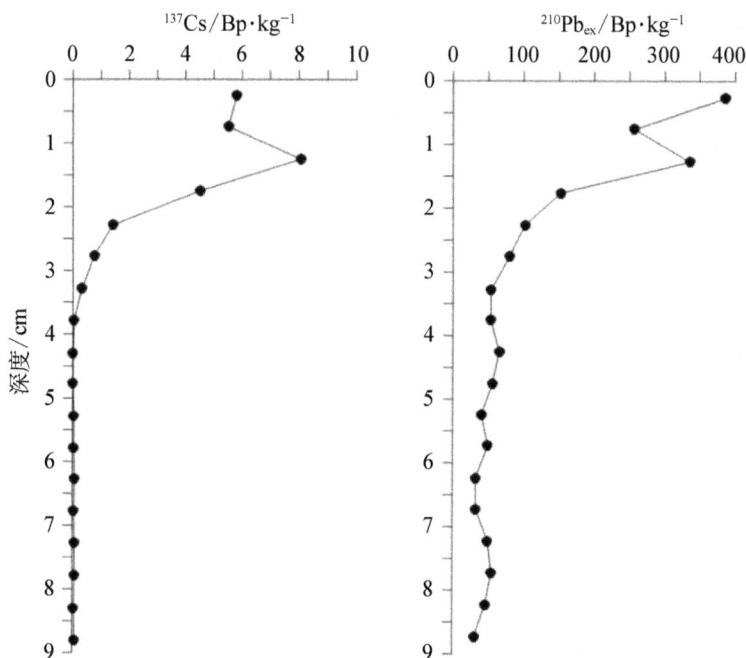

图 4 - 14 固城湖沉积物中^{137}Cs 和^{210}Pb$_{ex}$垂直剖面(引自姚书春、薛滨,2010)

薛滨、姚书春、夏威岚(2008)在石臼湖采集柱状样,并对样品利用^{210}Pb 或者^{137}Cs 法进行年代测定。由于石臼湖沉积物钻孔^{210}Pb 未测定到本底,不适合运用[210]Pb CRS 模式,因此作者采用了[210]Pb CIC 模式获得石臼湖的平均沉积速率为 0.14 cm/yr(图 4-15)。而[137]Cs 在 5.5 cm 深度的蓄积峰有可能指示了 1963 年全球核爆炸高峰期,由此得到的沉积速率为 0.12 cm/yr。

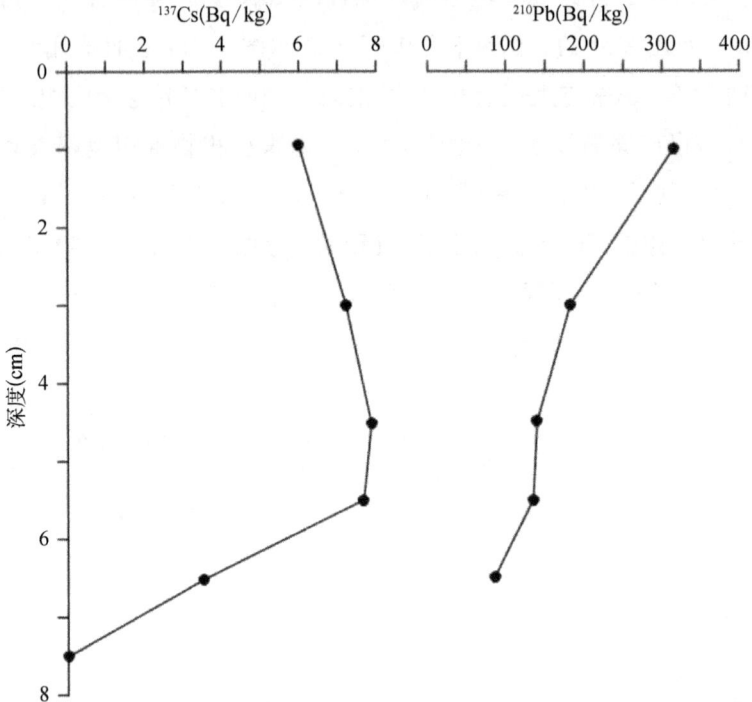

图 4-15 石臼湖钻孔核素垂直变化(引自薛滨、姚书春、夏威岚,2008)

由上可见,这三处湖泊自 20 世纪 20 年代晚期至 20 世纪 60 年代晚期堆积速率较高,而在 20 世纪 60 年代晚期以来沉积物堆积速率开始下降。此时流域内耕地面积也逐步减少,表明在此阶段沉积物堆积速率下降可能与流域内土地利用变化有关。水库的修建减少了入湖泥沙含量,也是导致沉积物堆积速率下降的一个重要因素。

4.2.2 沉积地球化学与环境演变

(1)元素地球化学

2008 年姚书春等在南漪湖中的东部、中部和西部湖心采集沉积柱样,对沉积样品进行粒度、元素和年代等指标分析。南漪湖东部表层 0～1 cm 样品中

TOC 含量 12.01 g/kg，TN 含量为 1.86 g/kg，TP 含量为 817 mg/kg；中部 TOC 含量为 12.15 g/kg，中部 TN 含量为 1.75 g/kg，TP 含量为 774 mg/kg；西部 TOC 含量为 12.92 g/kg，西部 TN 含量为 1.89 g/kg，TP 含量为 606 mg/kg。南漪湖西部沉积物物源不仅仅受郎川河和新郎川河的输入影响，而且受附近小河流和近岸崩塌物质输入影响，建闸之后水阳江对南漪湖西部湖区沉积物物源的影响显著下降（Yao and Xue，2014）。姚书春等通过分析柱状沉积物中 TOC、TN 和 TP 含量，发现三个钻孔的 TOC 均表现为由底部向上部逐步增加，猜测这可能是由于沉积物有机质来源不断增加和累积保存的影响。南漪湖底部沉积物中 TOC 含量约为 5 g/kg，表层沉积物中 TOC 含量较大，约为 12～13 g/kg。沉积物中 TN 含量的变化表现出与 TOC 相近的变化趋势，二者之间具有明显的正相关关系，比值约为 8.0。南漪湖沉积物中 TP 的变化与前两者有一定的不同，主要表现在 TP 的含量在某些层位较为稳定，变化趋势在不同地区存在一定的差异。比如西部钻孔中自底部至 28.5 cm 处虽有一定的变化，但是变化幅度较小，28.5 cm 至 25 cm 处逐步增加，而 25 至 10 cm 处则相对稳定，10 至 0 cm 处又不断增加。此外，TP 在表层沉积物的含量在湖泊中不同区域明显不一致，比如东部的含量为 817 mg/kg，而在中部则降低为 774 mg/kg，西部则更低，这可能是受南漪湖入湖河流输入的影响。

2014 年 5 月李珊英（2016）在南漪湖采集了 9 个表层（0～1 cm）样品，TOC 变化范围在 7.7～23.4 g/kg 之间，平均值为 12.0 g/kg，TN 变化范围 1.0～2.6 g/kg，平均值为 1.6 g/kg。南漪湖表层沉积物的 TOC 变化较小，在 12～13 g/kg 之间，这表明南漪湖表层沉积物中的有机质含量相对较低。近几年以来，南漪湖水草逐步减少，营养化逐步加重，有机质易降解，使得南漪湖表层有机质含量较低。南漪湖沉积物中 TOC/TN 比值变化较小表明全湖沉积物有机质来源具有一致性。

薛滨、姚书春、夏威岚（2008）2005 年在固城湖所采集的 0～0.5 cm 表层样品 TOC 含量为 15.7 g/kg，TN 含量为 1.6 g/kg，TP 含量为 362 mg/kg；0.5～1.0 cm 样品中 TOC 含量为 16.5 g/kg，TN 含量为 1.7 g/kg，TP 含量为 303 mg/kg。而 2014 年 5 月李珊英（2016）在固城湖采集了 3 个表层样品，TOC 含量分别为

44.6 g/kg、51.2 g/kg 和 60.5 g/kg,TN 含量为 4.9 g/kg、5.8 g/kg 和 6.1 g/kg。固城湖表层沉积物中 TOC 含量变化比较大,近几年湖泊表层沉积物中有机质含量增加,这可能与沉水植物的增加有关系,水草生长的空间异质性,导致不同位置沉积物中有机质含量不同。同时对固城湖柱状沉积 GC-3 钻孔中 TOC 与 TN 含量进行分析,发现二者的含量在 30 cm 处存在较大的变化,30 cm 之下二者的变化趋势相对平缓,30 cm 之上则存在较大的变化幅度,C/N 在剖面中的变化较小。具体表现为 178~30 cm 处,TOC 与 TN 总体变化较为稳定,有微弱减少,TOC 约为 8 g/kg,TN 含量约为 0.8 g/kg;30~14 cm 处,TOC 含量从 7.5 g/kg 上升到 14.2 g/kg,TN 从 0.75 g/kg 上升到 1.4 g/kg,二者含量在此阶段显著升高;14~4.5 cm 处,TOC 与 TN 含量有微弱上升,但是总体变化不大,TOC 含量约为 21 g/kg,TN 含量约为 2.1 g/kg;4.5 cm 至表层,二者的含量开始下降。

2010 年 12 月王荣娟、张金池(2011)在石臼湖采集了 0~20 cm 的表层沉积物,其中总有机碳含量在 17.61~29.78 g/kg 之间,平均值为 22.25 g/kg。河流入湖口附近总有机碳含量较低,出湖口附近较高。李珊英(2016)在石臼湖采集的 3 处表层样中 TOC 含量分别为 38.5 g/kg、50.6 g/kg 和 36.5 g/kg;TN 含量分别为 4.4 g/kg、5.8 g/kg 和 4.2 g/kg。不同研究者所采集的样品点不同,所采集的样品层厚度不同,导致研究结果存在一定的差异。

2007 年姚书春等在石臼湖选择了 11 个样点,采集了 0~1 cm 和 19~20 cm 深度的样品,在实验室测试了 TP(总磷)和 LOI(烧失量)等指标。研究发现 TP 的变化范围是 367~681 mg/kg,平均值为 511 mg/kg。烧失量的变化范围为 4.1%~14.6%,平均值为 8.8%。河流入湖口处 TP 值最高,说明河流输入对沉积物磷具有显著的影响。2009 年湖泊调查显示石臼湖春季沉积物中 OM 变化范围在 2.45%~8.14% 之间,平均值为 5.99%。TN 含量变化范围为 1.66~5.08 g/kg 之间,平均值为 3.75 g/kg。TP 含量在 346~646 mg/kg 之间,平均值 507 mg/kg。欧杰等(2012)在石臼湖东部采集沉积物样品,研究发现石臼湖沉积物中的 TOC 和 TN 可分为 3 个变化阶段:0~7.5 cm 处,TOC 变化为 1.94%~2.38%,平均值为 2.20%,TN 的变化范围为 0.23%~0.28%,平均值为 0.26%。此阶段剖面中 TOC 与 TN 含量较高,作者猜测这可能与此时石臼湖中残存大量的水生生物残体有关,此阶段藻类等内源有机质贡献较大,湖泊富营养化程度较高,水质较差,逐步恶化。8~10.5 cm 处,TOC 变化为 0.89%~2.63%,平均值为 1.99%,TN 的变化范围为 0.10%~0.28%,平均值为 0.21%。此时,湖泊沉积物内 TOC 与 TN 随深度变浅开始逐步增加,表明人类活动的影响可能导致了湖泊的营养化水平较之前显著提高。11 cm 至 30 cm 处,TOC 变化为 0.28%~0.87%,平均值为 0.60%,TN 的变化范围为 0.04%~0.10%,平均值为 0.07%,剖面中二者含量的总体水平较低,并且其增加趋势较为缓慢,表明此阶段石臼湖的整体生态环境较为稳定,主要是湖泊自然演化的过程。

从上述三处湖泊沉积物的元素含量变化来看,我们发现石臼湖中的总氮最高,南漪湖的总磷最高。安徽省不同地区的土壤养分流失研究显示,主要流失的氮磷比多分布在 3~4 之间,在石臼湖,氮磷比较高可能与生长大量的水草具有密切关系,湖泊中碳氮含量与水草分布具有密切关系,但是水草的生物量对湖泊中磷的含量影响较小(Horpplia and Nurminen,2005)。

2006—2012 年科技部基础性工作专项在南漪湖、固城湖和石臼湖进行湖泊底质调查,其中涉及重金属的含量变化。2009 年对南漪湖的调查结果显示,研究区域内沉积物中 Pb 的含量在 26.0~61.0 mg/kg 之间,平均值为 42.4 mg/kg;Cu 的含量在 14.1~56.1 mg/kg 之间,平均值为 35.7 mg/kg;Cd 的含量在 0.107~0.454 mg/kg 之间,平均值为 0.314 mg/kg;Cr 含量在21.8~98.2 mg/kg 之间,平均值为 51.4 mg/kg;Ni 含量在 22.2~47.2 mg/kg 之间,平均值为 35.4 mg/kg;Zn 的含量在 67.5~149.9 mg/kg 之间,平均值为113.9 mg/kg;As 的含量在 3.5~15.5 mg/kg 之间,平均值为 10 mg/kg。此后于 2016 年 3 月底在南漪湖 18 个样点采集了表层 0~1 cm 的沉积样品,结果显示表层沉积样品中 Cu 的含量在 23.9~32.5 mg/kg 之间,平均值为 29.5 mg/kg;Cr 含量在 78.0~102.9 mg/kg 之间,平均值为 91.7 mg/kg;Ni 含量在 13.3~29.3 mg/kg 之间,平均值为 22.7 mg/kg;Zn 的含量在 108.6~180.8 mg/kg 之间,平均值为 148.7 mg/kg。通过对比这两次调查结果,可以发现南漪湖沉积物中 Cr 与 Zn 的含量升高,而 Cu 和 Ni 的含量具有一定的下降。固城湖沉积物中 Pb 的含量在 40.0~54.7 mg/kg

之间,平均值为 48.2 mg/kg;Cu 的含量在 28.4～60.7 mg/kg 之间,平均值为 37.7 mg/kg;Cd 的含量在 0.176～0.329 mg/kg 之间,平均值为 0.277 mg/kg;Cr 含量在 51.4～122.9 mg/kg 之间,平均值为 75.6 mg/kg;Ni 含量在 23.2～47.0 mg/kg 之间,平均值为 38.8 mg/kg;Zn 的含量在 87.4～215.4 mg/kg 之间,平均值为 128.1 mg/kg;As 的含量在 6.7～19.0 mg/kg 之间,平均值为 13.0 mg/kg。此后于 2016 年在固城湖 17 个样点采集了表层 0～1 cm 的沉积样品,结果显示表层沉积样品中 Cu 的含量在 34.5～48.3 mg/kg 之间,平均值为 39.9 mg/kg;Cr 含量在 79.6～97.3 mg/kg 之间,平均值为 87.0 mg/kg;Ni 含量在 19.3～28.3 mg/kg 之间,平均值为 23.2 mg/kg;Zn 的含量在 111.6～196.6 mg/kg 之间,平均值为 133.6 mg/kg;Mn 的含量在 499～1 251 mg/kg 之间,平均值为 825 mg/kg。由上述可见固城湖中 Ni 的含量有一定的下降,而 Cr、Cu 和 Zn 的含量逐步上升,但是幅度不大。2009 年对石臼湖的调查结果显示,研究区域内沉积物中 Pb 的含量在 19.9～67.1 mg/kg 之间,平均值为 42.9 mg/kg;Cu 的含量在 32.6～64.5 mg/kg 之间,平均值为 51.8 mg/kg;Cd 的含量在 0.156～0.972 mg/kg 之间,平均值为 0.427 mg/kg;Cr 含量在 13.1～291.1 mg/kg 之间,平均值为 142.6 mg/kg;Ni 含量在 24.8～38.9 mg/kg 之间,平均值为 31.5 mg/kg;Zn 的含量在 78.3～224.4 mg/kg 之间,平均值为 127.6 mg/kg;As 的含量在 9.1～37.2 mg/kg 之间,平均值为 18.1 mg/kg。

通过对比水阳江青弋江流域内南漪湖、固城湖和石臼湖的表层样中的重金属含量变化,我们可以发现石臼湖中的 Cr、Cu、Zn 和 Cd 的含量最高,说明石臼湖受污染最为严重;Ni 和 Pb 在三个湖泊中含量较为接近,这可能是由于 Pb 的污染来源途径主要是大气传输,Ni 主要是自然来源。总体来看,三个湖泊中重金属含量的差异不大,揭示了轻微的人为重金属污染特征。

姚书春、薛滨、王小林(2008)在固城湖原湖心处钻取了沉积样品,并测试了岩芯的重金属含量和常量元素等指标(图 4-16)。结果显示在 30 cm 至钻孔底部,K、Mg、Na 含量虽有波动,但总体变化趋势不大;而在 30 cm 至 25 cm 深度,常量元素 Ca、K、Mg、Na 呈现快速变化的特征;在 25 cm 至钻孔顶部,Ca、Mg 保持稳定,K 轻微增加,Na 则随着深度减少而减少。在 30 cm 至 25 cm 深度沉积物中重金属 Cu、Cr、Zn 含量也呈现快速变化的特征。在 25 cm 至钻孔顶部，Pb、Cu、Cr、Zn 总体上呈现增加的趋势，其中在 25 cm 至 14 cm 段保持相对稳定。从 30 cm 至底部，Cu 呈增加趋势；Pb、Cr、Zn 的变化可以分为两段，底部至 75 cm 处 Pb、Cr、Zn 增加，75 cm 至 30 cm 处 Pb、Cr、Zn 减少。固城湖沉积物中 TOC 与 TN 变化在上文中已详细论述，固城湖沉积物中 TOC 与 TN 剖面变化主要可以划分为两段：底部至 30 cm 处，TOC、TN 含量总体变化趋势不大，保持稳定；而从 30 cm 处开始 TOC、TN 含量快速增加，至 5 cm 后下降。TP 变化较为复杂，底部至 30 cm 总体呈减少趋势，但波动较大；30 cm 至 25 cm 处呈现快速下降的特征；25 cm 至表层比较稳定。总体来看，沉积物中 TOC/TN 稳定在 11.6 左右，变化趋势较为稳定，而表层两个样相对较低，分别为 11.1 和 11.4。

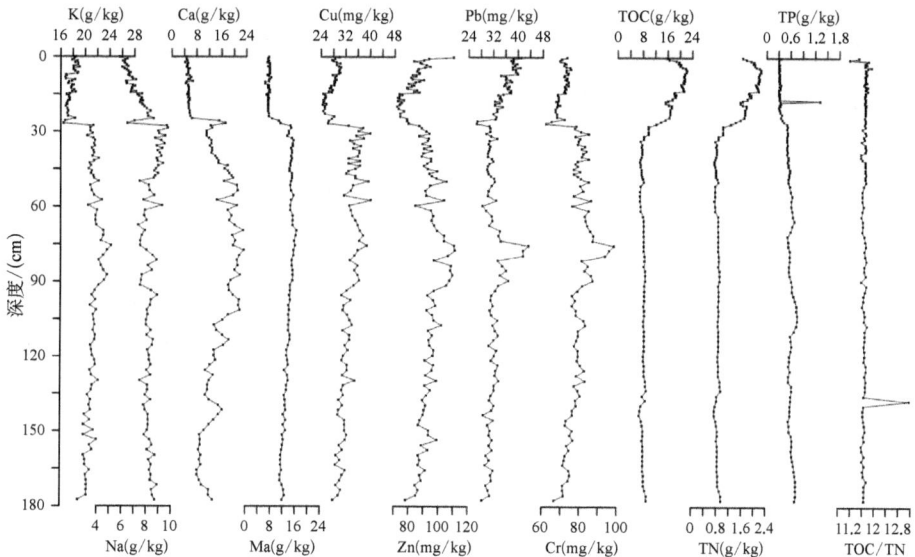

图 4-16　固城湖 GC-3 孔元素剖面变化（引自姚书春、薛滨、王小林，2008）

2007 年 10 月，姚书春在石臼湖运用重力采样器采集了 29.5 cm 长的柱状样 SJH07-C1，分析了岩芯沉积物的理化指标，包括烧失量、总磷、金属元素和磁化率（图 4-17）。石臼湖中 Ca 的含量为 6.0～40.2 g/kg，Cu 的含量为 21.2～

41.2 mg/kg,Zn 的含量为 69.0～132.9 mg/kg,Pb 的含量为 16.0～35.9 mg/kg,
Hg 的含量为 54.5～147.0 μg/kg。Ca 元素含量从底部至 11 cm 处呈现缓慢下降
的趋势,向上快速增加。28～5 cm,Hg 含量呈现增加趋势,其中 13～5 cm 增加幅
度最大,Zn 和 Cu 的含量增加幅度较大;5～0 cm 基本保持稳定。从底部至13 cm
处,Zn 呈现先下降再轻微增加再下降的趋势。1955 年以前地球化学指标表明
石臼湖湖泊沉积物中人类活动信息较弱,但总磷和有机质(烧失量)开始增加,
湖泊营养水平开始升高。1955—1969 年,湖泊沉积物磁化率较高,重金属(包
括铜、铅、锌和汞)含量快速增加,可能与该期开始大量使用化肥、农药有关,导
致入湖污染物增加。1969—1997 年期间:1969—1979 年时段湖泊沉积物磁化
率最高,重金属含量比较稳定,在石臼湖进行了大规模的围垦;1979—1997 年,
湖泊沉积物磁化率较高但呈减少趋势,重金属含量再次快速增加,总磷增加较
快,说明该阶段入湖污染物增加,湖泊营养水平也在增加。1997—2007 年,磁
化率较低,重金属含量保持在高水平,总磷快速增加,显示该阶段湖泊营养水平
较高,但入湖物质通量在减少。

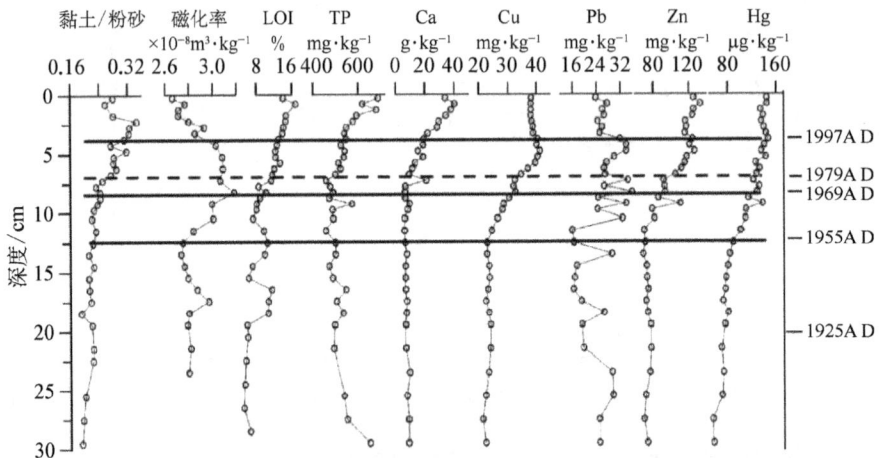

图 4-17　石臼湖钻孔指标的垂直变化(引自姚书春、薛滨,2009)

(2) 有机地球化学

刘丰豪等(2018)以南漪湖沉积物为研究对象,分析了沉积物记录的正构烷
烃和单体碳同位素分布特征。大部分样品检测出的正构烷烃碳数分布范围为

$n\mathrm{C}_{14} \sim n\mathrm{C}_{33}$，总体呈现双峰型分布特征。短链部分多数以 $n\mathrm{C}_{16}$、$n\mathrm{C}_{17}$、$n\mathrm{C}_{18}$ 为主峰，奇偶优势不明显；与短链不同，长链部分以 $n\mathrm{C}_{27}$、$n\mathrm{C}_{29}$ 和 $n\mathrm{C}_{31}$ 为主峰，具有明显的奇优势，碳优势指数 CPI 值在 2.8～5.2 之间。在南漪湖钻孔沉积物中的 $n\mathrm{C}_{17} \sim n\mathrm{C}_{21}$、$n\mathrm{C}_{23} \sim n\mathrm{C}_{25}$、$n\mathrm{C}_{27} \sim n\mathrm{C}_{33}$ 变化趋势一致，但是整体含量不同。柱状样短链奇数正构烷烃($n\mathrm{C}_{17} \sim n\mathrm{C}_{21}$)整体含量为 30.4～704.9 ng/g，占奇碳数正构烷烃的 5%～69%；中链奇数正构烷烃($n\mathrm{C}_{23} \sim n\mathrm{C}_{25}$)整体含量为 24.3～452.4 ng/g，占奇碳数正构烷烃的 7%～29%；长链奇数正构烷烃($n\mathrm{C}_{27} \sim n\mathrm{C}_{33}$)整体含量为 43.3～1 680.2 ng/g，占奇碳数正构烷烃的 20%～78%。Paq 值的变化范围在 0.24～0.63 之间；$n\mathrm{C}_{27}/n\mathrm{C}_{31}$ 比值的变化范围在 0.35～1.82 之间；长链正构烷烃平均链长 $\mathrm{ACL}_{27 \sim 33}$ 值变化范围在 28.9～30.3 之间。南漪湖沉积物长链正构烷烃 $n\mathrm{C}_{27}$、$n\mathrm{C}_{29}$、$n\mathrm{C}_{31}$ 的单体碳同位素 $\delta^{13}\mathrm{C}$ 值在时间上的变化趋势较为一致，其变化范围分别为 $-29.1‰ \sim -33.6‰$、$-29.7‰ \sim -34.7‰$ 和 $-28.0‰ \sim -33.3‰$(图 4-18)。对 $n\mathrm{C}_{27}$、$n\mathrm{C}_{29}$、$n\mathrm{C}_{31}$ 的 $\delta^{13}\mathrm{C}$ 值进行加权平均得到长链正构烷烃单体碳同位素加权平均值($\delta^{13}\mathrm{C}_{mean}$)，计算式如下：

$$\delta^{13}\mathrm{C}_{mean} = (\mathrm{C}_{27} \times \delta^{13}\mathrm{C}_{27} + \mathrm{C}_{29} \times \delta^{13}\mathrm{C}_{29} + \mathrm{C}_{31} \times \delta^{13}\mathrm{C}_{31})/(\mathrm{C}_{27} + \mathrm{C}_{29} + \mathrm{C}_{31})$$

式中：C_{27}、C_{29}、C_{31} 分别为 $n\mathrm{C}_{27}$、$n\mathrm{C}_{29}$、$n\mathrm{C}_{31}$ 的含量。计算所得 $\delta^{13}\mathrm{C}_{mean}$ 值变化范围在 $-29.4‰ \sim -33.6‰$ 之间，平均值为 $-31.7‰$。

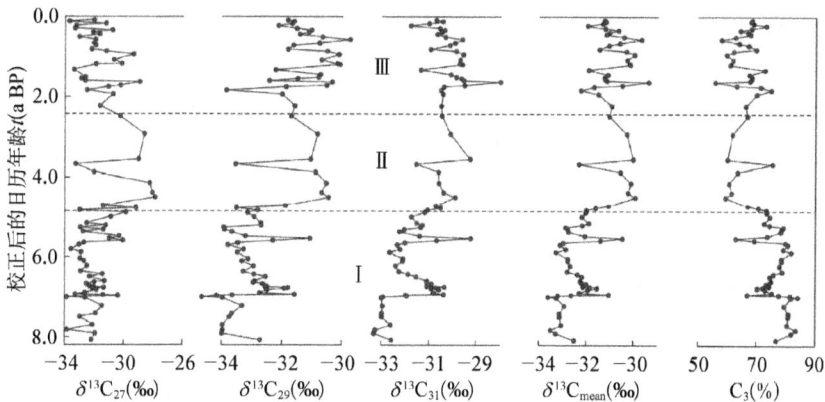

图 4-18　8.0 ka BP 以来南漪湖沉积记录的长链正构烷烃单体碳同位素(引自刘丰豪等,2018)

　　张干等(1999)对固城湖 GS-1 孔沉积物中呈不同赋存状态的有机类脂化合物进行了分析,主要包括正构烷烃 OEP 指数、脂肪酸 $C_{18:2}/C_{18:0}$、结合态脂肪酸与游离脂肪酸总量比值、五环三萜类热成熟度指标以及黏土矿物(图 4-19)。作者研究发现固城湖沉积物中的游离脂肪酸 $C_{18:2}/C_{18:0}$ 比值与脂肪酸总量无关,但是与长江中、下游晚冰期以来的孢粉记录具较好的一致性,其中 15.60 m 和 13.54 m 两处高值分别对应中仙女木冰阶和晚仙女木冰阶。在沉积物中 11.87 m 以下,$C_{18:2}/C_{18:0}$ 的比值变化范围比较大,波动频率比较快速,这指示了研究区气候系统的不稳定性及其短时突变特征,而在沉积物剖面 11.87 m 以上,指标反映的气候变化比较平缓。在固城湖 GS-1 孔剖面 12.28 m 以上,结合态脂肪酸与游离脂肪酸总量的比值随深度增加而上升,作者猜测这是早期成岩作用的结果,但在剖面中 12.28 m 以下二者的比值迅速降低,这主要是由于沉积物中下部岩屑较多,黏土矿物少,环境氧化性强,不利于游离脂肪酸进入大分子有机化合物(如腐殖酸)中。由于外来岩屑有机质经过热成熟作用,其正构烷烃优势指数(OEP)接近于 1。在固城湖的沉积钻孔中,其正构烷烃优势指数在剖面中 12.28 m 之下随深度增加而快速下降,这表明沉积物中含有成熟度较高的有机质外来岩屑的输入。

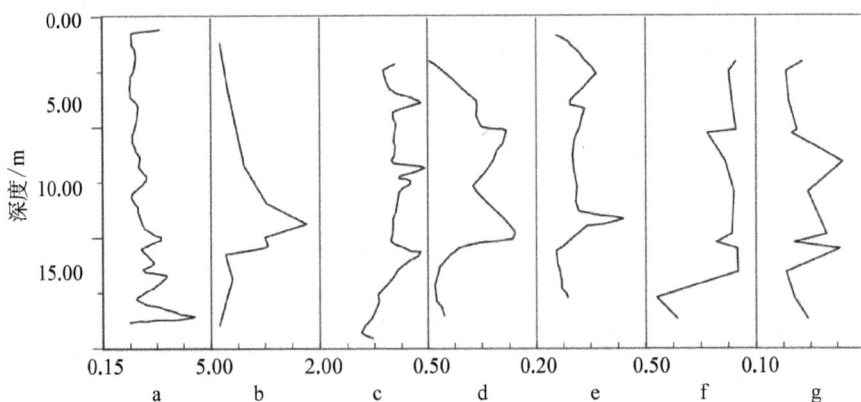

图 4-19　固城湖 GS-1 孔分子有机地球化学指标的垂直变化(引自张干等,1999)
　　a:脂肪酸 $C_{18:2}/C_{18:0}$,b:结合脂肪酸/游离脂肪酸,c:正构烷烃 OEP,d:藿-22(29)-烯/$C_{30}\alpha\beta$ 藿烷,e:$\beta\beta$-藿烷指数,f:T_m/T_s,g:γ-蜡烷指数

正构烷烃的分布特征对追溯湖泊沉积物中有机质的来源以及恢复流域周围的气候和环境方面有着重要作用，但同时也存在着很大的争议。不同的生物体中可能存在着相同或相似的正构烷烃组成，这使得难以区分由众多生物来源所形成的湖泊沉积物具体的生物输入源。湖泊沉积物中不同生物，其 $\delta^{13}C_{n-alkanes}$ 值存在着一定的差异，因此该研究在一定程度上弥补了运用正构烷烃分布特征示踪有机质来源中的不确定因素，对准确识别沉积物中的生物来源方面有着重要的意义（Hu et al.，2009）。欧杰等（2012）在 2011 年 5 月在石臼湖采集了沉积物样品进行了有机地球化学方面实验。作者研究发现石臼湖沉积物中有机质的来源主要以陆生高等植物为主，也有部分来源于藻类和其他水生生物的贡献。不同埋藏深度，正构烷烃不同组分的含量也不同。总体来看，沉积物剖面中30～0 cm，中低碳数正构烷烃（nC_{17}、nC_{19}、nC_{21}、nC_{23} 和 nC_{25}）的相对含量总体呈现上升趋势，而高碳数正构烷烃（nC_{27}、nC_{29}、nC_{31} 和 nC_{33}）的相对含量总体则呈现下降趋势（图 4-20）。作者推断在此沉积时段流域内高等植被逐渐退化，藻类和其他水生植物快速增长，高等植物被藻类等植物所更替，石臼湖的富营养化问题逐渐凸显。

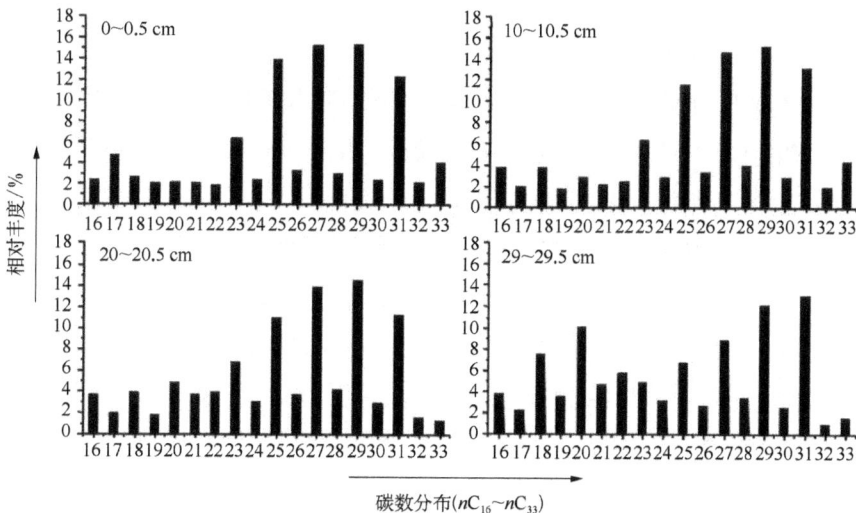

图4-20　石臼湖沉积物中 4 个典型样品的正构烷烃碳数分布图（引自欧杰等，2012）

（3）环境演化

石臼湖没有长时间尺度的第四纪钻孔记录。中科院南京地理与湖泊研究所在固城湖钻取 19.3 m 的岩芯，并对岩芯进行了总有机碳、孢粉、硅藻和色素等指标分析。15.0 ka BP 开始，固城湖的环境有一明显的变化，湖相沉积覆盖在河流砂砾层之上，相应的木本花粉含量增加，出现了青冈栎等常绿属种。固城湖积水成湖是季风降水的结果，但是孢粉浓度较低，说明温度偏低，湖泊生产力不高。13.0～11.3 ka BP 随着全球性的进一步增温，夏季风的活动进一步加强，固城湖的环境条件得到进一步改善，孢粉中青冈栎等比例增加，而黎科、篙、卷柏明显减少，硅藻的分异度增大，有机碳和色素含量上升。11.3～11.0 ka BP 存在一次明显的降温事件，虽然持时较短，但变幅很大，可能相当于新仙女木事件。进入全新世早期，气候环境很快达到热量水汽最佳组合状态。全新世中期孢粉中常绿阔叶乔木减少，而孢粉浓度明显增高，表明温度下降与太阳辐射减弱有关。综观固城湖全新世早、中期环境变化，受轨道驱动的气候变化和相应的季风强弱变动、季风极峰迁移和海水入侵影响，一定程度上控制了湖泊的形成与演变。

刘丰豪等（2018）在南漪湖采集 6.5 m 长的岩芯，通过分析南漪湖柱状沉积物中正构烷烃分布特征及其单体碳同位素组成，重建了南漪湖地区 8.0 ka BP 以来的植被变化，反演了该地区古气候变迁。作者研究发现 8.0～4.8 ka BP，此阶段中长链正构烷烃 nC_{25}～nC_{33} 含量相对较高，尤其是长链正构烷烃 nC_{27}～nC_{33} 含量占绝对优势，Paq 值偏低，正构烷烃以陆生高等植物输入为主，而水生植物和藻类等内源生物贡献较少；相对较低的 nC_{27}/nC_{31} 比值及较高的 $ACL_{27\sim33}$ 值表明这一阶段以草本植物相对发育；长链正构烷烃 $\delta^{13}C$ 整体偏负（$-34.7‰$～$-32.9‰$），C_3 植物为主。因此可以推测南漪湖地区这一时期气候温暖湿润，流域内高等植物繁盛，丰沛的雨水将大量的陆源有机质输入到湖泊中，此时推测是东亚夏季风最强盛时期。4.8～2.4 ka BP，长链正构烷烃 nC_{27}～nC_{33} 含量降低，而短链正构烷烃 nC_{17}～nC_{21} 含量增加，长链正构烷烃 nC_{27}～nC_{33} 和短链正构烷烃 nC_{17}～nC_{21} 含量较中链正构烷烃 nC_{23}～nC_{25} 含量 Paq 值偏高，陆生高等植物对正构烷烃的贡献相对减少；nC_{27}/nC_{31} 比值升高，$ACL_{27\sim33}$ 值降低，木本植物占优势，草本植物减少；长链正构烷烃 $\delta^{13}C$ 相对正偏（$-33.5‰$～

$-29.1‰$），C_4 植物有一定的增加，但依然以 C_3 植物为主。此时南漪湖沉积物来源主要以陆生高等植物和湖泊藻类水生生物混合来源为主。这一时期该地区开始由大暖期的温暖湿润向寒冷干燥过渡，这一时期东亚夏季风减弱，气候朝冷干转变。2.4 ka BP 以来，长链正构烷烃 nC_{27}～nC_{33} 含量升高，Paq 值逐渐降低，陆源高等植物的贡献逐渐增加；中链正构烷烃 nC_{23}～nC_{25} 含量逐步降低，而逐渐降低的 nC_{27}/nC_{31} 比值以及逐渐升高的 $ACL_{27～33}$ 值表明草本植物重新相对发育，木本植物逐渐减少；长链正构烷烃 $\delta^{13}C$ 波动剧烈，呈现逐渐偏负的趋势，C_3 植物继续占据绝对优势，C_4 植物呈现逐渐减少的变化趋势。因此推测此时南漪湖气候由寒冷干燥逐渐向温暖湿润过渡。同时，在此阶段内沉积物中各指标变化范围较大，波动较为剧烈，推测这可能与长江流域人类活动逐渐增加有关，人类活动影响了流域内自然植被的变化。作者研究发现这些指标记录的东亚夏季风随着北半球夏季太阳辐射量的减少而持续减弱，同时记录了多次冷暖/干湿交替事件，存在 6 次冷干事件（夏季风减弱事件），其中 5 次与 Bond 提出的北大西洋冰筏漂流事件一一对应。

南漪湖、固城湖和石臼湖长期以来是湖区人民生产、养殖和航运的重要场所，湖泊对人们的生活和经济发展具有重要的影响。姚书春等于 2005 年在江苏固城湖湖心采集了连续岩芯，进行了多环境代用指标（有机碳、氮、磷以及金属元素）的分析。^{210}Pb CRS 模式计算表明，20 世纪 80 年代后沉积速率平均约0.067 cm/yr。与 ^{137}Cs 1986 年时标得到的沉积速率吻合。而 20 世纪 20 年代至 80 年代，固城湖沉积速率变化较大，其中 20 世纪 60 年代沉积速率最高，对应该阶段固城湖强烈的人类围垦活动。元素 Cu、Pb、Zn、Cr 的含量在表层增长迅速，对比参考元素的变化，表明固城湖受到了一定程度的人为造成的重金属污染。多环境代用指标在岩芯 30 cm 深度左右出现了大的转折，表明近代存在沉积物缺失的可能，这也许与该区春秋末期以来的反复围垦活动有关，人类活动改变了湖泊沉积的模式。而石臼湖的理化指标表明：1955 年以前地球化学指标表明石臼湖湖泊沉积物中人类活动信息较弱，但总磷和有机质（烧失量）开始增加，湖泊营养水平开始升高。1955—1969 年，湖泊沉积物磁化率较高，重金属（包括铜、铅、锌和汞）含量快速增加，可能与该期开始大量使用化肥、农药有关,导致入湖污染物增加。1969—1997 年期间,1969—1979 年时段湖泊沉积物磁化率最高,重金属含量比较稳定,人们在石臼湖进行了大规模的围垦;1979—1997 年,湖泊沉积物磁化率较高但呈减少趋势,重金属含量再次快速增加,总磷增加较快,说明该阶段入湖污染物增加,湖泊营养水平也在增加。1997—2007 年,磁化率较低,重金属含量保持在高水平,总磷快速增加,显示该阶段湖泊营养水平较高,但入湖物质通量在减少。姚书春等于 2008 年在南漪湖东部、中部和西部采集短柱岩芯(NY5、NY6 和 NY8),对沉积物进行了重金属、有机碳和年代等指标测试,通过对测得的元素结果进行主成分分析,发现NY5 与 NY6 具有一定的重叠,NY8 具有不同的成分,猜测这可能是由于这三处不同点位受河流影响不同导致。此外,NY8 处的沉积速率与另外两点也不同,沉积速率较 NY5 与 NY6 要高,说明除了上游来源的物质之外,NY8 点也受水阳江倒灌影响,进入了大量的沉积物(Yao and Xue,2014)。

综观长江下游青弋江、水阳江流域近代湖泊环境演变主要经历了 3 个阶段:第一,20 世纪 60 年代之前,湖泊受人类活动影响较少,污染较低;第二,20 世纪 60 年代至 80 年代,人类活动逐步加强,但是湖泊营养水平仍然较低;80年代以来,湖泊营养水平开始增加,固城湖和石臼湖的富营养指数显示湖泊富营养化程度较高。

参考文献

陈富荣.巢湖沉积物镉等重金属地球化学分布、赋存特征及危害性研究[J].安徽地质,2009,19(3):200 - 203.

陈洁,李升峰.巢湖表层沉积物中重金属总量及形态分析[J].河南科学,2007,25(2):303 - 307.

杜磊,易朝路,潘少明.长江下游巢湖湖泊沉积物的粒度特征与沉积环境[J].安徽师范大学学报(自科版),2004,27(1):101 - 104.

郭敏,徐利强.巢湖沉积物稀土元素地球化学特征及环境意义[J].海洋地质与第四纪地质,2016(4):137 - 144.

韩伟光,王心源,吴立.公元 1450 年以来巢湖湖泊沉积物与区域和全球气候变化对比研究[J].科技信息,2010(15):23-24.

胡飞,杨玉璋,张居中,等.巢湖地区末次冰消期—早全新世沉积环境演化[J].海洋地质与第四纪地质,2015,35(1):153-162.

吉磊,王苏民.浅钻岩芯揭示的固城湖4000年来环境演化[J].湖泊科学,1993,5(4):316-323.

贾铁飞.近千年以来巢湖环境演变研究[D].上海:华东师范大学,2008.

贾铁飞,戴雪荣,张卫国,等.全新世巢湖沉积记录及其环境变化意义[J].地理科学,2006,26(6):706-711.

李珊英.长江中下游地区湖泊沉积物多环芳烃的赋存、来源研究及生态风险评估[D].南京:中国科学院南京地理与湖泊研究所,2016.

刘恩峰,杜臣昌,羊向东,等.巢湖沉积物中磷蓄积时空变化及人为污染定量评价[J].环境科学,2012,33(9):3024-3030.

刘丰豪,胡建芳,王伟铭,等.8.0 ka BP以来长江中下游南漪湖沉积记录的正构烷烃及其单体碳同位素组成特征和古气候意义[J].地球化学,2018(1):89-101.

孟祥华.巢湖沉积物磷的蓄积特征研究[D].济南:济南大学,2010.

欧杰,王延华,杨浩,等.湖泊沉积物中正构烷烃和碳同位素的分布特征及其环境意义[J].南京师大学报(自然科学版),2012,35(3):98-105.

沈吉,王苏民,刘松玉,等.固城湖9.6 ka B.P.发生的一次海侵记录[J].科学通报,1997(13):1412-1414.

王丽芳,熊永强,吴丰昌,等.巢湖柱状沉积物中甘油二烷基甘油四醚脂(GDGTs)的组成特征[J].湖泊科学,2010,22(3):451-457.

王荣娟,张金池.石臼湖湿地生态系统健康评价[J].林业工程学报,2011,25(2):70-74.

王苏民,童国榜.江苏固城湖15ka来的环境变迁与古季风关系探讨[J].中国科学:地球科学,1996(2):137-141.

吴立,王心源,莫多闻,等.巢湖东部含山凌家滩遗址地层元素地球化学特征研究[J].地层学杂志,2015,39(4):443-453.

谢平.翻阅巢湖的历史——蓝藻、富营养化及地质演化[M].北京:科学出版社,2009.

薛滨,姚书春,夏威岚.长江中下游典型湖泊近代环境变化研究[J].地质学报,2008,82(8):1135-1141.

姚书春,李世杰. 巢湖富营养化过程的沉积记录[J]. 沉积学报,2004,22(2):343-347.

姚书春,薛滨. 石臼湖近代环境演化历史[J]. 第四纪研究,2009,29(2):248-255.

姚书春,薛滨. 长江下游青弋江、水阳江水系湖泊沉积物中重金属变化特征研究[J]. 第四纪研究,2010,30(6):1177-1185.

姚书春,薛滨,王小林. 人类活动影响下的固城湖环境变迁[J]. 湖泊科学,2008, 20(1):88-92.

姚书春,薛滨,朱育新,等. 长江中下游湖泊沉积物铅污染记录——以洪湖、固城湖和太湖为例[J]. 第四纪研究,2008,28(4):659-666.

张干,盛国英,傅家谟,等. 固城湖 GS-1 孔 11.87～12.28 m 古环境变更线的分子有机地球化学证据[J]. 科学通报,1999,44(7):775-779.

张广胜. 湖泊沉积记录的 9 870 cal a BP 以来巢湖流域环境演变研究[D]. 芜湖:安徽师范大学,2007.

张卫国,戴雪荣,张福瑞,等. 近 7 000 年巢湖沉积物环境磁学特征及其指示的亚洲季风变化[J]. 第四纪研究,2007,27(6):1053-1062.

郑志侠,潘成荣,丁凡. 巢湖表层沉积物中重金属的分布及污染评价[J]. 农业环境科学学报,2011,30(1):161-165.

周迎秋. 基于遥感的巢湖流域环境变化研究[D]. 安徽师范大学,2005.

周志华,刘丛强,李军,等. 巢湖沉积物 $\delta^{13}C_{org}$ 和 $\delta^{15}N$ 记录的生态环境演化过程[J]. 环境科学,2007,28(6):1338-1343.

Chen W, Wang W M, Dai X R. Holocene vegetation history with implications of human impact in the Lake Chaohu area, Anhui Province, East China[J]. Vegetation History & Archaeobotany, 2009, 18(2): 137-146.

Horppila J, Nurminen L. Effects of different macrophyte growth forms on sediment and P resuspension in a shallow lake[J]. Hydrobiologia, 2005, 545(1): 167-175.

Hu J, Sun X, Peng P, et al. Spatial and temporal variation of organic carbon in the northern South China Sea revealed by sedimentary records[J]. Quaternary International, 2009, 206(1): 46-51.

Powers L A, Werne J P, Johnson T C, et al. Crenarchaeotal membrane lipids in lake sediments: A new paleotemperature proxy for continental paleoclimate reconstruction[J]? Geology, 2004, 32(7): 613-616.

Schouten S, Hopmans E C, Schefuß E, et al. Distributional variations in marine crenarchaeotal membrane lipids: a new tool for reconstructing ancient sea water temperatures[J]? Earth & Planetary Science Letters, 2002, 204(1): 265 - 274.

Suthar S, Nema A K, Chabukdhara M, et al. Assessment of metals in water and sediments of Hindon River, India: impact of industrial and urban discharges[J]. Journal of Hazardous Materials, 2009, 171(1): 1088 - 1095.

Yang Z F, Wang Y, Shen Z Y, et al. Distribution and speciation of heavy metals in sediments from the mainstream, tributaries, and lakes of the Yangtze River catchment of Wuhan, China[J]. Journal of Hazardous Materials, 2009, 166(2): 1186 - 1194.

Yao S, Xue B. Heavy metal records in the sediments of Nanyihu Lake, China: influencing factors and source identification[J]. Journal of Paleolimnology, 2014, 51(1): 15 - 27.

第五章 太湖平原湖泊

太湖平原湖泊处于长江下游河口段与杭州湾之间,总面积达 27 000 多平方千米。太湖平原北部与长江相邻,南部以钱塘江为界,东部为东海,西部以茅山山地和宜溧山地为界,太湖平原湖泊较多,大小湖泊共计约 189 个,湖泊总面积约3 159平方千米,占平原总面积的 11.6%,其中大于 10 平方千米的湖泊有 9 个,总面积约2 839 平方千米。太湖平原湖泊主要分布在 4~5 米以下的低洼区,以阳澄淀泖地区湖泊密度最大,其面积占据了太湖平原中小型湖泊面积的 50%。太湖平原湖泊全部属于浅水湖泊,平均水深在 2 m 之下,地势低洼,湖荡成群。太湖平原地区由于地质历史时期气候变化和海平面变化影响,洪水泛滥,排水不畅,河道淤积,致使多处地区聚水成湖,而在近现代由于人类活动的影响,围垦面积增大,河道变窄,排泄不畅,致使洪水滞留,聚水成湖(孙顺才、朱季文、陈家其,1987)。太湖平原地区人口密度大,城市化程度较高,经济发展速度较快,其中太湖等湖泊又是流域内大城市的供水水源地。近些年随着经济的发展,受人类活动影响,湖泊污染加重,富营养化逐步加剧,严重影响着流域内生态系统的健康发展和人类的健康。本章主要论述了太湖平原上主要湖泊的沉积地球化学特征与环境演变,为该地区的湖泊污染治理和科学发展与管理提供借鉴与帮助。

5.1 太 湖

太湖地处我国经济最发达的长江三角洲,水域面积为 2 338 km²,流域面积占国土面积的 0.38%,平均水深 1.9 m,是我国第三大淡水湖泊。太湖流域地势平坦,河网密布,其主要补给径流来自西南部的天目山区及西部的宜溧河流域。历史上太湖地区的土地以养桑、养鱼、种稻为主。近几十年来,随着工农业生产的发展,特别是乡镇工业的兴起,太湖流域地区的土地利用结构发生了很大变化,大量的农业用地转化为工业用地,城市规模不断发展扩大。太湖是上海、苏州、无锡、嘉兴等城市居民的主要供水水源,流域内由于洪水导致的水土流失和工农业污染物、城市生活污水排放入湖,使得湖泊中的 N、P 等营养物质及重金属等污染物负荷量急剧增加,导致太湖水质恶化、富营养化日益严重、水华频繁暴发,严重地威胁了区域及社会的可持续发展(秦伯强,2004)。

5.1.1 太湖沉积速率变化

2003 年 6 月,姚书春等(2006)在太湖采集了沉积物柱样,长 50 cm,采样点位于太湖西部呈南北带状分布的全新世淤泥沉积物充填的古河道,在野外现场以 1 cm 间隔分样,获得的样品密封在塑料袋内,带回实验室分析,然后采用^{210}Pb和^{137}Cs 相结合的方法研究太湖沉积速率和沉积模式。作者研究发现太湖^{137}Cs活度随沉积物深度变化主要呈现了三峰特征,在沉积物深度 13.5 cm 处出现了^{137}Cs 的蓄积峰,这标记了 1963 年全球核素散落(图 5-1);而在钻孔 9.5 cm 深

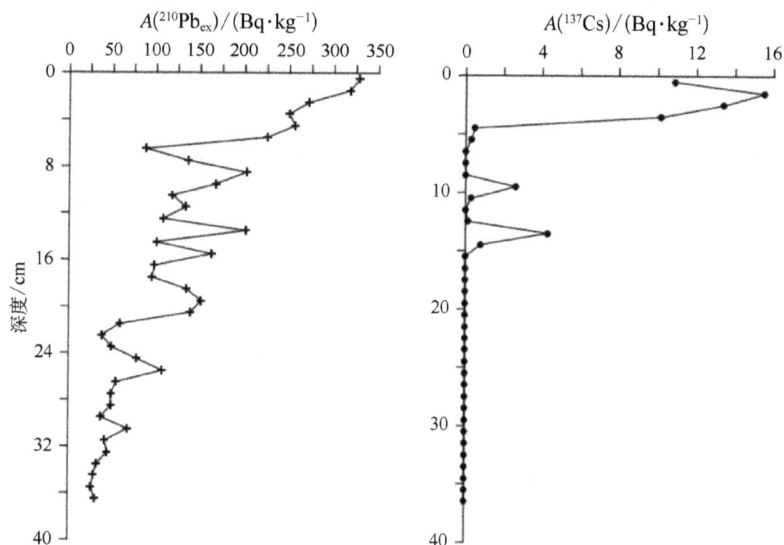

图 5-1 太湖 THS 钻孔^{210}Pb$_{ex}$和^{137}Cs 蓄积垂直分布(引自姚书春等,2006)

度处标记了 1975 年全球核素散落;在剖面深度 5.5 cm 及以上[137]Cs 活度升高,作者猜测这可能与苏联切尔诺贝利核电站于 1986 年发生的核泄漏有关。作者利用 1963 年和 1975 年[137]Cs 的蓄积峰位置分别作为计年时标,通过计算获得的该岩芯沉积物沉积速率都是 0.34 cm/yr,然后又以 5.5 cm 以上的[137]Cs 活度的升高作为苏联切尔诺贝利核电站 1986 年发生的核泄漏事件,获得的沉积速率为 0.32 cm/yr。

作者通过研究太湖[137]Cs 活度与沉积物深度关系发现,太湖表层 4 cm 沉积物中的[137]Cs 活度比下覆的沉积物要高,这说明了[137]Cs 在太湖表层具有混合或者迁移的特征。放射性核素在沉积之后再次受到迁移的途径主要可分为两种,首先是携带放射性核素的沉积物沉积后再迁移引起放射性核素随之再迁移,其次是核素本身通过间隙水以分子扩散的形式迁移。作者认为此次所采集的沉积物钻孔位于太湖开阔的湖面,受风浪扰动较大,沉积物表层极易受到扰动。较高的间隙水含量是[137]Cs 得以迁移富集的基本条件,在所研究的沉积孔柱中,有机质的存在可能是导致[137]Cs 蓄积峰即 1986 年时标迁移的主要原因。太湖沉积物表层中有机质含量较高,有机物质在沉降之后会释放出[137]Cs,如果在同一层位中缺少能够有效吸附从有机质中释放出的[137]Cs 的黏土矿物,那么[137]Cs 就会通过间隙水向下部层位扩散迁移,从而导致核素进行迁移。在沉积剖面中,5 cm 之上的层位黏土矿物的含量基本保持稳定的状态,而且上部有机质含量较下部层位较高,表明上部对[137]Cs 的吸附能力较强,这使得[137]Cs 向上下层位的迁移变得不平衡,经有机质释放而迁移的[137]Cs 大部分在上层位置被吸收,主要表现在[137]Cs 向上的迁移量要远大于向下层迁移量,使得[137]Cs 蓄积向上迁移偏离了原来的层位。此外,由于表层沉积物样品中的含水量较高,使得干样的[137]Cs 活度增高更加明显。相对比[137]Cs 活度,太湖剖面中[210]Pb 活度的波动表现则更加明显,由于太湖是浅水湖泊,湖泊底部不存在厌氧层,因此生物扰动可能会对[210]Pb 活度产生影响,其次风浪湖流作用也会导致沉积物在沉积后经再悬浮迁移到深水区沉积,对[210]Pb 垂直剖面中活度产生影响。Hakanson 的模型中解释道,表层沉积物中 50%的含水率标志着侵蚀和转移区,75%的含水率标志着转移和富集区。太湖表层沉积物中的含水率为 40%~62%,这表明该钻孔中存在着沉积物富集。粒度分析表明表层颗粒粗,说明有可能是侵蚀作用带来的泥沙造成了^{210}Pb浓度降低。

此后,2009年姚书春、薛滨(2012)在东太湖采集短钻孔——东菱咀(DJZ)和大缺港(DQG)钻孔,对钻孔沉积物样品利用^{210}Pb和^{137}Cs方法进行年代测定。东太湖大缺港钻孔14.5 cm处^{137}Cs出现峰值(7.12 g/cm^2),对应20世纪60年代初(1963—1964)。由此可推测该处沉积物的堆积速率为0.15 g/cm^2·yr^{-1}。此外,由图5-2可以看出过剩的^{210}Pb随着深度呈指数下降。而^{210}Pb推测出的平均沉积速率为0.24 g/cm^2·yr^{-1},这个结果与^{137}Cs相比存在较大误差。因此作者通过采用混合模型,在利用^{137}Cs 1963年峰校准^{210}Pb的结果基础之上,获取研究区的沉积物的平均堆积速率。东菱咀钻孔长度为59 cm,但是^{137}Cs并未到本底,推测其年代不老于20世纪50年代。而钻孔最底部过剩的^{210}Pb高达75.73 Bp/kg,未达到平衡。通过过剩^{210}Pb随着深度变化结合^{210}Pb半衰期,可以推断^{137}Cs蓄积峰埋藏时间在20世纪80年代。1986年苏联的切尔诺贝利核泄漏导致全球自然环境中^{137}Cs蓄积量增加了约5%(Cambray et al.,1987)。该事故散落的^{137}Cs在我国自然环境中也有明显蓄积。因此推断在沉积物52.5 cm处的峰值有可能对应20世纪80年代中期发生的核泄漏事件。

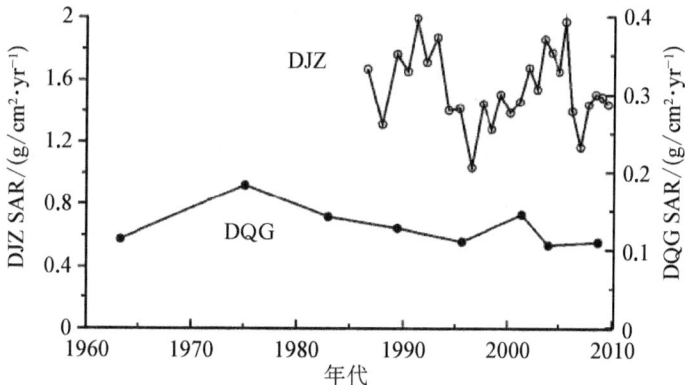

图5-2　东菱咀(DJZ)和大缺港(DQG)钻孔沉积物堆积速率变化(引自姚书春、薛滨,2012)

其他的研究者也对太湖的沉积物现代计年做了工作。陆敏等人(2003)对太湖北部靠近梅梁湾一带采集的 TH1 岩芯柱的年代测定表明,表层沉积物中$^{210}Pb_{ex}$为负值,9 cm 以下$^{210}Pb_{ex}$随深度递增而下降,而 TH2 岩心柱整个深度内不存在$^{210}Pb_{ex}$。朱广伟等(2005)根据太湖沉积物^{210}Pb 和^{137}Cs 分析结果,认为太湖表层 2～3 cm 处沉积物是 1990 年左右沉积形成,而 8～10 cm 处沉积物主要是在 1950 年前后沉积。刘恩峰等(2004a;2004b)通过对太湖岩芯进行^{137}Cs分析,发现研究结果与朱广伟和姚书春等测年结果相近,表层 2 cm 左右是 1990 年左右沉积形成,而 8～9 cm 处是 1950 年左右沉积形成。此后,刘建军、吴敬禄(2006)通过对太湖大浦湖区的 TJ－2 柱状岩芯进行^{137}Cs 分析,发现在岩芯 6.8 cm 处有明显的 1952 年初始值,在 0～6.8 cm 处沉积速率为 1.3 mm·yr^{-1},如果以 1963 年和 1986 年两个峰值计算,得到的平均沉积速率为 1.4 mm·yr^{-1},二者之间差异并不明显。通过多位学者对于太湖沉积物的^{210}Pb 和^{137}Cs 分析,我们可以发现在太湖不同湖区的沉积速率有些许差异,但是总体来看在较深层位太湖的平均沉积速率接近 0.3 cm·yr^{-1},而在表层较浅层位,沉积速率则接近 1.4 mm·yr^{-1}。总体来看,太湖作为一个大型浅水湖泊,风浪水动力作用对沉积物扰动较大,导致沉积物被反复沉积、悬浮、再沉积,使得太湖的沉积定年比较困难。

5.1.2　太湖沉积地球化学与环境演变

太湖是一个大型的浅水湖泊,是我国第三大淡水湖泊,地处经济快速发展的长江三角洲,流域内人类活动对湖泊自然环境的扰动强烈,直接影响着湖泊的水质及水生生态系统。目前太湖面临着严峻的富营养化、蓝藻水华暴发、生态系统恶化等环境问题,严重威胁着区域与社会的可持续发展。1980—1981年太湖环境质量调查研究结果表明部分河口及梅梁湾地区有轻微的重金属污染,99%的湖区为清洁和较清洁。1988 年对太湖沉积物的重金属污染进行了调查,确定了无锡、苏州和长兴沿岸是重金属的主要污染区。此后的相关研究表明太湖的重金属污染呈现北部湖区重于其他湖区,河口区重于非河口区(姚书春、薛滨,2012)。

(1) 元素地球化学

湖泊沉积物中的化学元素种类和含量主要受控于集水区域的母岩性质、流域内的气候条件和元素的地球化学特征等,如果集水区域的母岩性质没有发生变化,湖泊沉积物中化学元素的种类和含量主要受流域内的气候条件和元素地球化学性质所控制,所以在构造相对稳定的情况下,湖泊沉积物中的地球化学元素变化能够很好地指示研究区域内的气候环境变化。

吴永红、郑祥民、周立旻(2015)选择了太湖五处地点采集湖泊沉积柱样,选取 TH-004 作为研究对象,测试了样品的化学元素含量等。由于暖湿的环境条件下,容易发生化学风化,此时 K、Ca、Na 快速淋失,富铝铁化过程强烈,所以化学蚀变指数(CIA)与化学风化指数(CIW)可以很好地反映一个地区的环境条件(Nesbitt and Young,1989;1996)。太湖沉积物自 8 ka BP 以来,化学蚀变指数(CIA)与化学风化指数(CIW)在 8~6.6 ka BP 阶段处于一个明显的高值阶段,而 CaO/K_2O 比值在该阶段较低,Fe/Mn 比值在该阶段处于明显的高值,综合各项指标发现在该阶段沉积环境应当属于高温高湿状态。此外,在该阶段 Rb/Sr、K_2O/Na_2O 和 Al_2O_3/Na_2O 指标并没有表现出高值,而是明显的增加趋势,这可能是由于 Rb/Sr、K_2O/Na_2O、Al_2O_3/Na_2O 指标对环境变化的敏感性不如 CIW、CIA、CaO/K_2O 以及 Fe/Mn 对环境的响应敏感,使得指标对环境变化的指示有所滞后。作者还发现在这期间有一系列的气候振荡事件,比如在 7.6 ka BP 左右和 7.4 ka BP 左右,CIW、CIA、CaO/K_2O、Rb/Sr、K_2O/Na_2O、Al_2O_3/Na_2O 指标变化迅速,这些指标具有明显的指示意义。

在 6.6 ka BP 之后至 2.6 ka BP,CIW、CIA、Fe/Mn 和 Rb/Sr 的值相对较低,但是 CaO/K_2O 比值相对较高。然而 K_2O/Na_2O 和 Al_2O_3/Na_2O 指标并没有表现出明显的变化特征,作者猜测这可能是由于指标敏感度的影响导致不同指标对环境的变化响应不同而导致。同样在此阶段太湖存在多次明显的气候波动,主要表现为 CIW、CIA、CaO/K_2O、Rb/Sr、K_2O/Na_2O、Al_2O_3/Na_2O 等指标的变化。

磷是限制湖泊中藻类生长的主要营养因子,其中内源磷的释放是决定湖泊中磷含量高低的重要因素之一,影响沉积物磷释放的因子众多,对沉积物中各种磷的形态进行研究有助于深化对磷在沉积物和水系统中迁移的认识。袁和忠、沈吉、刘恩峰(2010)采用 SMT 法于 2009 年 11 月对太湖北部湖区梅梁湾

(T1)、竺山湾(T2)、太湖西部(T3)、太湖南部(T4)、太湖东部(T5)及湖心区(T6)无扰动采集了柱状岩芯,并对沉积物30 cm深度不同磷形态进行分析,结果表明,太湖不同营养水平湖区不同形态的磷含量变化明显,北部竺山湾及太湖西部富营养化明显,要高于东部和南部湖区。NaOH - P含量明显高于其他湖区,占TP比例总体为T2>T1>T3>T4、T5、T6。反映太湖北部及西部受人为污染源输入影响严重。不同湖区的水质状况在空间上存在明显的差异,这表明太湖不同湖区受到不同程度的污染。Kelderman,Wei和Maessen(2005)估算了太湖在1998—2000年之间年平均河流带入太湖中的TP含量约为1.59×10⁶,其中大部分沉积到太湖沉积物中。如此高浓度的营养盐进入湖泊沉积物中,成为污染太湖的内源。而HCl - P或含量分布则与NaOH - P含量不同,主要表现为太湖南部东部高于太湖北部及西北部,占TP比例总体为T4>T5>T6>T1、T3>T2。沉积物中OP随深度至约15 cm迅速降低,作者推测这可能和太湖较强的矿化作用有关系。同NaOH - P含量分布范围相似,TP表现出太湖北部及西北部含量高于其他湖区的总体趋势,反映了太湖北部和西北部湖区特别是竺山湾富营养化高于其他湖区。湖泊沉积物中元素种类和含量主要受控于自然条件的变化和人类活动的影响,经过定年后的沉积物中的元素含量可以用于流域内的自然环境变化和人为污染物的排放历史研究。陆敏等(2003)在太湖北部采集沉积柱样TH - 1和TH - 2,长约40 cm,太湖底泥C/N分布于9~20之间,主要集中在10~15之内,这反映了太湖底泥中的有机质来源主要以陆生植物为主。作者通过对部分样品进行磷的分级提取,表明碎屑磷是最主要的组分,所占比例较高,其次为有机磷,其他形态的磷组分较低。在表层沉积物中(0~1 cm)有机磷的含量较高,往下逐步递减。

林琳、吴敬禄(2008)对太湖沉积岩芯元素含量垂直分布和富集因子进行分析,通过结合系统聚类和模糊聚类分析,研究了太湖梅梁湾沉积岩芯元素地球化学记录的湖泊环境演化过程。在72~55 cm阶段,大部分元素含量较高,而在55 cm之上开始逐步下降,直至30 cm处,元素含量又开始逐步上升,在12 cm处之后元素间具有明显的差异,主要表现为重金属和营养元素含量快速上升,然而Al、Fe和Co含量则变化不明显,基本保持稳定。因此作者根据系统聚类分析和模糊聚类分析,将梅梁湾沉积物中的元素含量变化记录的环境过程划分为以下 5 个阶段:0～6 cm 为营养元素和重金属含量较高的阶段,此时为人类活动强烈干扰的阶段;25～50 cm 和 55～72 cm 层段 Pb 和 Zn 的含量较低,而 Sr 含量逐步增加,这表明受人类活动影响较小,该阶段主要是自然过程的表现,反映了流域物源的影响,而两层段元素记录的差异反映了不同自然作用驱动下的湖泊环境变化;6～25 cm 和 50～55 cm 层段则是不同环境特征的过渡阶段。

秦延文等(2012)于 2011 年 8—9 月在太湖流域用抓斗式重力采泥器采集表层沉积物样品,采用 BCR 形态分析法分析了表层沉积样品的重金属形态。研究结果显示太湖表层沉积物的粒度较细,组成成分主要为粉砂,其粉砂含量平均值高达 72.25%;其次是黏土,平均含量占 16.99%。此外,作者研究发现太湖表层沉积物中 Fe 的含量在 21 149.66～37 174.17 mg/kg 范围内,平均含量为 28 283.90 mg/kg;Al 的含量在 60 841.91～85 857.64 mg/kg 之间,平均含量为 75 145.72 mg/kg;Mn 含量在 383.14～1 075.37 mg/kg 范围内,平均含量为 680.43 mg/kg。Fe、Al、Mn 3 种金属在太湖湖区的分布特征比较相近,其中以竺山湾、梅梁湾和沿岸湖区的这三者的含量较高,主要是贡湖的 Fe 含量较高,Al 和 Mn 的含量较低;东太湖和胥湖三者的含量均较低。

秦延文等(2012)通过以太湖沉积物质量背景值作为评价重金属污染的主要依据,将太湖表层沉积物 4 种重金属含量与太湖沉积物中重金属背景值进行了对比,发现太湖表层沉积物中 Pb、Cd 的含量均超过了太湖沉积物的背景值,尤其是 Cd 的含量最高,平均值超过太湖沉积物背景值的 3 倍多,富集情况最为严重。而 Cu、Zn 的平均含量与 Pb、Cd 的含量相反,其含量小于背景值,富集情况较 Pb、Cd 的含量相对较轻。作者推测表层沉积物中 Cd 的含量之所以非常高主要是受流域内废水的排放所影响,近十多年来太湖流域内的工农业发展迅速,工厂排出的大量污水中包含了较高的 Cd;而 Pb 的含量较高主要是受控于流域内工厂的污水排放和大气沉降。太湖湖区有着大量的渔船和航船,渔船航行所使用的汽油或者柴油产生了大量的废气,此外太湖流域沿岸的汽车等所产生的铅废气沉降在水面,而且 Pb 的比重较大,很快沉降在沉积物上,导致沉积物中的 Pb 的含量较高。因此这些重金属的污染都是由人类活动引起。作者利用潜在生态危害指数法评价太湖沉积物中重金属的生态危害,发现元素 Cd 为太湖表层沉积物中最主要的污染元素,存在较强的生态危害。其次的污染元素主要是 Pb,Cu 和 Zn,危害较小,4 种重金属潜在生态危害由大到小排序为:Cd>Pb>Cu>Zn。

刘恩峰等(2004b)为探讨太湖表层沉积物中重金属的来源,根据太湖 MS 岩芯重金属元素与 Al 的线性回归分析及元素/Al、V/Al 比率散点图变化规律,讨论了太湖沉积物中重金属元素的来源特征。其中粒度分析结果显示 MS 岩芯主要以细粉砂和黏土为主,沉积物中粒度的变化曲线大致可分为 3 个阶段(图 5 - 3),0~25 cm,47~50 cm 沉积物的粒度较细,25~47 cm 粒度较粗。其他元素含量(Al 和 Fe)与粒度变化趋势相近,其中 Cu 的含量变化不大,表层沉积物中 Zn、Pb、Hg、As 含量与 Al 和 Fe 相比显著增加。

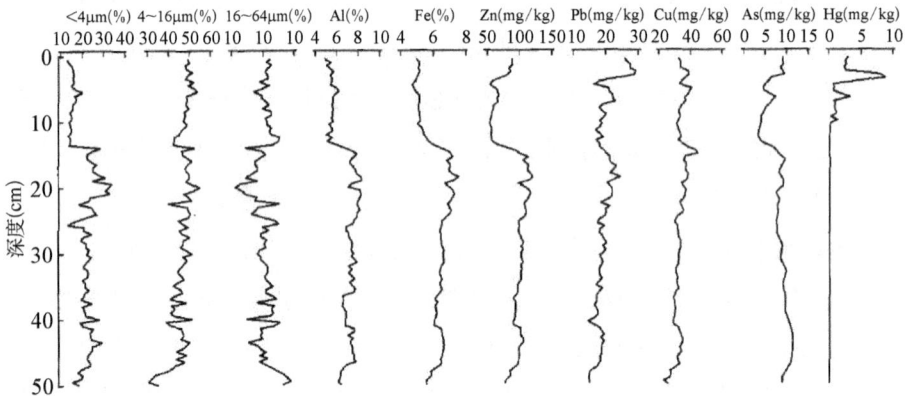

图 5 - 3 MS 岩芯粒度及主要重金属元素变化曲线(引自刘恩峰等,2004b)

太湖沉积物中的 Al、Fe 等元素变化规律可划分为四段,Cu 的含量变化不大,表层沉积物中的 Zn、Pb、Hg、As 的含量相对较高。在 20 世纪 20 年代中期以前,沉积物中元素含量具有明显一致性变化趋势,其中 Al 和 V 与目标元素之间具明显的线性关系,重金属元素主要为自然来源;从 20 年代中期到 70 年代中期,尽管沉积物中 Al、Fe、Zn、Mn、V、Cr 等重金属元素含量随沉积物粒度变粗而明显下降,但除 Hg 受到一定程度的人为污染之外,其他重金属元素仍以自然来源为主,物源有所变化;70 年代末期以来,沉积物中重金属元素人为污染逐渐加重,Pb、Cu、Zn、Hg、As 等元素既有流域母质来源,又受到一定程度的人为污染。作者通过对太湖表层沉积物中的重金属元素来源变化进行研究,发现该研究区的重金属来源变化和污染历史与流域内的人类活动强度和工业发展历史较吻合。

姚书春等(2005)于 2003 年 6 月用重力采样器在太湖水质相对较好的东南部、水深 1.48 m 处采集了沉积物柱样钻孔 THS,岩芯长 50 cm。测定了岩芯的总有机碳、总氮、总磷、粒度和金属元素,并探讨了其垂向分布特征与意义。太湖 THS 孔沉积物中总有机碳含量在 0.38%～1.12%之间,平均值为 0.83%(图 5-4)。沉积物中总氮含量在 0.055%～0.137%之间,平均值为 0.076%。总磷含量在 0.036%～0.075%之间,平均值为 0.053%。剖面中总有机碳和总氮的含量变化较为相似,但在表层 20 cm 内二者的含量变化存在一定的差异。主要表现为随着深度的变浅,总有机碳含量先减小,再增大,而总氮只有一个在表层 3～4 cm 内向上快速增加的过程。剖面中总磷与总有机碳和总氮剖面变化差异较大。通过将这三者的含量与粒度做相关性分析,发现总氮与黏土含量无明显相关性,而总磷与细颗粒沉积物有正的相关性,因此作者推测总磷向表层的减少有可能是沉积物的粒度变粗所引起的。从整个剖面看,底部 50 cm 到

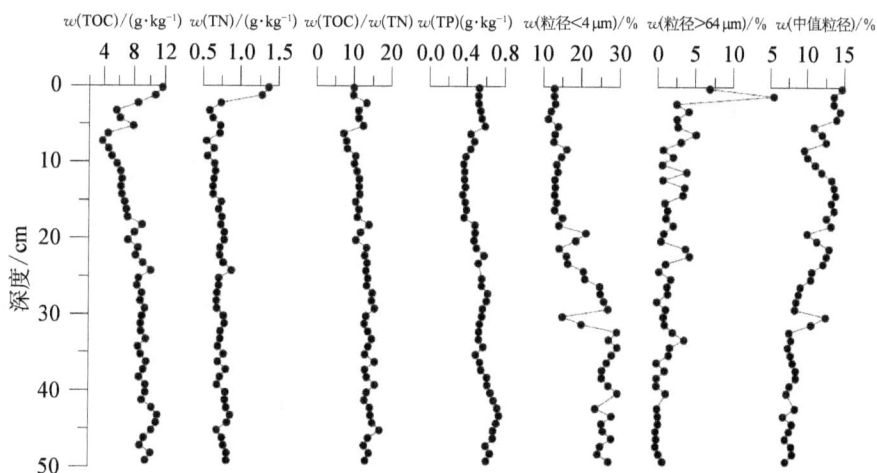

图 5-4　太湖钻孔中 C、N、P 和粒度组成的垂向变化(引自姚书春等,2005)

约 10 cm 处,总有机碳与中值粒径呈反向趋势,颗粒变粗,总有机碳含量下降;10 cm 以上,颗粒变粗,总有机碳含量上升。一般来说,有机质更易于赋存在细颗粒物质中,表层 10 cm 以上颗粒变粗但总有机碳含量却上升,作者猜测在这段时间内,总有机碳含量的上升不是黏土所致,有可能是湖泊水体生产力增加造成的进入水体的有机质不断增加的缘故,另外表层有机质保存条件的差异也是一个可能因素。

太湖 THS 沉积岩芯约 20 cm 以下 C/N 比较稳定,说明有机质来源比较稳定。岩芯 20 cm 内随着深度的变浅,C/N 逐渐降低。根据 0.34 cm/yr 的沉积速率推算,20 cm 的岩芯代表了 20 世纪 40 年代中期以来的沉积,这表明沉积物中来源于水生生物的比例在这个阶段开始逐步增加。

太湖 THS 沉积岩芯,自底部至 15 cm,随着深度的变浅,除了 Ti 以外,其他元素的含量逐步下降,而在 15 cm 至表层部位,其含量又呈上升趋势(图 5-5)。沉积物粒度组成是影响金属含量的一个重要因素。作者通过利用相关分析发现,Zn、Co、Cu、Mn、Ni、V、Fe、Al 与黏土($<4~\mu m$)含量存在显著的正相关。元素地球化学性质对各元素在沉积物中的富集也具有重要影响。亲硫元素 Cu、Zn 间表现了非常好的正相关($R=0.95$),但亲硫元素铅与 Cu、Zn 之间相关性很差,相关性分别为 0.17、0.14。除了 Ti 和 Pb,Mn 与其他元素相关性都很高,Fe 也是如此。这可能是因为铁锰氧化物对微量元素存在吸附作用,铁锰界面循环在不同程度上会影响微量金属元素的迁移。Mn/Fe 越高,则指示环境氧化性越强,反之则环境还原性越强。THS 孔中表层 10 cm 内随着深度的变浅 Mn 有增加趋势,而 Mn/Fe 类似的趋势则更加明显,反映了 THS 孔表层相对氧化的环境更加明显。THS 孔沉积物中 Zn、Co、Cu、Ni、V 在表层 7 cm 内向上递增,但它们的垂向变化受到黏土含量以及铁锰氧化物的控制,是否受到人类活动造成的污染的影响还有待于进一步深入的研究。而 Pb 元素在深度 7 cm 以上就快速上升,与 Cu、Zn 之间相关性低,且不受黏土含量及铁锰氧化物的控制,说明 Pb 受到了人类活动来源污染的影响。

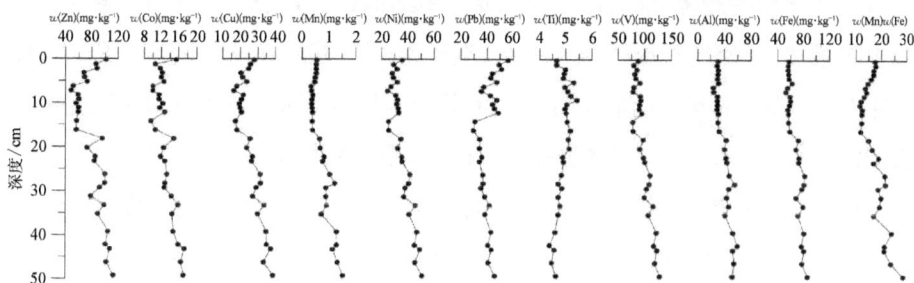

图 5－5　太湖钻孔中金属元素含量的垂向变化（引自姚书春等，2005）

东太湖作为苏州重要的水源地，也是上海、嘉兴等下游地区水源。为探讨东太湖地区重金属污染情况，姚书春、薛滨（2012）于 2009 年在东太湖运用重力采样器采集了短钻孔——东荬咀（DJZ）孔和大缺港（DQG）钻孔，并测定了沉积物样品的 Fe、Ti、Al、Cr、Cu、Pb、Zn、Ni 等元素的含量变化。东太湖 DQG 钻孔重金属随着深度的减少呈现先减少再增加的趋势，发生转折的深度在 9 cm（图 5－6）。0～9 cm，Cu、Pb、Zn、Cr、Ni 的均值是 22.34 mg/kg、50.83 mg/kg、98.35 mg/kg、66.19 mg/kg、26.74 mg/kg；9～33 cm，Cu、Pb、Zn、Cr、Ni 的均值是 13.18 mg/kg、26.25 mg/kg、46.33 mg/kg、58.95 mg/kg、20.45 mg/kg。增加幅度最大的是 Zn，增加了 52.02 mg/kg，最小的是 Ni，增加了 6.29 mg/kg；增加倍数最小的是 Cr（0.12 倍），其次是 Ni（0.30 倍）、Cu（0.69 倍）、Pb（0.94 倍）、Zn（1.12 倍）。可见 Cu、Pb、Zn 在 0～9 cm 深度显著高于 9～33 cm 深度沉积物相应元素的含量。东太湖 DJZ 钻孔重金属含量显示出随着深度的减少先减

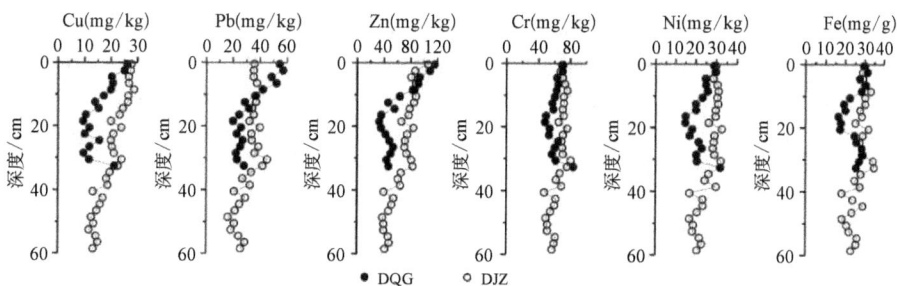

图 5－6　东荬咀（DJZ）、大缺港（DQG）钻孔沉积物重金属垂直变化（引自姚书春、薛滨，2012）

少再快速增加的趋势,继而保持平稳或者增加的趋势,底部至 50 cm,各元素先减少再增加,但幅度较小;50～30 cm,各元素增长明显;30～0 cm,Pb、Cr、Ni 保持相对稳定,Cu、Zn 含量增长明显。除了 Pb 以外,DJZ 钻孔和 DQG 钻孔的最表层沉积物 Cu、Zn、Cr、Ni 含量接近。Fe 剖面的变化与 Zn 类似。

  湖泊沉积物物质来源发生改变通常会使得其组分的含量也产生变化。为消除物源的影响,区别自然和人类来源的物质,一个通常的识别方法是采用参考元素,如 Ti、Al 和 Fe 等。作者经过对比发现,相对于 Al,使用 Fe 元素作为粒度的代用指标可以较好地对重金属进行标准化,可以消除粒度的影响。东太湖 DQG 钻孔沉积物深度 20 cm 以下利用定年方法可推出是 20 世纪 50 年代之前的沉积物,可以认为是未受人为污染或者受人类污染较少的部位,可以作为相对背景值。而在东太湖 DJZ 钻孔,其钻孔年代较近,同样选择东太湖 DQG 钻孔 20 cm 以下深度沉积物元素含量作为东太湖 DJZ 钻孔计算富集系数时的背景值。作者发现东太湖 DQG 和 DJZ 钻孔的 Cr,Ni 富集系数在 1 左右,人为污染带来的 Cr,Ni 不明显。东太湖 DQG 钻孔的 Pb、Cu、Zn 富集系数在 20～0 cm 之间总体呈现增加的趋势(图 5-7),东太湖 DJZ 钻孔的 Cu、Zn 富集系数在 42～0 cm 之间总体呈现增加的趋势,DJZ 钻孔的 Pb 富集系数在底部 42 cm 接近 1,在 42～0 cm 保持相对稳定,平均为 1.32。值得注意的是,20～0 cm,东太湖 DQG 钻孔 Pb 富集系数高于 DJZ 钻孔的 Pb 富集系数,尤其是在 10～0 cm 阶段。

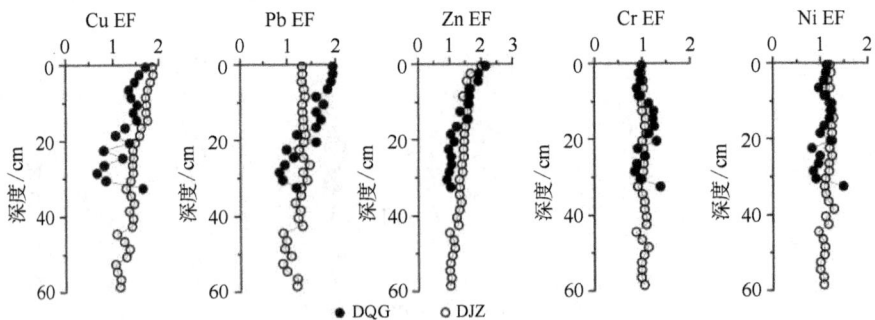

图 5-7　东菱咀(DJZ)、大缺港(DQG)钻孔沉积物
重金属富集系数的垂向变化(引自姚书春、薛滨,2012)

　　东太湖 DQG 钻孔揭示最近几十年来的重金属铅、铜、锌的不断富集，尤其是在 20 世纪 70 年代以来。自 20 世纪 70 年代以来我国汽车数量开始大幅增加，加铅汽油的使用使得排放到大气中的铅开始快速增加。另外煤的使用也呈现不断增加的态势。工业快速发展，使得释放到环境中的铅不断增加，这与东太湖 DQG 钻孔的人为污染铅的通量研究结果具有较好的一致性。除东太湖外，Rose 等（2004）利用元素 Zr 作为参考元素对太湖北部沉积物进行研究，表明人类活动引起元素铅、铜、锌、镉开始累积的时间处于 20 世纪 70 年代。刘建军、吴敬禄（2006）在太湖大浦湖区发现 Cu、Pb 在 20 世纪 50 年代末开始增加，70 年代明显富集。刘恩峰等人（2004a）在西太湖北部马迹山附近岩芯发现，20 世纪 50 年代至 70 年代末期，太湖流域受周围人类活动的影响，沉积物中 TP 含量逐步增加，湖泊处于中等营养水平。在 70 年代末期之后，沉积物中 Cu、Mn、Ni、Pb 和 Zn 等重金属元素开始受到人为污染，具有一定的潜在生物毒性，70 年代末期以前 Pb、Zn 主要为自然沉积，70 年代末期以来 Pb、Zn 含量逐渐增加（图 5 - 8）。

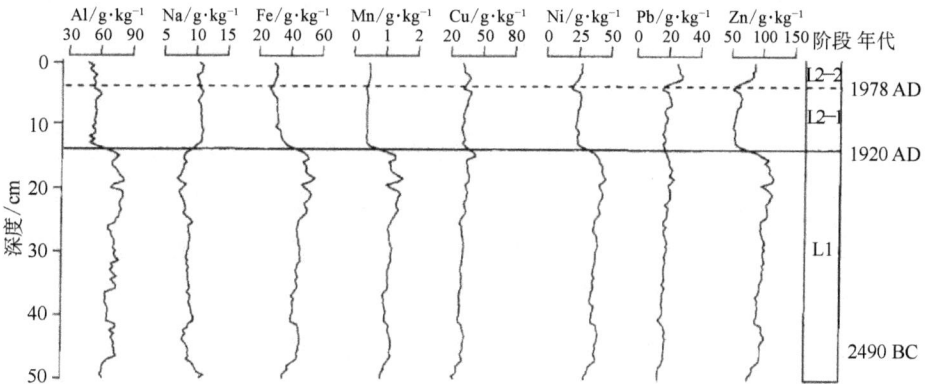

图 5 - 8　沉积岩芯重金属元素总量变化（引自刘恩峰等，2004a）

　　朱广伟等人（2005）在梅梁湾的研究揭示 1978 年至 2000 年，重金属元素包括 Cu、Pb、Zn、Cd 等都呈现逐渐增加的趋势。Cu、Zn 元素及其通量的增加，可能主要与太湖流域工业排放如电镀工业排放有关。20 世纪 90 年代以来，东太湖沉积物中的来源于人为污染的 Cu、Pb、Zn 的通量不断增加，与研究区内的污染工业类型和经济发展相吻合。在中期 DJZ 钻孔揭示的人为来源重金属通量的减少,可能与 1996 年流域内工业结构的调整有关。1996 年后流域内重污染工业压缩规模,一批小化工企业被强制关停,工业废水排放量减少,沉积物中重金属累积量减少。另外,1996 年也是我国用煤量减少的时段,同样会导致入湖重金属减少。在东太湖 DQG 钻孔没有显示出这一变化可能是因为样品分析间隔较大所致。

综上可见,太湖流域内沉积物中的重金属含量在 50 年代开始逐步增加,自 70 年代受人类活动影响,重金属含量显著增加。至 90 年代后,受工业结构调整,工业废水入湖减少,沉积物中中间数累积量也有一定的减少。

(2) 同位素地球化学

湖泊沉积物有机质碳、氮同位素记录在湖泊环境演化及富营养化过程示踪方面的应用日益深入。吴敬禄等(2005)以太湖为研究对象,利用湖泊沉积物有机碳、氮同位素记录,并结合总氮、总磷等指标,研究了太湖的环境演化过程。作者于 2001 年 6 月利用日产柱状采样器分别在太湖大浦、小梅口、东太湖和梅梁湖等点位采集 2 根沉积柱状样。在室内将样品按 2 cm 间距分层,然后对沉积物进行 TN、TP、δ^{13}C、δ^{15}N 等指标分析(图 5 - 9)。结果显示太湖近表层 24 cm沉积物有机质 δ^{13}C 值变化范围在 $-24.5‰\sim-19.3‰$ 之间,其中东太湖沉积物有机质 δ^{13}C 值较其他湖区高,其变化范围在 $-21.0‰\sim-19.3‰$ 之间,而其他湖区则分布在 $-24.5‰\sim-22.1‰$。作者研究发现在太湖各湖区表层 24 cm 处的沉积物 δ^{13}C 的波动幅度较一致,在 2‰ 左右,除东太湖外的 3 个湖区沉积物 δ^{13}C 值随深度呈显著相关($R=0.9$)。大约 24~12 cm,各湖区沉积物有机质 δ^{13}C 值变化一致,且变幅小($R=0.7$)。从剖面 12 cm 处开始,沉积物有机质 δ^{13}C 值呈逐步升高趋势,到表层 2 cm 处达到最大值。表层 2 cm,除东太湖湖区外,其他各处沉积物有机质 δ^{13}C 值突然下降,变幅达 2‰,反映了湖泊环境的明显变化。

太湖近表层 24 cm 沉积物有机质 δ^{15}N 值变化范围在 $4.5‰\sim15.2‰$ 之间,其中以西南湖心小梅口变化幅度为最大,变化范围在 $4.5‰\sim15.2‰$ 之间,而其他湖区的 δ^{15}N 在 $4.5‰\sim9.2‰$ 之间波动。沉积物有机质 δ^{15}N 值变化趋势与

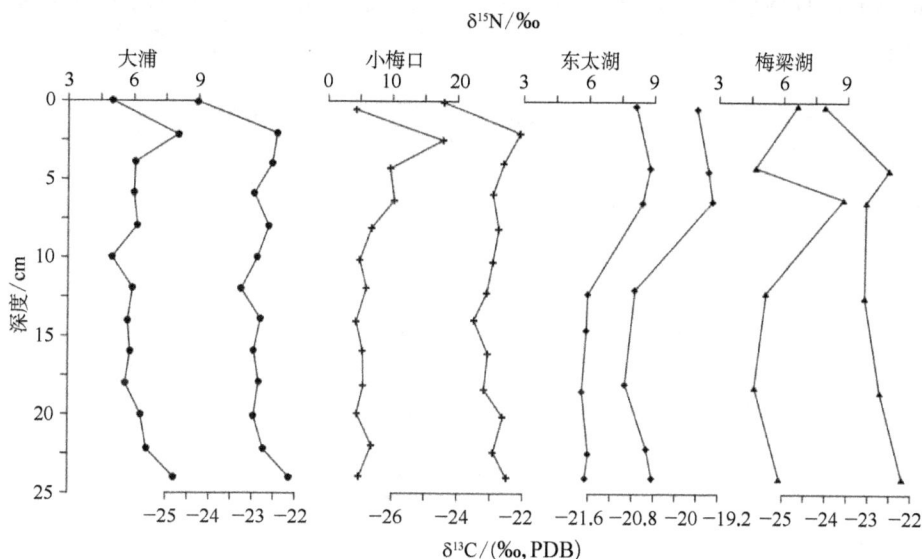

图 5 - 9　太湖主要湖区沉积物碳氮同位素值垂直分布(引自吴敬禄等,2005)

有机质 $\delta^{13}C$ 值总体变化较为一致,除梅梁湾外其他湖区沉积物碳和氮同位素值显著相关($R=0.5$)。作者通过对太湖不同湖区沉积物的有机质 $\delta^{13}C$、$\delta^{15}N$ 进行分析,发现草型湖区沉积物有机质 $\delta^{13}C$、$\delta^{15}N$ 总体较藻型湖区高。由此可推断出,湖泊从贫-中营养水体向中-富营养演化过程中,沉积物有机质 $\delta^{13}C$、$\delta^{15}N$ 表现为逐渐上升的趋势,沉积物 TP,TN 则因受多种因素影响在各湖区表现出差异。湖泊演化到富营养阶段,沉积物有机质 $\delta^{13}C$、$\delta^{15}N$ 表现为明显的偏负。

　徐龙生和吴敬禄(2013)于 2004 年 3 月,用重力采样器在太湖大浦湖区采集沉积柱样。对钻孔沉积物的有机质碳、氮同位素($\delta^{13}C$、$\delta^{15}N$),总有机碳(TOC),总氮(TN),总磷(TP)等指标进行分析。结果显示湖泊沉积物 $\delta^{13}C$ 值在 16～9 cm 处较高,变化范围在 -23.10‰～-22.33‰之间;在 9～3 cm 之间,$\delta^{13}C$ 值迅速下降,达到 -25.03‰;在 3 cm 至顶部层位,$\delta^{13}C$ 值逐步下降。而沉积物 $\delta^{15}N$ 值在 7 cm 以下变化范围较大;在 7～4 cm 处,$\delta^{15}N$ 值开始迅速增大至 7.84‰;在 4 cm 至顶部则基本保持不变。$\delta^{13}C$ 在 9 cm 以上的持续下降表明湖区开始由草型湖向藻型湖发展的一个趋势,同时反映了湖区初级生产力的提高(图 5 - 10)。相应地,在 9～3 cm 之间,湖泊沉积物有机质 $\delta^{13}C$ 快速下降,而

δ^{15}N升高且具有很好的反相关性($R=-0.81$),表明湖泊水体环境出现明显的变化。

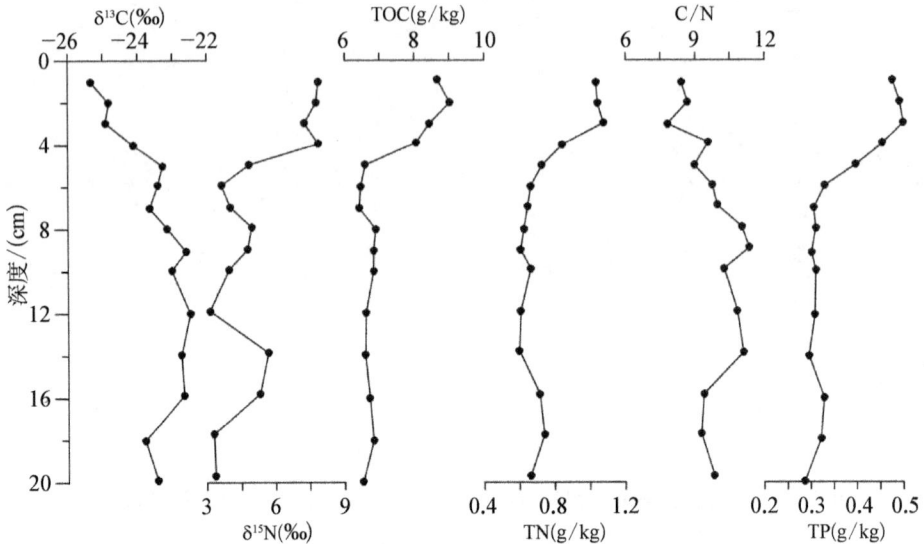

图5-10 太湖大浦湖区沉积物有机碳氮同位素以及 TOC、TN、C/N 及 TP 随深度的变化(引自徐龙生、吴敬禄,2013)

目前,大浦湖区水质较差,水生植物较少,以藻型湖泊特征为主;而东太湖目前水质良好,是典型的草型湖区。从图中可以明显发现,在 10 cm 以下,两个湖区的碳氮同位素变化相对比较稳定,并且二者的同位素比值相差不大。到8 cm 开始出现明显差异:8 cm 到近表层 3~4 cm,大浦湖区δ^{13}C快速降低,δ^{15}N快速上升,在 3~4 cm 至表层段,大浦湖区 δ^{13}C 有所下降,δ^{15}N 相对稳定;东太湖整体 δ^{13}C 一直处于高值,在 8~4 cm 处缓慢升高,δ^{15}N 上升相对较快,4 cm至表层 δ^{13}C 变化很小,δ^{15}N 有所下降同时保持高值,体现了草型湖泊的环境特征(图 5-11)。作者发现两湖区沉积物有机质 δ^{13}C 和 δ^{15}N 曲线都存在 20 世纪50 年代和 90 年代的转折点,反映不同湖区环境变化的一致性,可以较好地示踪富营养化过程。大浦湖区沉积物有机质 δ^{13}C 和 δ^{15}N 呈明显负相关,东太湖则呈明显正相关,这表明两种不同类型湖泊的同位素对环境变化的响应存在一定的差异。受不同湖泊生态系统类型影响,草型湖泊与藻型湖泊环境演化的同位素响应模式存在明显差异。

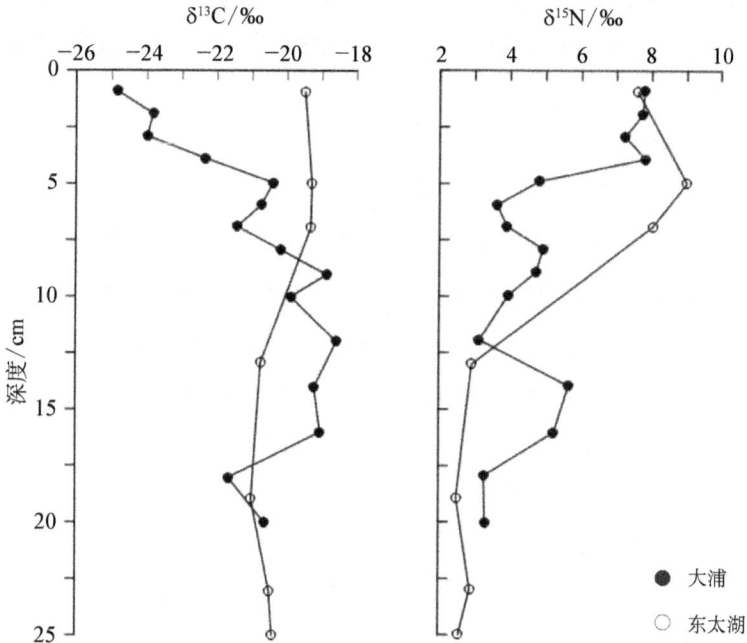

图 5-11 大浦、东太湖碳氮同位素随深度变化(引自徐龙生、吴敬禄,2013)

(3)有机地球化学

多环芳烃(PAHs)是具有毒性、生物蓄积性和半挥发性的一类环境有机化学污染物,沉积物是 PAHs 的主要环境归宿之一。刘国卿等(2006)于 2002 年 5 月分别于太湖胥口湾和梅梁湾用非扰动沉积物采样器钻取了水底沉积物,在野外现场以 0.5 cm 间隔分样,样品-20℃冷冻保存至分析。以 ^{210}Pb 测年建立相应时间标尺,分析了太湖 PAHs 的分布特征。梅梁湾沉积物 PAHs 污染年代早并重于胥口湾,但两地 PAHs 污染类型基本相似。在剖面深度 0~28 cm 范围内,梅梁湾和胥口湾多环芳烃的沉积通量范围分别为 40~320 ng/cm^2 · yr^{-1} 和 13~150 ng/cm^2 · yr^{-1}。自 20 世纪 40 年代起,梅梁湾沉积物中的 PAHs 通量呈不断上升之势,近 25 年来增加更为迅速,作者推测可能源于太湖北部湖区乡镇工业的快速发展;而胥口湾的 PAHs 污染在 1990 年之后才开始加重,并呈急剧增加之势态。太湖沉积物中的多环芳烃主要为热(燃烧)成因来源,沉积物中高环 PAHs 的比例呈递增趋势，流域内能源消耗和机动车尾气排放的增加是其主导因素。多环芳烃的沉积记录很好地反映了周边地区社会经济的发展变化，反映了人类活动与水环境污染状况之间的关系，揭示经济发展过程中环境保护的相对滞后。

（4）环境演化

1995 年 11 月，薛滨等（1998）在西太湖马迹山东南采集了两个柱状样品 WT1 与 WT2，样品于野外现场按 2 cm 分样，对沉积物进行了有机碳、氮，有机碳同位素，氢指数，色素与微体古生物介形虫、有孔虫分析。利用低本底液体闪烁计数仪获得 WT1 孔 ^{14}C 年代，发现该孔记录了太湖距今 14 000 年的演化信息。根据各种指标的分析结果，可以将西太湖晚冰期至全新世的环境演化过程划分为 8 个阶段（图 5 - 12）。14 300—13 000 a BP（396～325 cm），在此阶段 HI、TOC 和 TN 等指标值较低，而高的 C/N 比值可能更多地指示了陆源物质来源较多，HI 出现了两次零值，同时色素的含量也较低，这可能表明此时水位较低，沉积物出露水面。13 000—11 030 a BP（325～240 cm），此阶段沉积物中有机碳、氮含量开始逐步升高，反映了湖泊的保存条件逐渐改善，同时碳氮比也有一定的下降，表明此时在湖泊沉积有机质中内源的比例较大，同时 HI 和色素值也相应较高，这都表明此时西太湖在这一时期开始形成，流域内降水增多，$\delta^{13}C_{org}$ 值仍然偏高，作者认为总体表明此时期气候温凉湿润。11 030—10 200 a BP（240～210 cm），此阶段气候偏冷，$\delta^{13}C_{org}$ 值最低，HI 继续上升，同时 TOC 值也波动上升，这说明湖泊相对较深，但偏咸的沟眼花介属在 240～230 cm 出现较多，加上色素含量在本段也有下降，说明气候冷偏湿但较前略有干燥。10 200—9 500 a BP（210～175 cm），此时剖面中的 TOC 含量最高，但是色素含量较低，$\delta^{13}C_{org}$ 值在下部较低，上部较高，这一时期可能为全新世初期的温偏干的时期。9 500—7 200 a BP（175～100 cm），在这个时期 $\delta^{13}C_{org}$ 值变化幅度较大，并且 TOC 值逐步降低，HI 较前期略有增加，所有指标表明这是偏暖湿的过渡阶段，内部波动剧烈，其中尤以 125～115 cm 冷干波动最为突出。7 200—5 700 a BP（100～50 cm），这个阶段色素含量较高，并且 TOC、TN 和 HI 值较高，$\delta^{13}C_{org}$ 值略有下降，表明该时期为一个暖湿期。5 700—4 900 a BP（50～30 cm），在剖面

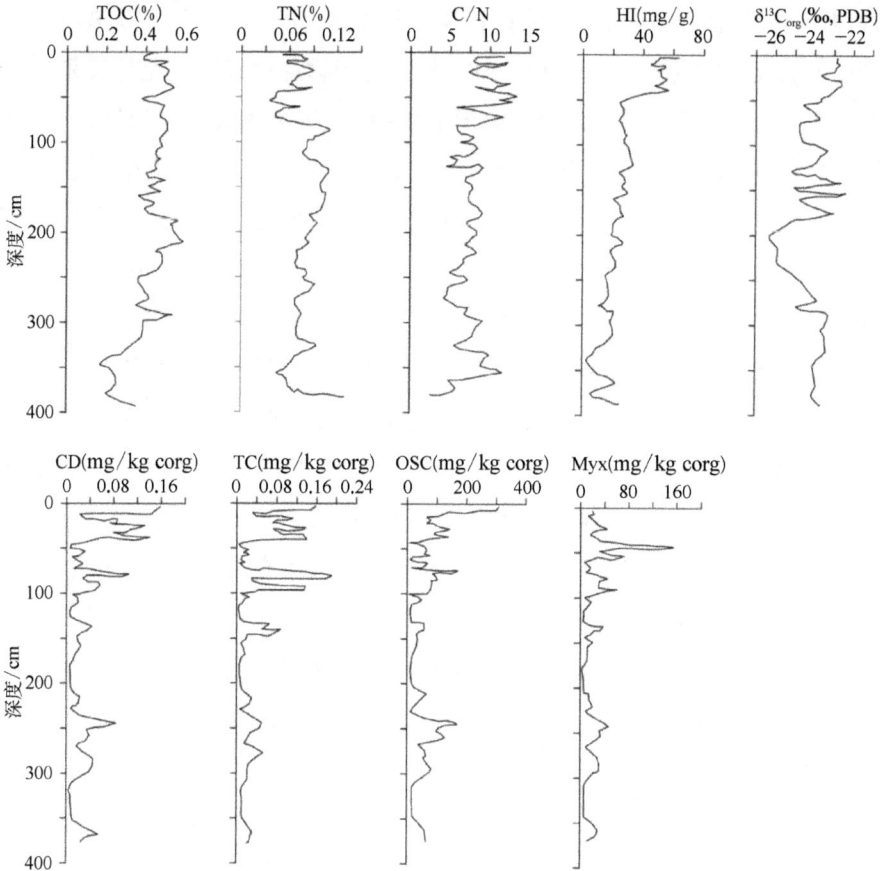

图 5-12 WT1 孔的地球化学指标分析（引自薛滨等，1998）

40 cm 处 HI、TN、各项色素含量等指标发生突变，这个阶段应该存在沉积间断。4 900 a BP 至今（30～0 cm），太湖长达 5 000 年的历史仅有 30 cm 沉积。可能缺失部分时段的沉积与 4 000—3 000 a BP 东、西太湖的连通及太湖统一水体的形成密切相关。湖泊水深明显减少，湖底沉积物受波浪扰动加剧，在西太湖所进行的短柱岩芯[210]Pb 的研究也证实了这一点，总体来讲，HI 为全剖面明显的峰值，而且 δ^{13}C 值也接近整个柱子的峰值，暗示藻类生长茂盛，湖泊富营养化程度严重。同样，色素含量也为剖面的峰值段，所有指标均记录了距今 4 900 a BP 以来太湖环境的一个混合信息。

吴永红、郑祥民、周立旻（2015）于 2010 年 12 月在太湖采集湖泊沉积柱样，通过对太湖北部钻孔沉积物地球化学元素的测试分析,反演了太湖地区近8 000年来沉积环境演变。从TH-004钻孔沉积物各项指标变化特征来看,太湖在8—7 ka BP处于一个相对温暖湿润阶段,其间有两次快速的气候变冷事件约在7.6 ka BP、7.4 ka BP。6.6 ka BP之后,太湖沉积环境进入快速变冷并频繁波动阶段,其中在5.1 ka BP、5.4 ka BP、5.8 ka BP左右有3次明显的寒冷事件。4.5 ka BP之后持续到约3.5 ka BP,气候开始暂时回暖,但是其间有一个明显的寒冷事件——"4 000 a BP事件"。在3.5 ka BP开始,太湖的沉积环境再次开始转冷,其间存在一些较小的气候波动。从2.6 ka BP开始,太湖的沉积环境开始转暖,尤其是在2.1 ka BP左右,气候最为温暖,最盛期在2.1—1.5 ka BP,大约在2.0 ka BP、1.8 ka BP左右达到了最高点,但是在1.9 ka BP有明显的突变寒冷事件。1.5 ka BP之后,气候再一次趋冷,两次明显的降温事件在1.4 ka BP、1.0 ka BP左右。总体来讲,太湖近8 000年的沉积环境演化大致可分为4个阶段,8.0—6.6 ka BP是气候温暖湿润阶段;6.6—2.6 ka BP是气候频繁波动偏冷的阶段;2.6—1.5 ka BP是气候回暖阶段;1.5 ka BP至今,气候再次趋于快速变冷。同时作者通过对该钻孔的沉积物磁化率、粒度、色度等指标进行分析,同样发现太湖地区8—7 ka BP处于一个相对温暖湿润阶段,而在7 ka BP之后太湖环境开始趋于冷干,直至2.6 ka BP左右气候开始转为暖湿。

刘建军、吴敬禄(2006)通过对太湖TJ-2钻孔的[137]Cs、粒度、总有机碳(TOC)、总氮(TN)、总磷(TP)及化学元素等多指标综合分析,探讨了太湖大浦湖区近百年来的环境演变特征。研究结果表明,在1980年前,粒度变化与其他指标变化具有较好的一致性,而沉积物中大部分金属元素如Al、Mn、Cu、Cr、Ni、Zn与黏土含量具有显著的正相关性,说明粒度是控制TOC、TN和主要金属元素变化的主要因素。这表明此时太湖主要处于自然演化阶段,受人类活动干扰较小,湖区的自然生产力不高,水环境较好(图5-13)。在1900—1950年,沉积物中TOC、TN和TP含量开始迅速增加,Zn、Pb、Cu等重金属含量也逐步上升,与粒度变化存在偏差,反映了此阶段内湖泊初级生产力开始迅速上升,受人类活动的影响,工农业废水入湖,流域内汽车尾气和烟尘的排放导致湖区内的营养元素和重金属元素含量迅速上升,人为活动对湖泊系统严重干扰,湖区迅速达到富营养化。在沉积物中表现为 Fe/Mn 下降,有机碳、总氮、总磷与重金属元素急剧上升,且重金属元素变化明显不同于沉积物粒度及 Al 元素变化曲线。在 90 年代以后,C/N 比值较低,黏土含量增加,营养元素和重金属元素含量变化趋势不明显,表明此阶段湖区一直持续着富营养化状态,富营养趋势渐缓。

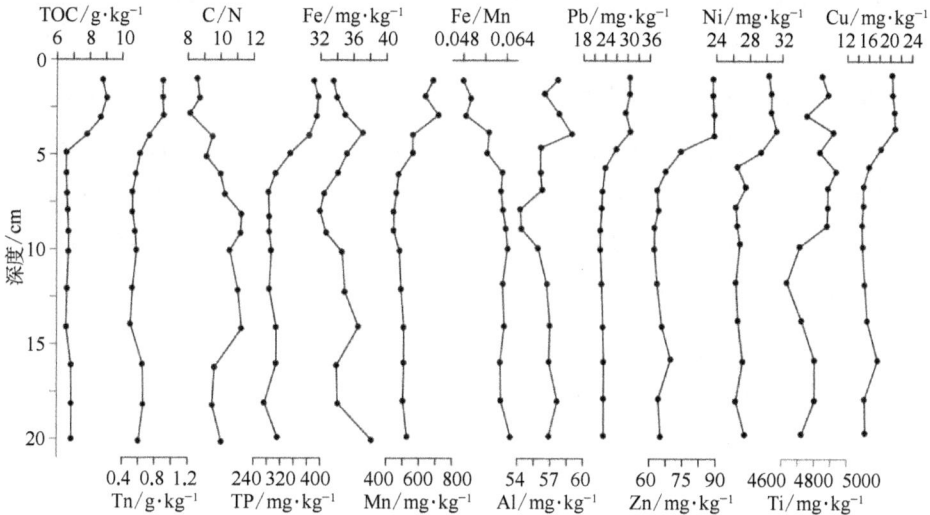

图 5-13　太湖 TJ-2 孔 TOC,TN,TP 和重金属元素的垂向变化(引自刘建军、吴敬禄,2006)

通过各个学者对太湖地区环境演化的研究,我们可以发现太湖在 14 300—13 000 a BP 期间气候偏干旱,此时西太湖并未形成,在 13 000—11 030 a BP 阶段,降水逐步增加,湖泊开始形成,此阶段气候偏凉,在 11 030—10 200 a BP 期间太湖水位相对较深,经历了一个显著的冷偏湿的阶段,10 200—9 500 a BP 阶段,太湖经历了偏暖湿的过渡阶段,其中存在一定的波动。太湖地区 8—7 ka BP 处于一个相对温暖湿润阶段,而在 7 ka BP 之后太湖环境开始趋于冷干,直至在 2.6 ka BP 左右气候开始转为暖湿。而太湖地区近百年的环境变化主要体现在 1950 年之前湖泊初级生产力较低,水质较好,而在 50 至 90 年代受工业化和城市化的发展影响,湖泊水环境开始恶化,营养水平逐步升高。

5.2 东氿、西氿

太湖水系是长江下游的主要支流,流域内水网密集,大小湖泊星罗棋布。太湖湖水主要依赖于地表径流和降水补给。太湖水系可划分为上游和下游,太湖以西为上游地区,太湖以东为下游地区。宜溧河流域位于太湖西部,是太湖主要补给河流之一,贯穿西氿、东氿和团氿,在大浦口注入太湖,流域面积达3 045 km²。其中东氿和西氿位于宜兴市,团氿位于二者之间,俗称宜兴三氿,这三者位于宜溧河流域入湖前的最后一片水域(图5-14)。东氿面积5.0 km²,西氿面积12.4 km²,两湖平均水深1.85 m。20世纪70年代以来随着区域内城市化进程加快,工农业迅速发展,大量的农业、工业和城镇生活污染物排放入湖,成为太湖的重要污染源。

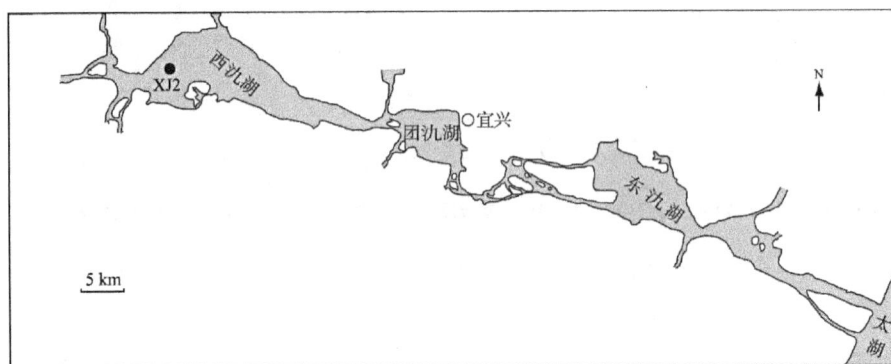

图5-14 东氿与西氿位置示意图

5.2.1 东氿、西氿沉积速率变化

吴艳宏等(2008)于2004年9月分别在东氿和西氿利用重力采样器钻取了长约56 cm的沉积岩芯,分别命名为DJ-5和XJ-1。同时为了获取研究区的沉积年代,在这两处地点又分别钻取了50 cm长的DJ-4和70 cm长的XJ-2两根岩芯,并对这两根岩芯沉积物进行放射性核素测定。作者通过对这两个钻孔进行年代分析,发现这两个钻孔的[137]Cs的比活度都非常低,无法利用[137]Cs时

标来对东氿和西氿的沉积物进行年代学分析。通过对 XJ－2 孔的沉积物进行^{210}Pb 分析,发现,XJ－2 孔^{210}Pb 和^{226}Ra 在 62 cm 达到平衡,^{210}Pb$_{exc}$在 20 cm 以下随深度呈指数衰减(图 5－15a,b),但是在 20 cm 以上没有表现出明显的规律性。作者利用恒定补给速率模式建立了西氿的沉积物的年代序列,并计算出了沉积物的质量累积变化速率。通过分析发现西氿在 1920 年以来,沉积物的质量累计速率开始逐步上升,表明流域内人类活动的强度开始加强,地表侵蚀速率上升。此外,作者推测自 1930 年和 1990 年以来的沉积物累计速率上升除

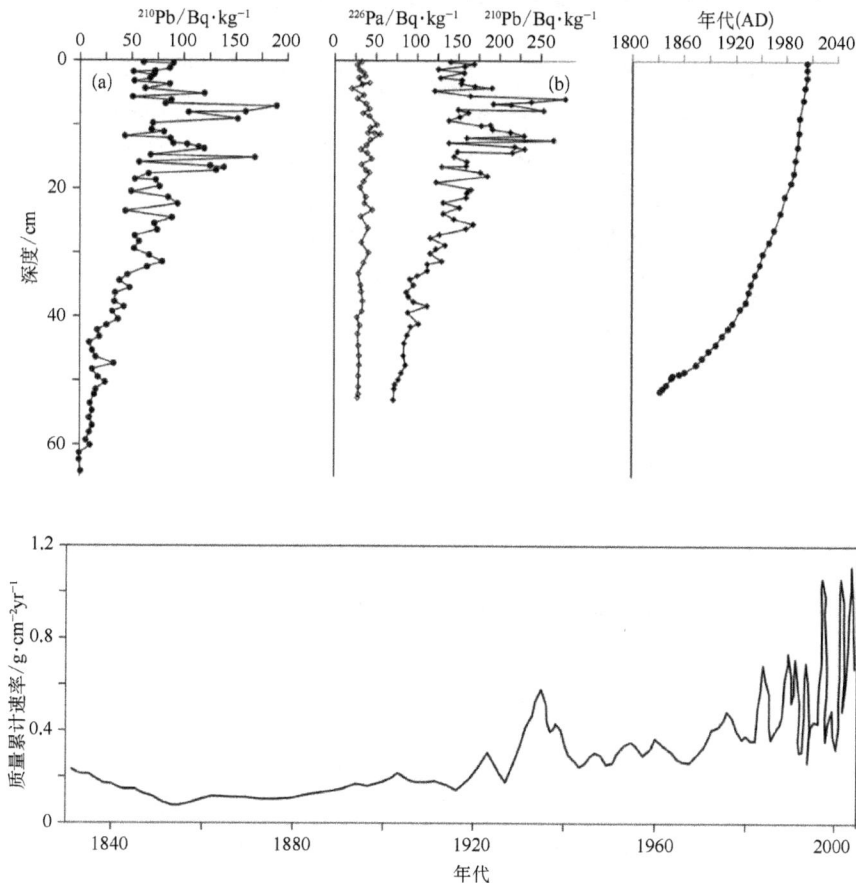

图 5－15　西氿沉积岩芯(XJ－2)^{210}Pb 浓度、^{226}Ra 浓度、年代及质量累积速率变化

(a)^{210}Pb 浓度;(b)空心菱形代表^{226}Ra,实心菱形代表^{210}Pb$_{total}$(引自吴艳宏等,2008)

受人类活动强度增强影响之外,也有可能受洪水影响。西氿近 20 年平均沉积速率超过 1 cm/yr($0.62 \text{ g/cm}^2 \cdot \text{yr}^{-1}$),沉积速率明显加快。表层沉积物中的 $^{210}Pb_{exc}$ 和 $^{210}Pb_{total}$ 呈现明显的下降趋势,可能与较高的质量累积速率有关,较丰富的碎屑物质稀释了 ^{210}Pb 的浓度。

与 XJ-2 孔不同,DJ-4 岩芯底部的 ^{210}Pb 和 ^{226}Ra 尚未达到平衡,没能获得非补偿的 ^{210}Pb 的累积量,因此无法用 CRS 模式获得东氿沉积物年代序列(图 5-16)。由于东氿与西氿与太湖相连,属于过水性湖泊,流域内的碎屑物输入量存在明显的年际变化,因此导致沉积物的年际变化也比较明显。

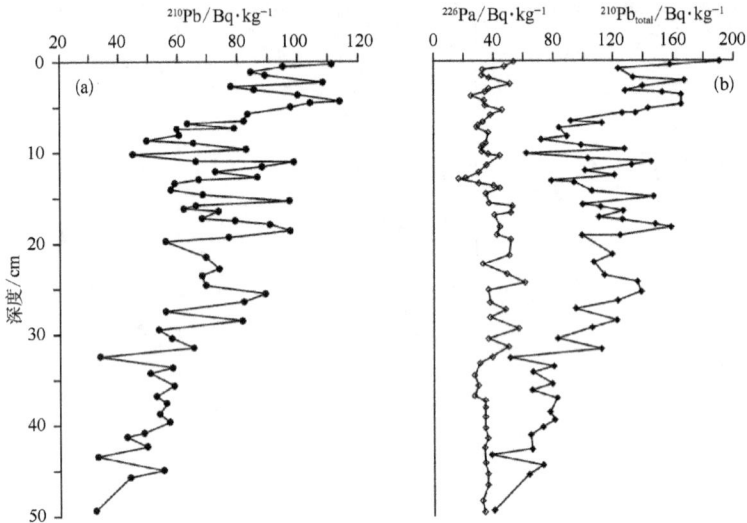

图 5-16　东氿沉积岩芯(DJ-4)^{210}Pb 和 ^{226}Ra 浓度变化

(a) ^{210}Pb 浓度;(b) 中空心菱形代表 ^{226}Ra,实心菱形代表 $^{210}Pb_{total}$(引自吴艳宏等,2008)

5.2.2　东氿、西氿沉积地球化学与环境演变

东氿、西氿和团氿并称宜兴三氿,其中宜溧河是太湖主要的入湖河流,这个地区汇集了整个宜溧河流域所输送的物质。宜溧河流域南部为宜溧山地,西部及西北部为茅山丘陵区,地势总体为南高北低、西高东低。自 20 世纪 70 年代以来,流域内的工农业经济迅速发展,城市化进程加快,流域内的有色金属冶炼、电镀工业、印染等高污染企业的存在使得流域内的污染负荷增加,严重污染了流域内的水质与土壤。太湖 70% 的污染物来自环太湖河道,这其中又以宜

溧河水系携带入湖的污染物量占多数,其中重金属污染指数普遍略高。

　　吴艳宏等(2008)在上述定年的基础之上,通过分析两个地区沉积岩芯中的金属元素含量,计算了东汊和西汊两湖近百年来 Hg 的累积通量、人类活动导致的增量和累积通量变化。作者研究发现东汊、西汊沉积物中 Hg 浓度在近百年来呈逐步上升趋势,但是在 90 年代后期沉积物中 Hg 的浓度开始有所下降。其中近百年来沉积物中 Hg 的浓度最高阶段处于 1970—1996 年。通过对 XJ‐2(70 cm)底部 5 cm 样品测试 Al 和 Hg 的浓度,计算两个岩芯中的 EF(富集系数)和 AF(人类活动系数),发现这两者的系数值与沉积物中 Hg 的浓度变化趋势相一致,其中 EF 在 1.6~8.3 间波动,AF 在 2.1~7.6 间波动,沉积物中 Hg 的浓度显著增加表明区域内人类活动增强。此时,流域内虽然工业尚未发展,但是邻近地区的煤和化石燃料的利用增加了流域内的 Hg 的大气沉降。而西方工业革命也引起了全球范围内大气中 Hg 的浓度增加,随着大气环流在世界各地沉降,这在一定程度上也影响了流域内沉积物中 Hg 的浓度的增加。作者研究发现近百年来,人类活动导致的 Hg 的浓度增加了 18.4~124.4 ng/g,累积通量增加了 3.2~77.2 ng·cm^{-2}·yr^{-1}。在 20 世纪初至 30 年代,太湖流域内人类活动的增加导致了流域内的水土流失增加,入湖物质不断增加,使得沉积物质量累计速率增加,Hg 的累积通量也逐步上升。其中以 1931 年太湖流域发生的大洪水事件最为明显,使得流域内 Hg 的累积通量大幅上升。20 世纪 30 年代后期至 40 年代初期 Hg 的浓度明显上升,沉积物中 EF、AF 和人类活动导致的 Hg 浓度增量与 Hg 浓度上升同步,这表明 Hg 浓度上升是由人类活动所导致的。在 1945 至 1950 年,由于中国当时国内环境复杂,太湖流域内的工、农业发展较缓慢,在沉积物中则表现为沉积物的累计速率较低,而且 Hg 的浓度也有所下降。50 年代以来,沉积物中 Hg 浓度增加量持续上升,此阶段内,流域内工农业迅速发展,人类活动迅速增强。70 年代以来,流域内工业快速发展,特别是轻纺印染等工业发展迅速,80 年代后期化工、有色金属冶炼、电镀和压延工业规模扩大,废水排放量相应增加。工业污染物的排放使沉积物中重金属累积量升高,Hg 浓度增大。西汊两个孔沉积物中的质量累计速率的增加也反映了 1991 年太湖流域的大洪水。在 1996 年以后,一些中小型企业被迫关闭,重型企业也经过一系列的整改,工业废水污染排放减少,沉积物中重金属含量减少,Hg 浓度、人类活动导致的 Hg 浓度增量均呈下降趋势,2004 年基本接近了 20 世纪 60 年代的水平。

　　孙照斌等(2009)分析了太湖流域西汜湖沉积物岩芯 XJ－2 中 Cu、Pb、Zn、Cd、Cr 等 5 种重金属元素总量和分布特征。作者发现 Zn 的总量最大,Cr、Cu 和 Pb 次之,而 Cd 的总量最小(图 5－17)。

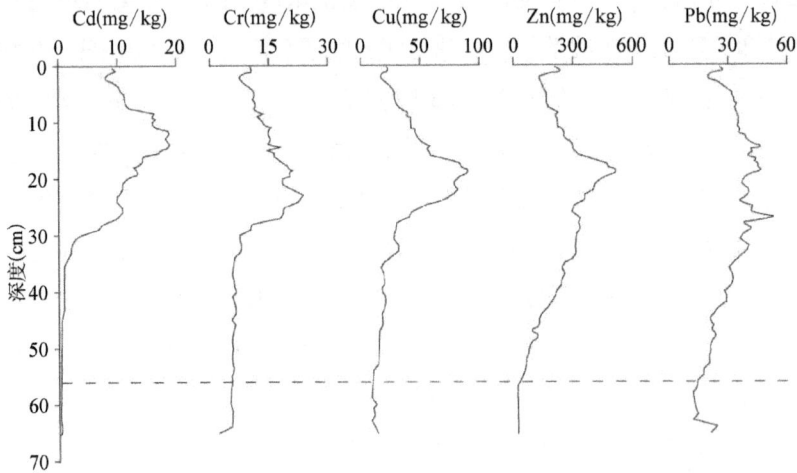

图 5－17　XJ－2 沉积物岩芯中 Cd、Cr、Cu、Zn 和 Pb 的总量分布(引自孙照斌等,2009)

　　通过对单个污染参数的计算得到各元素的 C_f^i(单一污染元素参数)及 E_r^i(单一污染元素的潜在生态风险参数)值(图 5－18,图 5－19)。其中 Cd 元素的 C_f^i 变化幅度较为明显,在 19 世纪 90 年代末之前 C_f^{Cd} 一直处于 1 左右,此阶段沉积物受 Cd 污染较轻;自 19 世纪 90 年代末至 20 世纪 30 年代中期,C_f^{Cd} 上升较快,$1<C_f^{Cd}<3$,为"中等"Cd 污染状态;在 30 年代至 50 年代末,$3<C_f^{Cd}<6$,为"较高"Cd 污染状态;而在 60 年代之后,Cd 污染状态上升速率非常快,污染加重;在此之后的 30 年,Cd 污染状态一直在上升。由于 Cd 的毒性参数较高(为 30),在如此急剧的 C_f^{Cd} 上升背景下,E_r^{Cd} 不仅出现了相应的变化趋势,而且其变化范围也较大。19 世纪 90 年代末之前为"低"潜在生态风险,19 世纪 90 年代末至 20 世纪 30 年代初为"中"潜在生态风险,20 世纪 30 年代初至 20 世

50 年代末为"较高"生态风险,20 世纪 50 年代末至 20 世纪 60 年代初为"高"潜在生态风险,之后直到 2004 年 E_r^{Cd} 便一直处于"很高"潜在生态风险状态。

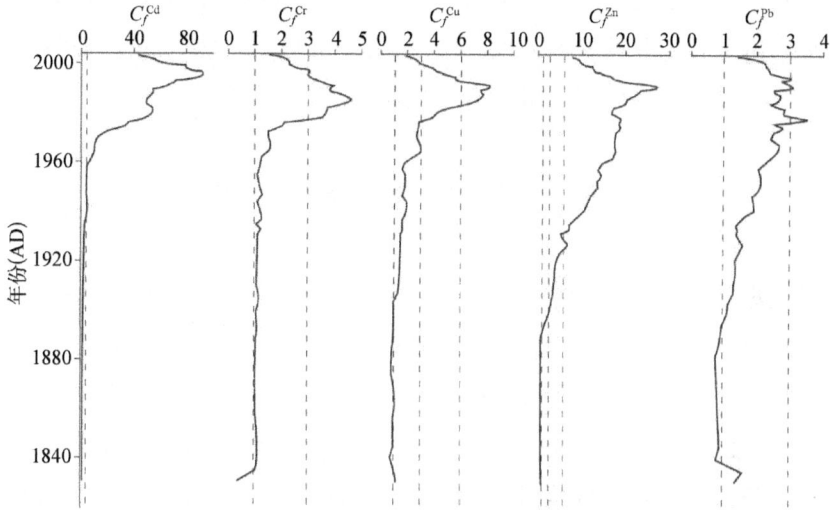

图 5 - 18　XJ - 2 沉积物岩芯中单一重金属污染参数 C_f 分布(引自孙照斌等,2009)

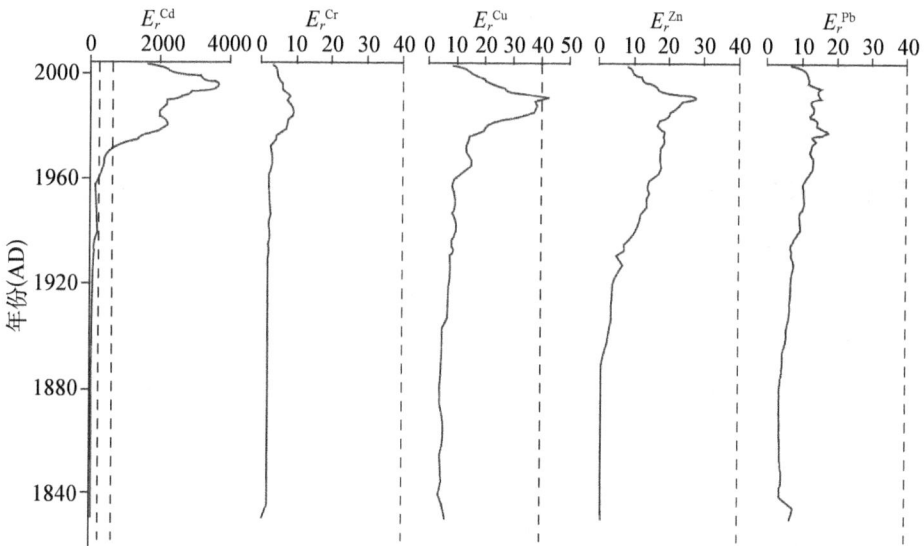

图 5 - 19　XJ - 2 沉积物岩芯中单一重金属潜在生态风险参数 E_r^i 分布(引自孙照斌等,2009)

通过上述两个作者关于西氿近年来环境演变的研究,我们可以发现,近百年来西氿地区内人类活动逐步加强,流域内的工业和城市化逐步上升,使得沉积物中的重金属浓度也同步上升,尤其是沉积物中 Hg 的含量变化可以直接反映流域内冶金等工业的发展程度。因此,为了维护西氿地区的生态可持续发展,减少流域内的工业废水的排放和尾气排放等至关重要。

5.3　淀山湖、长荡湖、澄湖

淀山湖地处上海市西南部,属于太湖流域碟形洼地的东缘,是太湖平原地区的一个吞吐型浅水湖泊,水域面积 62 km^2,湖泊面积约 63.7 km^2,平均水深约 2.1 m,最大水深 3.6 m。太湖水由西北向东南经急水港、大朱库等河港进入湖体,然后经拦路港、淀浦河等河流泄入黄浦江。目前,该湖的生态系统不断退化,逐步呈现严重的富营养化现象(李小平等,2012)。长荡湖又名洮湖,位于太湖流域上游,西临茅山,东部与滆湖相接,南部丹金溧漕河、赵村河、上黄河将长荡湖与南溪诸河串联,北连京杭大运河,是典型的浅水草型湖泊。南北长约 15.5 km,东西宽约 9 km,湖泊面积约 85.3 km^2,多年平均水位 3.46 m,平均水深 1.10 m。长荡湖地处北亚热带湿润气候区,具有明显的季风特征。四季分明,春季干燥少雨,夏季高温高湿,雨量集中,秋季凉爽,冬季寒冷干燥。长荡湖是当地重要的水源地和水产基地,集防洪调蓄、水资源、生态环境、渔业养殖、气候调节及旅游等功能于一体,对于保障当地的可持续发展和维护生态环境具有重要意义。澄湖位于太湖平原湖荡区,与阳澄湖隔江相望。湖水总面积为 45.0 km^2,年平均水位变化在 2.3～3.2 m 之间,湖水最大水深为 3.2 m,平均水深为 2.0 m。目前,澄湖地区实施围湖取土,周围生态环境也在逐步恶化,研究太湖流域不同湖泊的环境变化与特征,对于保护太湖流域的生态环境和修复具有重要意义。

5.3.1　淀山湖沉积速率变化

李小平等(2012)于 2010 年 12 月在淀山湖的不同湖区采集了沉积岩芯,样品按 1 cm 间距分样,作者采用恒定放射性通量模式(CRS),并结合^{137}Cs 校正计算了淀山湖沉积柱年代(图 5 - 20)。通过计算所得沉积物 0～22 cm 处的平均沉积速率为 0.16 g/cm² · yr⁻¹,1980 年后沉积速率上升较快,平均沉积速率为 0.18 g/cm² · yr⁻¹,22 cm 处的年代为 1896 AD。

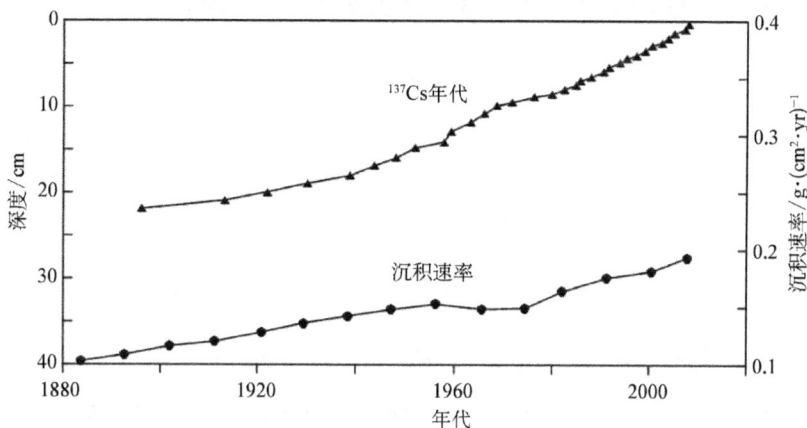

图 5 - 20　²¹⁰Pb 和¹³⁷Cs 推导的年代-深度对应关系(引自李小平等,2012)

5.3.2　淀山湖、长荡湖和澄湖沉积地球化学与环境演变

淀山湖地处太湖流域碟形洼地东缘,第四纪沉积覆盖研究区,张玉兰(2005)通过对淀山湖赵巷 4 井和淀峰 1 井进行孢粉指标分析,发现淀山湖晚第四纪以来,植被和气候演化主要经历了 6 个阶段。第一阶段,晚更新世晚期,主要为常绿阔叶、落叶阔叶混交林,此阶段内气候较为暖湿;第二阶段为稀疏的针叶、落叶阔叶混交林,此阶段气候较为冷湿。进入全新世后,研究区内的植被演化经历了四个阶段,第一阶段,针叶、落叶阔叶混交林为主,此时气候较为温和偏湿;第二阶段,以常绿阔叶林为主,此阶段气候较热偏湿;第三阶段,流域内以针叶、阔叶混交林为主,气候温暖略干;第四个阶段流域内以常绿针、阔叶混交林为主,气候温暖湿润。淀山湖晚第四纪以来的气候冷暖变化趋势与全球变化基本吻合。

李小平(2012)等在对淀山湖不同湖区钻孔(DS1,DS2,DS3,DS4)进行上述定年的基础之上,又对沉积物的总磷、总氮、总有机碳、沉积硅藻等指标进行分析。淀山湖沉积物营养盐变化趋势基本一致(图 5 - 21),沉积物底部总磷含量

— 171 —

约为 550 mg/kg,上部含量较高,大于 1 000 mg/kg。其中在 DS3 孔同样揭示了各营养元素相似的增加趋势,共同指示了该湖在过去 100 年来营养逐渐富集的过程。C/N 比值除 DS3 孔 18 和 20 cm 外,大多数均在 9 左右,说明了该湖有机质大多来源于湖内水生浮游藻类,陆源的有机质输入较少。

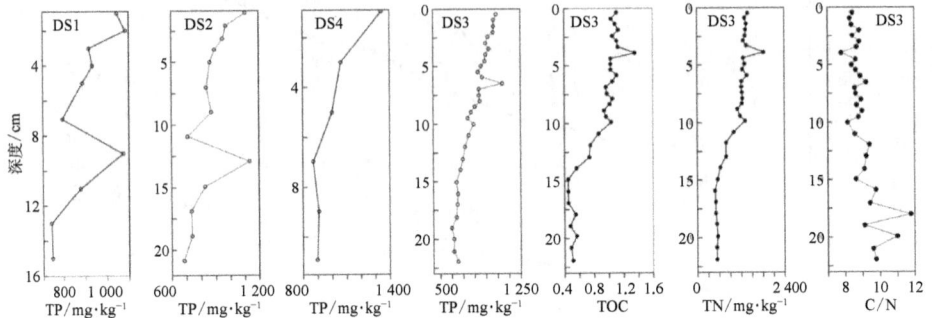

图 5-21　沉积物营养盐 TP、TN、TOC 变化趋势(引自李小平等,2012)

沉积物地化指标(TP、TN、TOC 含量,图 5-21)指示了淀山湖营养不断富集的过程。作者推测沉积物营养要素的增加可能有两个主要原因。第一,近年来流域人类活动剧增,土壤破坏严重,侵蚀速率加快;第二,淀山湖流域城镇生活废水、垃圾等直接排放。以上两个因素导致淀山湖近代沉积物中营养盐不断增加。

王小庆(2005)为探讨淀山湖沉积物中重金属元素的分布特征和季节变化,分别于 2002 年夏季和冬季用便携式沉积物采样器采集水-沉积物柱样,分析了沉积物样品中 Cd、Pb、Cu、Cr、Fe 和 Mn 浓度含量的分布特征。作者发现在淀山湖进水口与出水口处沉积物中的 Cd、Pb、Cu、Cr、Fe 和 Mn 浓度含量不存在明显差别,但是沉积物中 Cd 的含量明显高于周边湖泊沉积物中 Cd 的含量,这可能是由 20 世纪淀山湖上游电镀工业排放的废水导致。此外,沉积物中 Pb 的含量也明显高于中国其他淡水湖泊沉积物中 Pb 的含量,这可能是由于淀山湖地处交通发达的上海市郊,20 世纪汽车使用的含 Pb 汽油的尾气排放导致大气中 Pb 含量升高,富含 Pb 的大气沉降使得沉积物中 Pb 含量明显增加。重金属随沉积物累积过程中具有稳定性和连续性,除 Pb 外其他元素的含量无季节性变化。沉积物中 Cd、Cu、Cr 和 Fe 主要存在于残渣态中,但 Pb 的铁锰氧化物结合态与 Cu 的有机质-硫化物结合态均为各自的优势结合态;Mn 主要以可交换态、铁锰氧化物结合态及残渣态存在。Cd、Pb、Cu、Cr、Fe 和 Mn 各形态含量均存在季节变化,其总量及各形态含量的变化与温度、pH、Eh 等有关。

近年来,长荡湖受到了大量工农业和生活污水的污染,底泥中积蓄了大量氮、磷等污染物,水质恶化趋势与富营养化趋势明显。朱林等(2015)通过对长荡湖 48 个样点采集表层沉积物,测定沉积物中营养盐和含水率。长荡湖表层沉积物中 TN 质量比处于 3.47~10.8 g/kg 内,平均值为 6.86 g/kg,空间上表现为湖区四周较高、湖中心较低,这可能与河流的输入和围网养殖等有关。长荡湖表层沉积物中 TP 质量比处于 0.57~1.83 g/kg 内,平均值为 1.19 g/kg,空间上分布特征与 TN 的分布特征相似,也表现为四周较高、湖心较低。长荡湖表层沉积物中 TOC 含量处于 0.66%~4.12% 内,平均为 1.73%±0.76%,有机碳含量分布具有西北部和南部湖区高、东北湖区较低的规律。长荡湖表层沉积物含水率在 41.71%~75.78% 内变化,平均值为 60.48%±8.77%。其中表层沉积物含水率呈现出湖四周偏高、湖心低和由沿岸向湖心逐步降低的特征。TN、TP 和含水率之间呈显著线性相关,TOC 与 TN、TP 和含水率之间无显著相关性。通过对该湖区沉积物中营养盐造成的污染进行评价,得出长荡湖表层沉积物中 TN、TP 及 TOC 富集系数分别在 0.7~2.0、0.6~2.0 和 0.4~2.5 内变化,其平均值分别为 1.3、1.3、1.0;污染指数分别在 6.3~19.6、1.0~3.1 和 0.7~4.2 内变化,其平均值分别为 12.5、2.0 和 1.7。长荡湖表层沉积物的氮素水平处于重度污染状态,且磷、有机碳均已受到一定程度的污染。

为研究江苏省浅水湖泊表层沉积物的重金属污染特征,蒋豫等(2015)采集了位于江苏省 8 个浅水湖泊的表层沉积物,通过测试沉积物中重金属的含量,利用地积累指数法和潜在生态风险指数法对沉积物重金属污染现状和潜在生态风险程度进行评价。作者研究发现,Cd 是研究区内湖泊表层沉积物主要的污染物,Zn、Cu、As、Pb 和 Ni 在部分湖泊为轻度污染,Mn 和 Cr 为无污染水平。潜在生态风险指数评价结果显示长荡湖处于严重的生态风险水平,石臼湖处于重生态风险,白马湖和滆湖处于中度生态风险水平,骆马湖、洪泽湖、高邮湖和澄湖重金属污染处于低生态风险水平。

水生植物在维持小型淡水湖泊生态系统稳定性与多样性中具有重要的作用,但是近几十年来,受人类活动的干扰,淡水湖泊中水生植物开始逐步退化,加强对湖泊中长时间尺度上水生植物演化规律的认识与研究,对于促进湖泊生态系统的修复与保护具有重要意义。葛亚汶等于2016年在长荡湖钻取了长约50 cm的岩芯(CD-1),然后对沉积物进行年代测定和孢粉分析,结果显示长荡湖自20世纪初以来水生植被的演替经历了三个较为明显的阶段。20世纪初至20世纪70年代,湖区以大型挺水植物为主;20世纪70年代至20世纪90年代,湖区以沉水植物为主;20世纪90年代以后,湖区的漂浮植物开始迅速增加。作者通过调查研究发现研究区内的人类活动的增加,包括流域内的建坝、农业和水产养殖业的污染物的排放以及城市化发展等导致了研究区内水生植被发生了变化。作者认为孢粉学记录可以揭示浅水湖泊水生植物的生长动态,对于湖泊的保护与修复提供借鉴。

关于苏州澄湖的环境演化主要以华东师范大学的相关研究居多,最早付苗苗(2009)在澄湖中心钻取了SC6孔,通过年代测试发现该孔沉积跨度为40—10 ka BP,然后对沉积物进行沉积学、元素地球化学等多指标分析,发现在晚更新世中期,研究区遭遇了不同程度的海侵,此阶段内气候较为温暖,其中在前期(40—35 ka BP)海侵较弱,在后期(35—29 ka BP)海侵规模较强;晚更新世中期的后期(35—29 ka BP)气候暖热潮湿,此时澄湖经历了较大规模的海侵;晚更新世末期(29—10 ka BP)气候开始转为干冷,但是此阶段内澄湖地区的气候也存在一定的差异,CaO、Mn含量显著降低,并且随深度的垂直变化比较稳定,风化指数CIA、$SiO_2/(MgO+CaO)$等比值自下向上逐步增大,表明晚更新世末期以来澄湖地区的温湿程度逐步增加,风化作用也开始增强。畅莉(2008)通过在澄湖古河道上钻取沉积岩芯(SC1孔),依靠沉积学和孢粉学数据,重建了研究区全新世以来的花粉-植被-古气候环境的演变序列,揭示了区域内气候变化的规律与特征。通过对沉积岩芯的粒度分析,发现澄湖SC1孔主要经历了河床沉积、河流浅层相沉积、河流过渡相、湖泊深水相、近岸浅水环境和湖泊湖缘沉积演变的过程。孢粉学数据揭示了研究区内全新世以来的环境演化经历了明

显的波动变化。其中在 7 000—6 000 a BP,气候温暖湿润;6 000—5 000 a BP
期间,温度明显波动变化,存在三次降温事件;5 000—3 000 a BP 期间较为温暖
湿润;3 000 a BP 以来,是全新世最为凉爽的时期。

参考文献

畅莉.苏州澄湖全新世环境变化的沉积记录研究[D].上海:华东师范大学,2008.

付苗苗.苏州澄湖地区晚更新世沉积记录与环境变迁[D].上海:华东师范大
学,2009.

蒋豫,刘新,高俊峰,等.江苏省浅水湖泊表层沉积物中重金属污染特征及其风险评价
[J].长江流域资源与环境,2015,24(7):1157-1162.

李小平,陈小华,董旭辉,等.淀山湖百年营养演化历史及营养物基准的建立[J].环境
科学,2012,33(10):3301-3307.

林琳,吴敬禄.太湖梅梁湾沉积岩芯元素地球化学记录的多元统计分析[J].湖泊科
学,2008,20(1):76-82.

刘恩峰,沈吉,朱育新,等.太湖沉积物重金属及营养盐污染研究[J].沉积学报,
2004a,22(3):507-512.

刘恩峰,沈吉,朱育新,等.太湖表层沉积物重金属元素的来源分析[J].湖泊科学,
2004b,16(2):113-119.

刘国卿,张干,金章东,等.太湖多环芳烃的历史沉积记录[J].环境科学学报,2006,
26(6):981-986.

刘建军,吴敬禄.太湖大浦湖区近百年来湖泊记录的环境信息[J].古地理学报,2006,
8(4):559-563.

陆敏,张卫国,师育新,等.太湖北部沉积物金属和营养元素的垂向变化及其影响因
素[J].湖泊科学,2003,15(3):213-220.

秦伯强.太湖水环境演化过程与机理[M].北京:科学出版社,2004.

秦延文,张雷,郑丙辉,等.太湖表层沉积物重金属赋存形态分析及污染特征[J].环境
科学,2012,33(12):4291-4299.

孙顺才,朱季文,陈家其.气候变化、海面变化与太湖平原湖泊水资源(摘要)[J].地球
科学进展,1987(6):9-10.

孙照斌,郧海健,吴艳宏,等.太湖流域西氿湖沉积岩芯中重金属污染及潜在生态风险[J].湖泊科学,2009,21(4):563-569.

王小庆.淀山湖沉积物中重金属元素分布特征及其季节变化[J].环境科学与技术,2005,28(6):106-108.

吴敬禄,林琳,刘建军,等.太湖沉积物碳氮同位素组成特征与环境意义[J].海洋地质与第四纪地质,2005,25(2):25-30.

吴艳宏,蒋雪中,刘恩峰,等.太湖流域东氿、西氿近百年汞的富集特征[J].中国科学:地球科学,2008(4):471-476.

吴永红,郑祥民,周立旻.太湖8000年来沉积物元素变化特征及古环境指示[J].盐湖研究,2015(1):16-21.

徐龙生,吴敬禄.太湖大浦湖区环境变化的沉积物同位素响应特征[J].海洋地质与第四纪地质,2013(2):137-142.

薛滨,瞿文川,吴艳宏,等.太湖晚冰期—全新世气候、环境变化的沉积记录[J].湖泊科学,1998,10(2):30-36.

姚书春,李世杰,刘吉峰,等.太湖THS孔现代沉积物^{137}Cs和^{210}Pb的分布及计年[J].海洋地质与第四纪地质,2006,26(2):79-83.

姚书春,李世杰,薛滨,等.南太湖沉积岩芯中金属和营养元素的垂向分布特征及其意义[J].生态环境学报,2005,14(2):178-181.

姚书春,薛滨.东太湖钻孔揭示的重金属污染历史[J].沉积学报,2012,30(1):158-165.

袁和忠,沈吉,刘恩峰.太湖不同湖区沉积物磷形态变化分析[J].中国环境科学,2010,30(11):1522-1528.

张玉兰.淀山湖地区晚第四纪孢粉及古环境研究[J].同济大学学报(自然科学版),2005,33(2):106-111.

朱广伟,秦伯强,高光,等.太湖近代沉积物中重金属元素的累积[J].湖泊科学,2005,17(2):143-150.

朱林,汪院生,邓建才,等.长荡湖表层沉积物中营养盐空间分布与污染特征[J].水资源保护,2015,31(6):135-140.

Cambray R S, Cawse P A, Garland J A, et al. Observations on radioactivity from the Chernobyl accident[J]. Nuclear Energy, 1987, 26(2): 77-101.

Ge Y, Zhang K, Yang X. Long-term succession of aquatic plants reconstructed from palynological records in a shallow freshwater lake[J]. Science of the Total Environment, 2018, 643: 312.

Kelderman P, Wei Z, Maessen M. Water and mass budgets for estimating phosphorus sediment-water exchange in Lake Taihu(China P. R.)[J]. Hydrobiologia, 2005, 544(1): 167 - 175.

Nesbitt H W, Young G M. Formation and Diagenesis of Weathering Profiles[J]. Journal of Geology, 1989, 97(2): 129 - 147.

Nesbitt H W, Young G M. Petrogenesis of sediments in the absence of chemical weathering: effects of abrasion and sorting on bulk composition and mineralogy[J]. Sedimentology, 1996, 43(2): 341 - 358.

Rose N L, Boyle J F, Du Y, et al. Sedimentary evidence for changes in the pollution status of Taihu in the Jiangsu region of eastern China[J]. Journal of Paleolimnology, 2004, 32(1): 41 - 51.

第六章　长江中下游湖泊沉积物碳氮磷埋藏

　　沉积物不仅能反映水体区域环境的变迁和水体的类型,同时也是生源要素特别是碳、氮、磷的重要存储库,对污染物的迁移转化和湖泊中营养元素的循环有着重要意义。利用沉积物碳氮磷累积的环境信息,研究湖泊沉积物碳氮磷累积过程、特征及影响因素,探讨湖泊沉积物碳氮磷生物地球化学过程与流域发展间的关系,是我国协调湖泊保护和流域发展间的关系需要解决的重要科学问题,可为解决我国湖泊富营养化问题提供科学依据。

　　长江中下游地区是我国富营养化比较严重的地区。自 20 世纪 50 年代以来,在自然和人类活动双重压力下,我国湖泊生态系统发生了显著变化,其中长江中下游地区人口稠密,经济发达,近现代人类活动改变了自然湖泊要素循环规律,使湖泊沉积物营养盐累积量较高,富营养化趋势明显。同时,长江中下游地区多浅水湖泊,和深水湖泊相比,浅水湖泊单位水体具有更大比例的水-沉积物接触面积,沉积物与水之间营养盐的交换作用更加充分,沉积物对水体营养盐影响也更为直接和频繁,形成复杂的营养盐生物地球化学循环过程及相应的生态类型(Sondergaard, Jensen and Jeppesen, 2001;薛滨等, 2007)。已有研究表明,在外源逐步得到控制的情况下,沉积物中的碳氮磷仍然可以通过间隙水与上覆水进行物理的、化学的和生物的交换作用(朱广伟等,2003;杨洪等,2004)。沉积物中碳氮磷等的分布特征已被证实与湖泊内源负荷有直接关系(Garber and Hartman, 1985; Lijklema, 1986)。因此,研究浅水湖泊沉积物中碳氮磷的地球化学规律,对于阐明水生态系统中碳氮磷的循环、转移和积累的过程,以及揭示湖泊富营养化机制都有重要意义。考虑到不同生态类型湖泊其生源要素的迁移转化和循环存在差异,再加上长江中下游地区湖泊众多,本章节拟重点选择具有代表性的藻型湖泊太湖(TH)和南漪湖(NYH)及草型湖泊洪湖(HH)和石臼湖(SJH)为例,同时结合该地区其他湖泊碳氮磷研究,分析历史时期湖泊沉积有机碳及氮磷蓄积过程,以期为湖泊富营养化治理提供一定的理论依据。

6.1　沉积物有机碳及营养盐变化特征

6.1.1　湖泊沉积物有机碳的分布特征

近百年来长江中下游地区四个典型湖泊沉积物 TOC 随时间变化趋势如图 6-1 所示。太湖 TOC 含量变化范围为 0.38%~1.17%(平均值为 0.67%),南漪湖 TOC 含量变化范围为 0.44%~1.20%(平均值 0.72%),洪湖 TOC 含量变化范围为 1.29%~9.31%(平均值 2.68%),石臼湖 TOC 含量变化范围为 1.31%~3.43%(平均值 2.19%)。总体来说,藻型湖泊(太湖

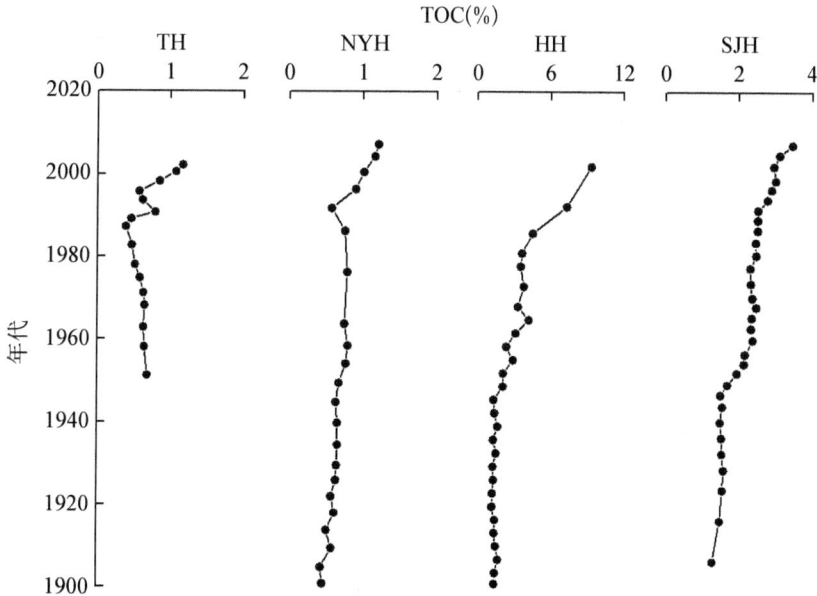

图 6-1　近百年来典型湖泊(太湖、南漪湖、洪湖及石臼湖)沉积物有机碳随时间变化

和南漪湖)TOC含量相对低于草型湖泊(洪湖和石臼湖)。从时间变化来说,1950 年以前各湖泊 TOC 含量最低且比较平稳,1950 年至 1980 年间 TOC 含量缓慢升高,1980 年以来 TOC 含量呈现急剧增加的趋势。吴艳宏等(2010)对龙感湖研究表明,近百年来龙感湖 TOC 浓度在沉积物表层明显高于下部;薛滨、姚书春、夏威岚(2008)对巢湖的研究也表明,巢湖钻孔 TOC 浓度从 70年代以前的 0.7% 增加到现代的 1.97%;杨洪等(2004)对武汉东湖的研究也表明沉积物 TOC 含量随深度的增加而逐渐下降并最终趋于稳定,均和本研究中典型湖泊研究结果基本一致。

6.1.2 湖泊沉积物氮磷营养盐分布特征

长江中下游地区四个典型湖泊沉积物近百年来营养盐含量随时间变化趋势如图 6-2 和图 6-3 所示。太湖 TN 和 TP 含量变化范围分别为 0.06%～0.14%(平均值为 0.07%)和 0.03%～0.05%(平均值为 0.04%),南漪湖 TN和 TP 含量变化范围分别为 0.07%～0.19%(平均值为 0.10%)和 0.03%～

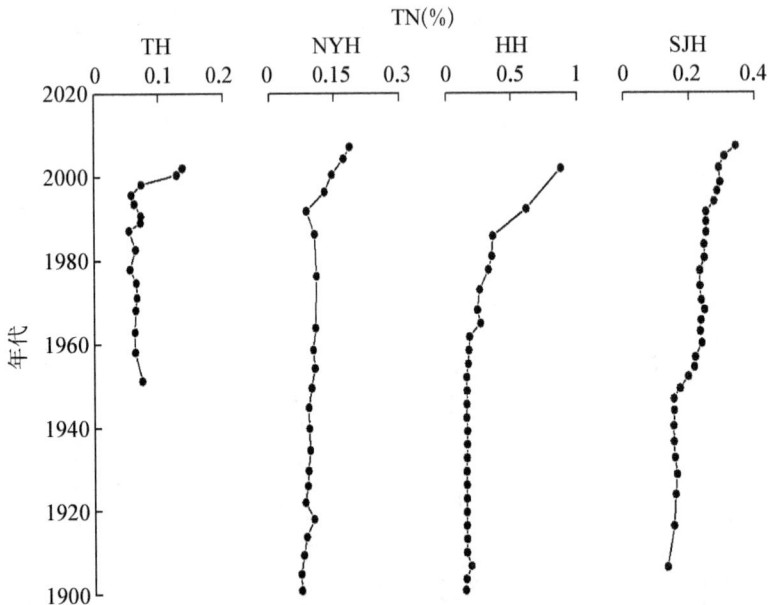

图6-2 近百年来典型湖泊(太湖、南漪湖、洪湖及石臼湖)沉积物总氮随时间变化

0.08%(平均值为 0.05%),洪湖 TN 和 TP 含量变化范围分别为 0.14%~
0.88%(平均值为 0.23%)和 0.06%~0.09%(平均值为 0.07%),石臼湖 TN
和 TP 含量变化范围分别为 0.13%~0.34%(平均值为 0.22%)和 0.04%~
0.07%(平均值为 0.05%)。总体来说,藻型湖泊(太湖和南漪湖)TN 及 TP 含
量相对低于草型湖泊(洪湖和石臼湖),和有机碳的空间分布特点一致。从时间
变化来说,各湖泊氮磷含量整体上均呈现增加的趋势,且自 20 世纪 80 年代以
来这种增加趋势变得尤为明显。这和其他研究如陈诗越、董杰(2006)对龙感湖
沉积物营养盐变化及季婧等(2018)对洞庭湖沉积物营养盐变化趋势研究基本
一致。

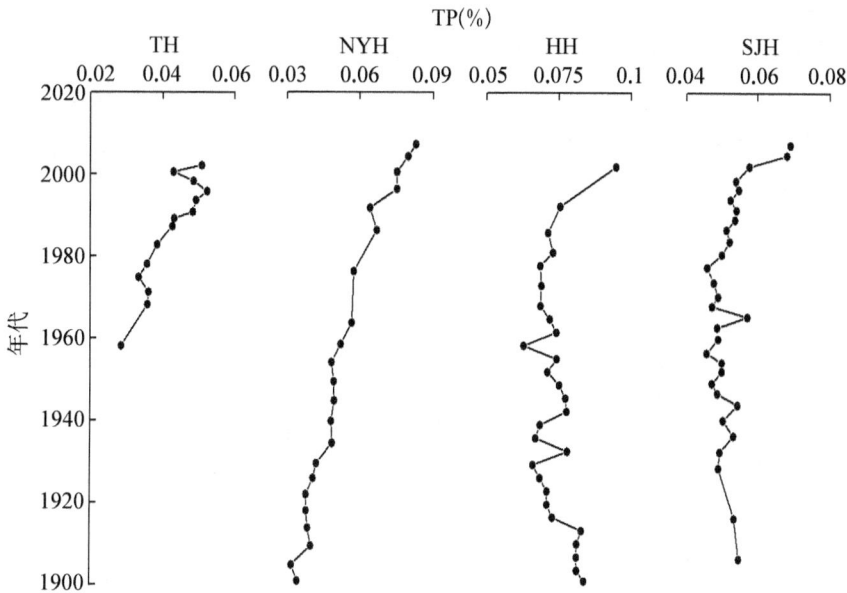

图 6-3　近百年来典型湖泊(太湖、南漪湖、洪湖及石臼湖)沉积物总磷随时间变化

此外,相较于湖泊沉积物总氮变化来说,总磷的波动趋势(特别是草型
湖)要略大些。一方面,这和浅水湖泊风浪扰动有关。本研究的四个典型湖
泊均是地处开阔平原的浅水湖泊,大范围的风浪作用使上下层水体大规模搅
动,有利于磷的释放吸收。另一方面,这几个湖泊均位于亚热带季风区,四季
分明,温度变化很大,春末夏初温度升高,使磷的沉降反应向反方向进行,增

加磷的释放,同时,在这个阶段藻类开始大量繁殖并吸收水中的磷,减小了水体中的磷浓度,导致沉积物中的磷由高浓度向低浓度释放,由于磷在沉积物中复杂的循环机制,所以保存在沉积物中的并没有像总氮那样在上层沉积物中积累,而是上下波动小幅度上升(陈萍等,2004)。而对于草型湖泊来说,由于湖底水草较多,农民在湖中大量地采挖湖底水草时使湖底沉积物颗粒磷再悬浮,加速了沉积物中间隙水的扩散,从而导致总磷的波动变化,这可能是导致本研究中洪湖与石臼湖总磷变化幅度较太湖和南漪湖大的原因之一。

6.1.3 湖泊沉积物碳氮比值、碳磷比值及氮磷比值变化特征

沉积物的碳氮比值、碳磷比值及氮磷比值可用于判断有机物的来源和湖泊生长力状况(Sampei and Matsumoto,2001),进而揭示人类活动对湖泊富营养化演变的影响。长江中下游地区四个典型湖泊沉积物近百年来碳氮比值(TOC/TN)随时间变化趋势如图 6-4 所示。太湖沉积物 TOC/TN 比值在7.29~13.35 之间变化,平均值约为 10.53,南漪湖沉积物 TOC/TN 比值整体

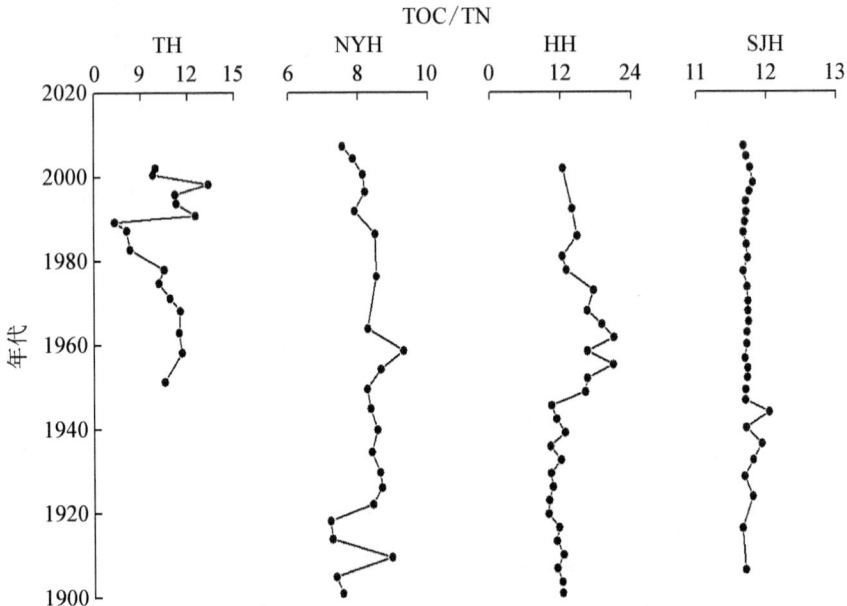

图 6-4 近百年来典型湖泊(太湖、南漪湖、洪湖及石臼湖)
沉积物有机碳与总氮比值随时间变化

波动不明显,在 7.18~9.29 之间变化,平均值约为 8.19,洪湖沉积物 TOC/TN 比值变化较大,在 9.92~20.96 之间,平均值约为 13.53,石臼湖沉积物 TOC/TN 比值波动较小,在 11.66~12.04 之间变化,平均值约为 11.74。一般来说,藻类的 TOC/TN 比值一般为 4~10,而陆生维管植物的 TOC/TN 比值一般大于 20(Meyers,1994;Meyers, Leenheer and Bourbooniere,1995)。南漪湖 TOC/TN 平均比值小于 10,说明该湖沉积物中的有机质可能主要来自水生植物,而陆源植物所占比例很小。对于太湖、洪湖及石臼湖而言,沉积物有机质可能源自水生植物和陆生植物的混合物。

　　沉积物 TN 和 TOC 的回归方程(图 6-5)表明 TN 随 TOC 的增加而增加,二者呈极显著的正相关关系($P<0.01$)。这表明在湖泊沉积物中氮与 TOC 之间关系非常密切,氮主要以有机氮形式存在。杨洪等(2004)对武汉东湖的研究也表明,沉积物 TOC 与 TN 之间存在显著正相关关系。马红波等(2003)对渤海沉积物的研究证实,沉积物中 TOC 含量及氧化还原环境直接影响着有机氮的分解。

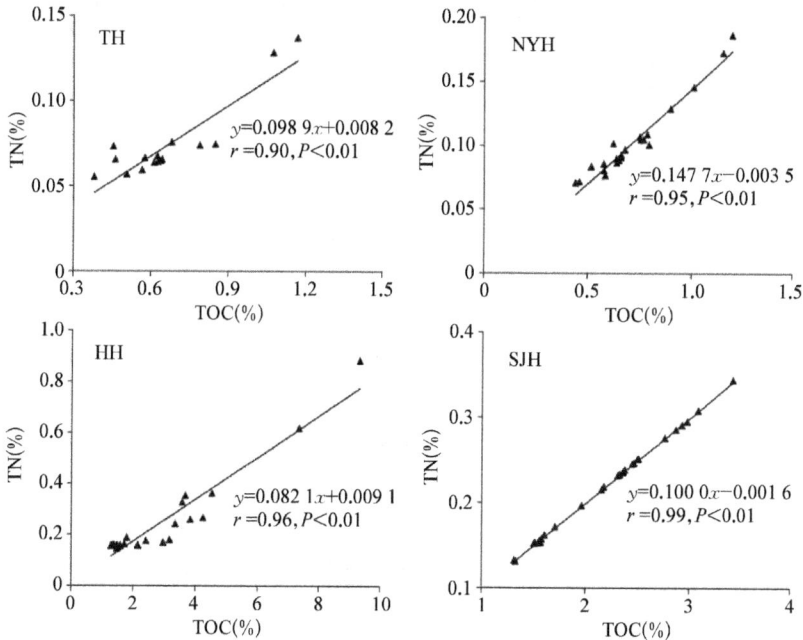

图 6-5　近百年来典型湖泊(太湖、南漪湖、洪湖及石臼湖)沉积物有机碳与总氮关系

四个典型湖泊沉积物近百年来碳磷比值（TOC/TP）随时间变化趋势如图6-6所示。太湖沉积物 TOC/TP 比值变化范围在 23.09～64.60 之间，平均值约为 41.71。20 世纪 80 年代之前该湖 TOC/TP 比值表现为逐渐下降的趋势，之后又开始逐渐增加。南漪湖沉积物 TOC/TP 比值整体波动相对较小，变化范围为 23.16～42.20，平均值约为 35.72，自 20 世纪 80 年代中期以来呈现快速增加的趋势。洪湖沉积物 TOC/TP 比值在 45.76～254.33 之间变化，平均值约为 92.78。20 世纪 50 年代之前该湖 TOC/TP 比值相对比较稳定，之后开始快速增加，并逐渐达到峰值。石臼湖沉积物 TOC/TP 比值变化范围为 61.92～143.02，平均值约为 110.79，且近百年来整体上表现为逐渐增加的趋势。

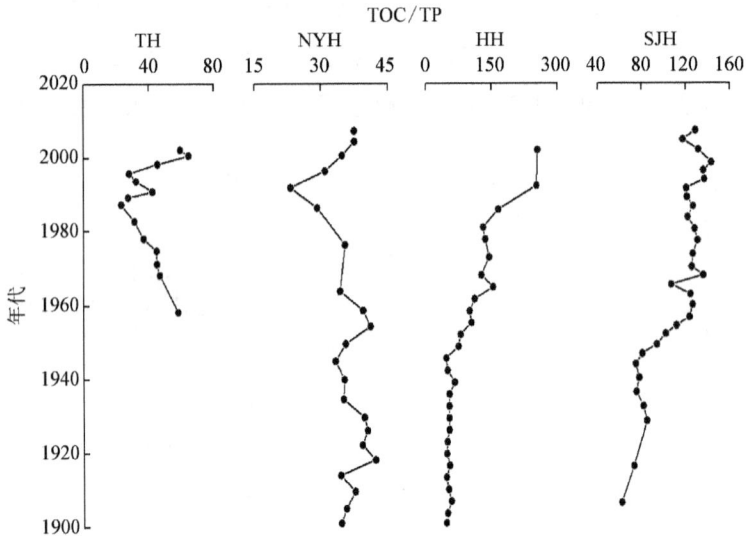

图 6-6 近百年来典型湖泊（太湖、南漪湖、洪湖及石臼湖）沉积物有机碳与总磷比值随时间变化

生物死亡后，磷快速地自动分解释放，而碳的释放则较慢，导致沉积物中 TOC/TP 比值相对较高（王朝晖、李友富、牟德海，2010）。特别是在表层沉积物中，磷的分解速度较快，而大部分的有机碳还来不及降解，导致表层 TOC/TP 比值往往较底层沉积物高。在随后的成岩阶段，无论好氧分解还是厌氧分解，磷的化合物都比有机碳分解更迅速，所以磷含量较低，TOC/TP 比值也相对较高。此后,难分解的碳所占比例迅速增加,而且50%的有机磷会在数小时内自动分解,随着深度增加,磷含量减小并不明显,因此碳和磷的分解速率与有机物的TOC/TP比值都趋于稳定(杨洪等,2004)。TOC与TP虽然也呈正相关关系,但除南漪湖外,其余三个湖泊TP与TOC之间相关性并不明显(图6-7),说明磷在沉积物中存在的形式比较复杂,除了以有机磷的形态存在之外,同时还存在无机磷,甚至大部分区域可能主要以无机磷(磷酸钙)形式存在于沉积物中。

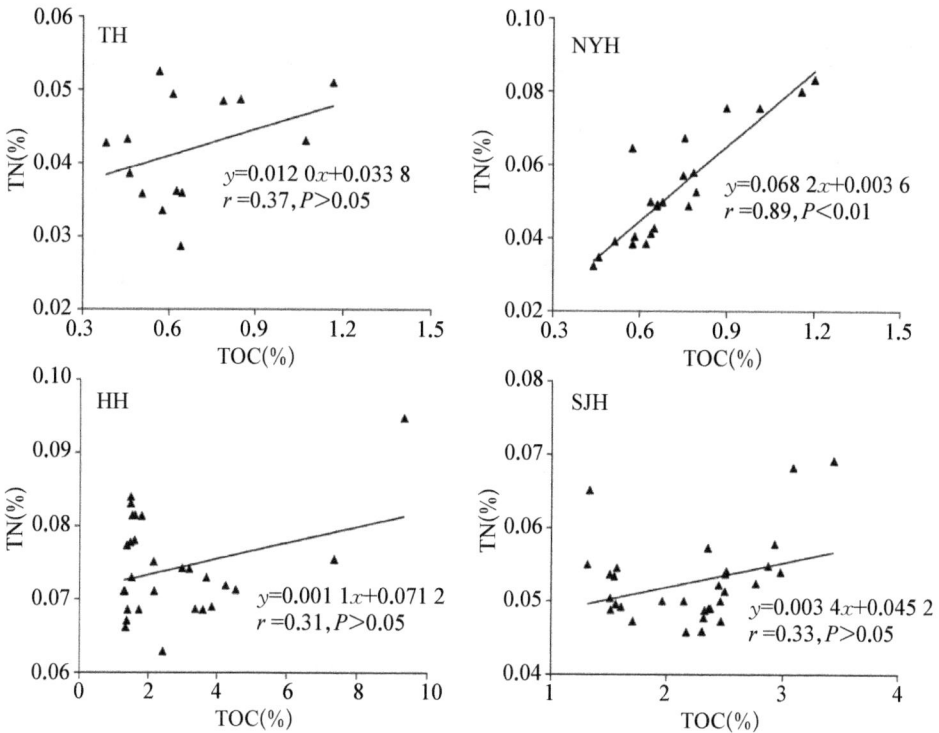

图 6-7　典型湖泊(太湖、南漪湖、洪湖及石臼湖)沉积物有机碳与总磷关系

在早期沉积作用过程中,在不同时间内输入源、水动力等条件的变化以及成岩作用共同影响着碳氮磷的变化,而且三者之间是相互影响的。

四个典型湖泊沉积物近百年来氮磷比值(TN/TP)随时间变化趋势如图6-8所示。太湖TN/TP值总体较小,变化范围为2.49～6.60,平均值为

4.00,近五十年以来呈现先下降后升高的趋势；南漪湖 TN/TP 值也相对较小，变化范围为 2.93～5.87，平均值为 4.37，20 世纪 90 年代之前 TN/TP 值波动较小，之后快速增加；洪湖和石臼湖 TN/TP 值均波动较大，其变化范围分别为 3.73～20.54 和 5.29～12.11，平均值分别为 6.76 和 9.44，且近百年来整体上均呈现上升的趋势。

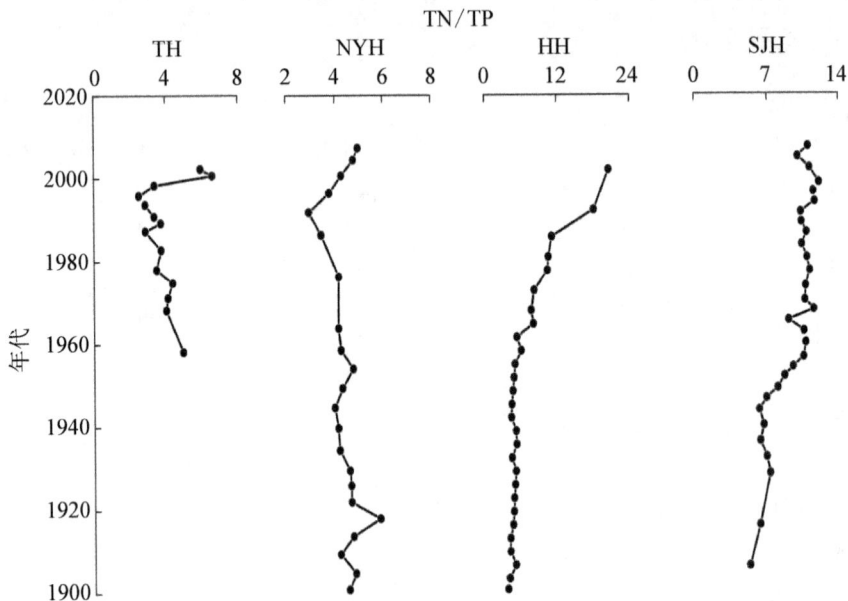

图 6-8　近百年来典型湖泊（太湖、南漪湖、洪湖及石臼湖）沉积物氮磷比值随时间变化

6.2　沉积物有机碳及营养盐埋藏变化特征

6.2.1　沉积物有机碳及营养盐埋藏变化的不确定性分析

（1）沉积集聚的影响

一个好的具有代表性的样点对于精确估算沉积物有机碳及氮磷埋藏量是非常重要的，如果样点过于靠近岸边则代表性不够，如果在沉积速率最高的地方又会造成对有机碳及营养盐埋藏速率的高估。因此要想精确估算湖泊沉积

物的有机碳及氮磷埋藏量往往需要多孔,但由于时间、经费等原因的限制,在对一个区域的有机碳及氮磷埋藏量进行估算时我们往往选择一个孔或两个孔。代表性的样点往往是较深、比较平坦的没有明显的沉积集聚(sediment focusing)的地方。沉积物沉积集聚的效应对于精确估算沉积物有机碳及氮磷埋藏量是非常重要的,因为沉积集聚如果发生的话,往往会导致计算的沉积速率过高,进而导致估算的有机碳及营养盐埋藏速率偏高。

　　长江中下游大部分湖泊湖床都比较平坦,如江汉平原湖泊的典型特征之一就是湖床平坦(何报寅,2002),考虑到沉积集聚往往发生在坡度较大的小湖之中(Håkanson,1982;Blais and Kalff,1995),因此沉积集聚对长江中下游地区湖泊的影响可能并不十分显著。此外,巢湖多孔碳埋藏对比结果显示碳埋藏与水深并没有显著的相关性(Dong et al.,2012),这表明通过一个代表性的孔来估算长江中下游地区全湖的碳埋藏可能并不会导致显著性的高估或低估。

　　然而,有研究表明太湖存在明显的沉积集聚。基于 Strata Box(浅水剖面测深系统)的沉积物分布调查结果显示太湖湖相沉积物在全太湖分布极为不均衡,主要分布于西太湖沿岸及西北部湖湾内,其余湖区斑块状散布。因此太湖估算结果可能偏大,同时表明对于太湖这类大湖的估算可能需要考虑沉积集聚的效应和更进一步的工作(袁和忠,2010)。

　　(2)沉积物矿化分解的影响

　　由于强烈微生物活动和氧气渗透,顶部沉积物中有机质及氮磷往往容易被氧化分解,因此有些研究中没有包括顶部沉积物(Gälman et al.,2008;Kastowski,Hinderer and Vecsei,2011)。但我们在本研究中并没有排除顶部,主要是考虑了以下两个原因,一是高的沉积速率往往引起沉积物快速埋藏,从而导致有限的氧气渗透和滞留时间,有效减轻了有机物质及氮磷分解效果,且有助于有机质及营养盐的保存。另外,顶部沉积物有机质及氮磷含量的快速增加可能归因于富营养化加剧和流域内营养负荷增加(Chang,1996;秦伯强、罗潋葱,2004;Shang and Shang,2005),而不是未完全分解。本研究和东部地区许多研究也表明湖泊沉积物 TOC 及氮磷的增加和湖泊富营养化有关(Zhang et al.,2010;张恩楼等,2010;倪兆奎等,2011;张远、张彦、于涛,2011;王圣瑞等,2016)。以太湖为例,太湖岩芯20世纪60年代早期的 TOC 含量被发现仅是略低于1960年表层沉积物调查的数据(秦伯强、罗潋葱,2004),表明顶部沉积物仅有很微小的一部分有机碳被矿化分解。此外,太湖表层沉积物调查显示有机碳含量持续增加(1980年0.79%,1990年0.83%,1993年1.36%)(隋桂荣,1983;1996;秦伯强、罗潋葱,2004),这可能暗示了沉积物中有机质的增加,从而导致太湖岩芯有机碳含量的增加。此外,尽管矿化分解会降低表层沉积物有机质的含量,然而随着时间的变化和营养水平的提高更多的有机质被补充进来,因此当湖泊生态系统处于一个稳定的状态或者有机碳不断增加的时候,矿化分解并不会降低碳埋藏的速率。因此,表层沉积物的氧化分解会导致湖泊沉积物有机碳及氮磷储量估算时产生一定的不确定性,但是这种不确定性并不会导致很大的高估。

6.2.2 湖泊沉积物有机碳埋藏变化

有机碳累积速率(Organic Carbon Burial Rate,OCBR,$g \cdot m^{-2} \cdot yr^{-1}$)计算基于以下两种形式:1)基于每层有机碳(TOC,%)含量和每层的沉积物质量累积速率(Sediment Accumulation Rates,SARs,$g \cdot cm^{-2} \cdot yr^{-1}$)相乘得到,2)线性沉积速率(Sediment Rate,SR,$cm \cdot yr^{-1}$)、孔隙度(porosity,φ)、沉积物干密度(dry sediment density,ρ, $g \cdot cm^{-3}$)和 TOC 含量相乘得到(Alin and Johnson,2007;Müller et al.,2005)。主要计算公式如下:

$$OCBR = SARs \times TOC(\%) \tag{1}$$

$$OCBR = SR \times TOC(\%) \times \rho \times (1-\varphi) \tag{2}$$

其中,孔隙度(φ)和沉积物干密度(ρ)可以用以下方法计算获得:

$$\rho = 2.65 - 0.052\ 3 \times TOC(\%) \tag{3}$$

$$\varphi = WC \times \rho_{water} / (WC \times \rho_{water} + (1-WC) \times \rho) \tag{4}$$

公式中 WC 为沉积物含水量(water content of the sediment,%),ρ_{water} 为水的密度(1 g·cm^{-3})(Alin and Johnson,2007;Müller et al.,2005)。

　　四个典型湖泊有机碳埋藏速率见图 6-9。太湖有机碳埋藏速率自 1950 年以来表现为明显的快速增加趋势,其有机碳埋藏速率变化范围为 6.9~25.8 g·m^{-2}·yr^{-1}(平均值 14.4 g·m^{-2}·yr^{-1})。南漪湖 1900 年来的有机碳埋藏速率可分为三个阶段:20 世纪 60 年代之前的缓慢增加阶段、20 世纪 60 年代至 20 世纪 80 年代之间的快速下降阶段以及随后的快速增加阶段,其变化范围为 10.2~39.8 g·m^{-2}·yr^{-1}(平均值 27.7 g·m^{-2}·yr^{-1})。洪湖有机碳埋藏速率在 20 世纪 50 年代之前相对较低,且处于稳定状态,20 世纪 50 年代到 20 世纪 80 年代之间呈现小幅度上升,随后则快速增加,其变化范围为 51.8~312.2 g·m^{-2}·yr^{-1}(平均值 101.5 g·m^{-2}·yr^{-1})。1900 年以来石臼湖有机碳埋藏速率整体上表现为波动上升的趋势,其变化范围为 11.3~78.0 g·m^{-2}·yr^{-1}(平均值 26.4 g·m^{-2}·yr^{-1})。

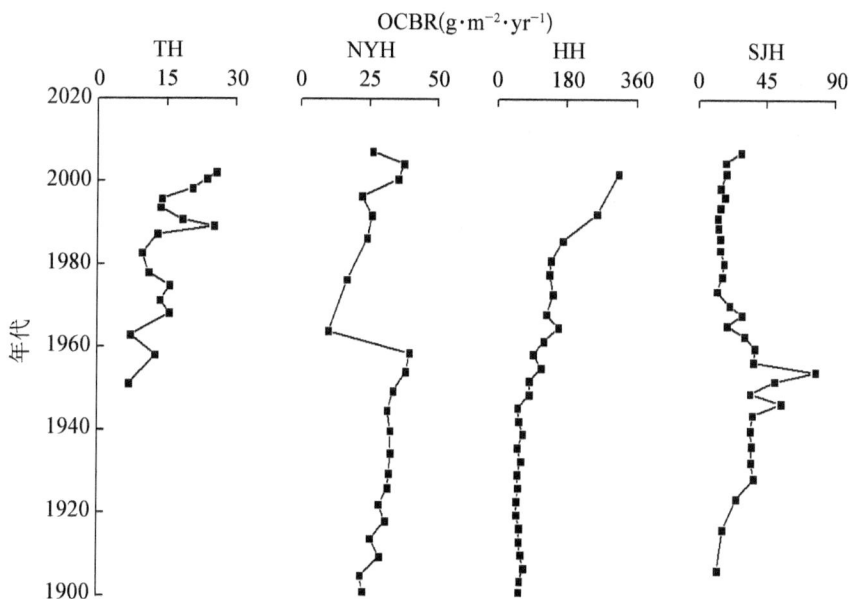

图 6-9　近百年来典型湖泊(太湖、南漪湖、洪湖及石臼湖)
沉积物有机碳埋藏速率随时间变化

此外，为了进一步研究长江中下游地区湖泊有机碳埋藏速率及其储量变化，我们还从文献中收集了 16 个该地区其他湖泊近百年来的有机碳埋藏速率变化数据，这 16 个湖泊点的基本参数见表 6-1，各湖泊有机碳埋藏速率随时间变化趋势见图 6-10。

表 6-1　长江中下游地区 16 个湖泊的主要参数特征

湖泊	纬度 (°N)	经度 (°E)	面积 (km²)	流域面积 (km²)	平均水深 (m)	最大水深 (m)	温度 (℃)	降水 (mm)	蒸发 (mm)	农作物比例(%)	人口密度(person/km²)
赤西湖	30.17	115.29	1.2	63.5	2.5	4.2	15.7	1 360	1 378	23.4	431
石塘湖	30.61	117.09	23.3	346.0	1.5	2.5	16.5	1 389	1 611	24.2	345
武山湖	29.91	115.59	16.1	469.0	3.1	4.7	16.8	1 330	1 145	29.7	653
固城湖	31.28	118.92	24.5	248.0	1.6	4.4	15.5	1 105	940	46.1	529
赤东湖	30.11	115.42	26.8	552.8	3.4	4.2	16.7	1 360	1 378	23.4	431
太白湖	29.97	115.81	28.9	607.0	3.2	3.9	16.8	1 273	1 041	27.9	739
东湖	30.66	114.18	32.0	187.0	2.5	4.5	16.7	1 160	1 148	24.3	1 180
涨渡湖	30.65	114.70	35.2	514.0	1.2	2.3	16.3	1 172	1 525	32.3	658
网湖	29.87	115.33	42.3	5 310.0	3.7	5.4	15.9	1 385	—	21.2	385
淀山湖	31.12	120.96	63.7	446.0	2.1	4.4	15.5	1 037	900	52.6	1 775
阳澄湖	31.43	120.77	119.0	—	1.4	4.7	15.8	1 033	1 338	62.1	1 275
长湖	30.44	112.40	127.0	2 265.0	1.9	3.3	16.2	1 160	1 306	30.5	458
梁子湖	30.23	114.51	305.3	3 265.0	4.2	6.2	16.8	1 263	1 207	29.5	352
龙感湖	29.95	116.15	316.2	5 511.0	3.8	4.6	16.6	1 240	1 655	21.9	411
巢湖	31.57	117.53	770.0	9 258.0	2.7	3.8	15.5	1 100	1 124	29.4	431
洪泽湖	33.31	118.59	1 576.9	156 000.0	1.8	4.4	16.3	925	950	44.7	278

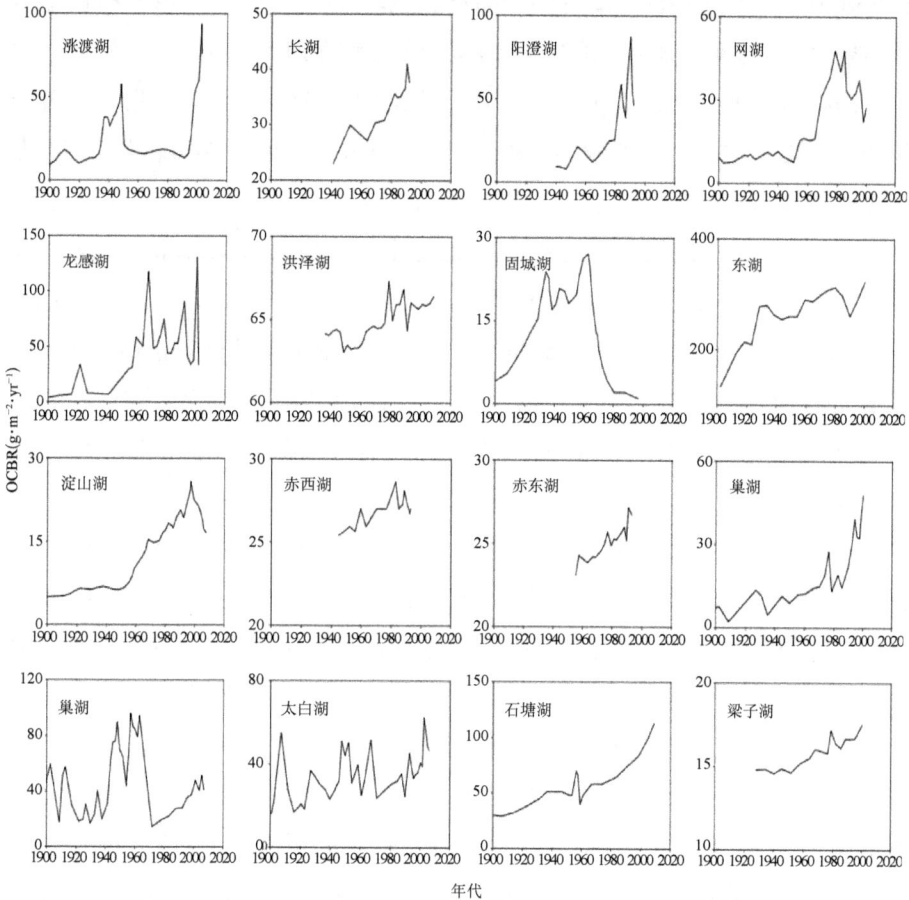

图 6 - 10 长江中下游地区 16 个湖泊沉积物有机碳埋藏速率随时间变化

研究结果表明,长江中下游地区湖泊平均有机碳埋藏速率变化范围为 13.3～259.0 g·m^{-2}·yr^{-1}。国外的研究结果如大湖有机碳埋藏速率为 5 g·m^{-2}·yr^{-1}、小湖为 72 g·m^{-2}·yr^{-1}(Dean and Gorham,1998),亚马孙平原大峡谷湖(湖泊面积 359 km^2)为 100 g·m^{-2}·yr^{-1}(Moreira-Turcq et al.,2004),美国佛罗里达地区奥基乔比湖(湖泊面积 1 724 km^2)为 60 g·m^{-2}·yr^{-1}(Brezonik and Engstrom,1998),爱荷华地区 7 个湖泊 2007 年的有机碳埋藏速率范围为 64～200 g·m^{-2}·yr^{-1}(Heathcote and Downing,2012),美国全国湖泊平均有机碳埋藏速率约为 31 g·m^{-2}·yr^{-1}(Clow et al.,2015),Anderson,Bennion 和

Lotter(2014)研究表明欧洲湖泊有机碳埋藏速率约为 60～100 g・m^{-2}・yr^{-1}。这些结果相比我国东部地区湖泊沉积物平均有机碳埋藏速率要高。

国内相关研究方面，Lan 等(2015)估算出 1 800 年以来我国西北干旱-半干旱地区湖泊平均有机碳埋藏速率约为 49.9 g・m^{-2}・yr^{-1}，Wang 等(2015)估算出全新世以来中国湖泊碳埋藏速率约为 7.7 g・m^{-2}・yr^{-1}，Huang 等(2018)对滇池有机碳埋藏研究表明，在滇池富营养化前，湖泊有机碳埋藏速率约为 16.62 g・m^{-2}・yr^{-1}，富营养化后湖泊平均有机碳埋藏速率约为 54.33 g・m^{-2}・yr^{-1}。此外，Dong 等(2012)对长江中下游地区湖泊碳埋藏进行了研究，表明 19 世纪 50 年代以来该地区湖泊有机碳埋藏速率变化范围约为 5～373 g・m^{-2}・yr^{-1}，和我们的研究结果略有不同，这可能主要与所选湖泊点及计算方法不同有关。

尽管在亚热带、暖温带地区湖泊初级生产力较高，如 2001 年至 2005 年长江中下游湖泊初级生产力为 0.128～0.504 g・m^{-2}・d^{-1}(曾台衡、刘国祥、胡征宇，2011)，然而整个东部地区湖泊沉积物有机碳埋藏速率相对于其他区域的研究结果要低。东部地区湖泊大多数都属于浅水湖泊(平均水深 2 m)，湖水不分层以及较浅的水深使得湖泊沉积物很容易受风浪扰动再悬浮，从而使得沉积物易于矿化分解。另一方面，随着工农业的快速发展，湖泊营养负荷增加，藻类大量繁殖生长，湖水变浑浊，湖泊透明度降低，从而减少了大型植物获得的光照；而湖底植物的消失又使得湖泊底质越来越松，风和生物的扰动增加了底质的再悬浮，导致湖水更加浑浊、透明度更低。湖泊调查的结果也显示大部分湖泊透明度小于 1 m。另外，伴随着湖泊的富营养化，湖泊藻类的增加导致沉积物有机质中内源藻类的增加。对比来自浮游植物的内源有机质，外源有机质在进入湖泊水体之前已经经历了一系列的矿化分解过程，导致大量不稳定有机质成分已经被移除掉，因而外源有机质相对内源有机质而言一般较顽固而且较难吸收利用(Wetzel，1995；Cole et al.，2000)。因此我国东部地区湖泊沉积物有机碳埋藏速率普遍较低，而洪湖较高的有机碳埋藏速率则可能与湖底水草覆盖度较高、沉积物中有较多的水草残体有关。

此外，尽管近百年来长江中下游地区湖泊沉积物有机碳埋藏速率变化较大,但仍有一些共同的变化趋势。自 20 世纪 80 年代来湖泊有机碳埋藏速率展现了快速增加的趋势,这与湖泊营养水平的快速变化表现出较好的一致性,湖泊营养水平的增加导致初级生产力的快速增加,从而使得沉积物有机碳埋藏速率也表现出增加趋势。许多湖泊沉积物环境代用指标分析结果也表明这段时间湖泊沉积物中内源有机质呈现增加趋势(周志华等,2007;Zhang et al.,2010;张恩楼等,2010;倪兆奎等,2011;张远、张彦、于涛,2011)。2001 年至 2005 年期间长江中下游部分湖泊的初级生产力相比 1987 年至 1991 年期间的也展现出明显的增加趋势(曾台衡、刘国祥、胡征宇,2011)。一些湖泊有机碳埋藏速率在 20 世纪 20 年代至 60 年代期间展现了快速增加趋势或处在相对高值阶段,如洪湖和石臼湖,这可能与该时期土地利用变化导致的较高的沉积速率和有机碳含量有关。

6.2.3　湖泊沉积物营养盐埋藏变化

和有机碳累积速率计算方法相似,总氮累积速率(Total Nitrogen Burial Rate,TNBR,$g \cdot m^{-2} \cdot yr^{-1}$)及总磷累积速率(Total Phosphorus Burial Rate,TPBR,$g \cdot m^{-2} \cdot yr^{-1}$)的计算也是基于以下两种形式:1)基于每层总氮(TN,%)及总磷(TP,%)含量和每层的沉积物质量累积速率(Sediment Accumulation Rates,SARs,$g\ cm^{-2}\ yr^{-1}$)相乘得到,2)线性沉积速率(Sediment Rate,SR,$cm \cdot yr^{-1}$)、孔隙度(porosity,φ)、沉积物干密度(dry sediment density,ρ,$g \cdot cm^{-3}$)和 TN 及 TP 含量相乘得到(Alin and Johnson,2007;Müller et al.,2005)。主要计算公式如下:

$$TNBR = SARs \times TOC(\%) \tag{5}$$

$$TNBR = SR \times TOC(\%) \times \rho \times (1-\varphi) \tag{6}$$

$$TPBR = SARs \times TOC(\%) \tag{7}$$

$$TPBR = SR \times TOC(\%) \times \rho \times (1-\varphi) \tag{8}$$

其中,孔隙度(φ)和沉积物干密度(ρ)计算方法参照公式(3)和公式(4)。

近百年来四个典型湖泊氮磷埋藏速率分别见图 6-11 和图 6-12。总的来说,各湖泊总氮埋藏速率和总磷埋藏速率变化趋势大体一致。20 世纪 50 年代

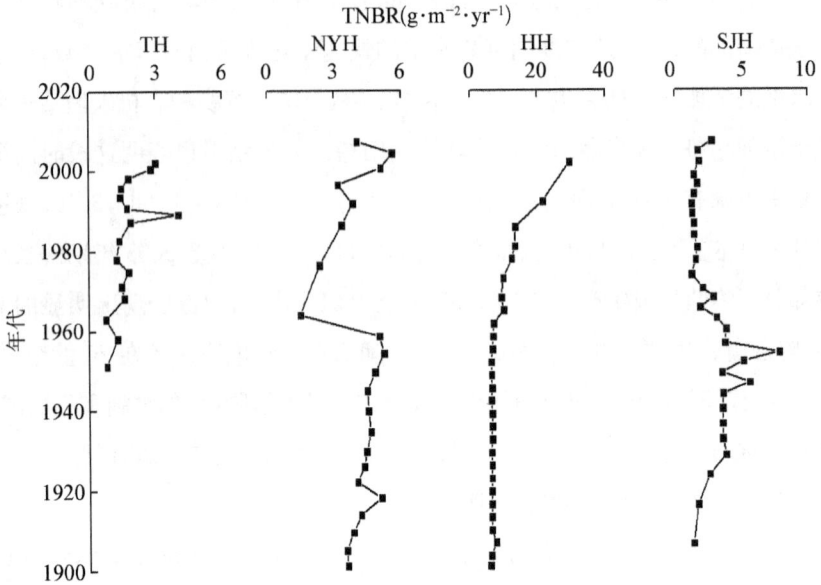

图 6-11 近百年来典型湖泊(太湖、南漪湖、洪湖及石臼湖)沉积物氮埋藏随时间变化

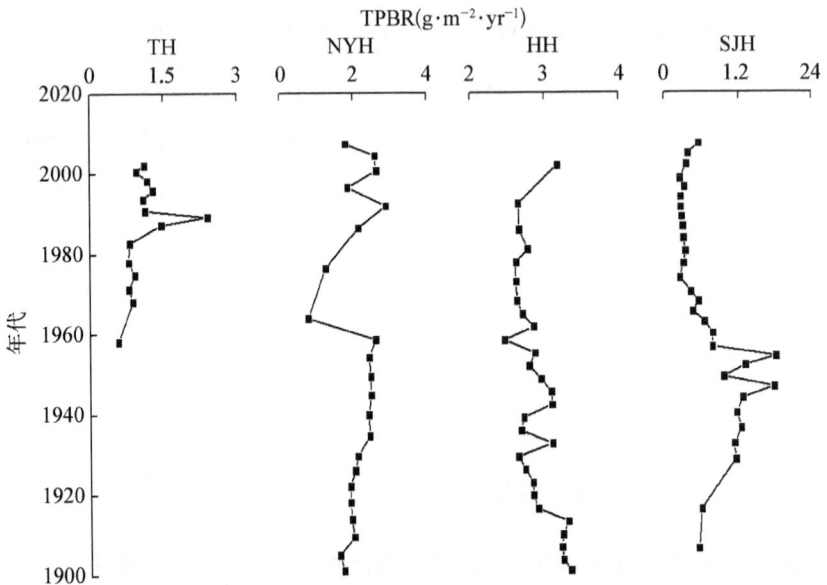

图 6-12 近百年来典型湖泊(太湖、南漪湖、洪湖及石臼湖)沉积物磷埋藏随时间变化

以来太湖总氮埋藏速率和总磷埋藏速率基本呈现增加趋势,其变化范围分别为
$0.73 \sim 4.04$ g · m^{-2} · yr^{-1}(平均值 1.77 g · m^{-2} · yr^{-1})和 $0.56 \sim$
2.39 g · m^{-2} · yr^{-1}(平均值1.09 g · m^{-2} · yr^{-1})。南漪湖总氮埋藏速率和总磷埋藏
速率变化范围分别为 $1.43 \sim 5.60$ g · m^{-2} · yr^{-1}(平均值4.09 g · m^{-2} · yr^{-1})和
$0.77 \sim 2.89$ g · m^{-2} · yr^{-1}(平均值2.09 g · m^{-2} · yr^{-1})。20 世纪 50 年代之前南
漪湖总氮埋藏速率和总磷埋藏速率相对较高,50 年代至 60 年代间呈现下降趋
势,60 年代以来又开始逐渐增加。洪湖总氮埋藏速率和总磷埋藏速率在 20 世
纪 80 年代之前相对比较稳定,80 年代之后快速增加,其变化范围分别为 $5.63 \sim$
29.43 g · m^{-2} · yr^{-1}(平均值 8.69 g · m^{-2} · yr^{-1})和 $2.45 \sim 3.34$ g · m^{-2} · yr^{-1}
(平均值2.88 g · m^{-2} · yr^{-1})。石臼湖近百年来总氮埋藏速率和总磷埋藏速率
的变化可以分为三段:20 世纪 50 年代之前的逐渐升高阶段、50 年代到 80 年代
的下降阶段和 80 年代以来缓慢增加阶段,其总氮埋藏速率和总磷埋藏速率变化
范围分别为 $1.11 \sim 7.76$ g · m^{-2} · yr^{-1}(平均值 2.62 g · m^{-2} · yr^{-1})和 $0.25 \sim$
1.81 g · m^{-2} · yr^{-1}(平均值 0.69 g · m^{-2} · yr^{-1})。

　　此外,我们还搜集了文献中有关长江中下游地区其他湖泊总氮及总磷埋藏的
资料,这些湖泊的基本参数见表 6-1,总氮及总磷埋藏速率见图 6-13 和图
6-14。

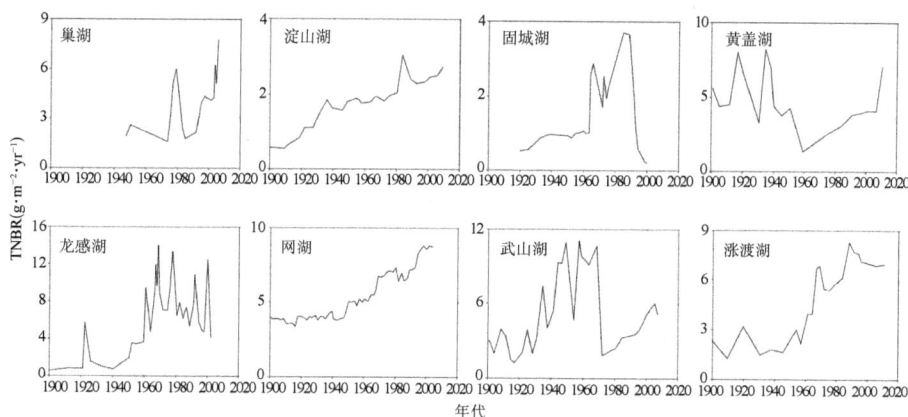

图 6-13　长江中下游地区其他湖泊沉积物氮埋藏随时间变化

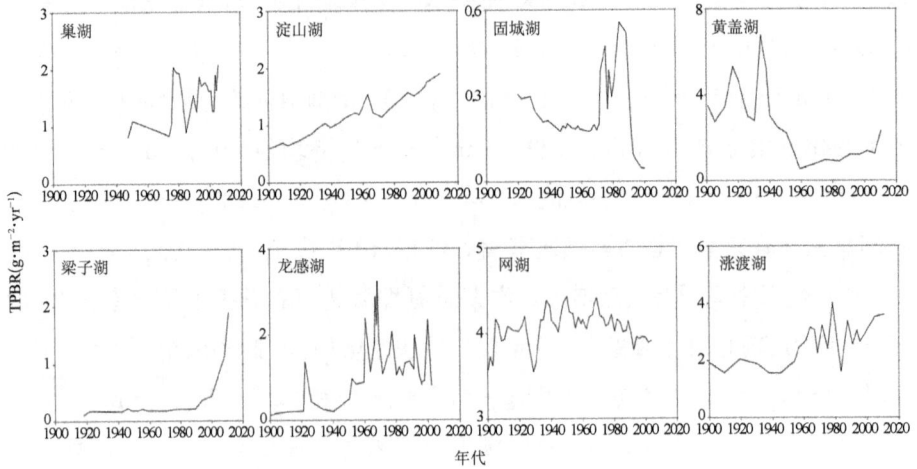

图6-14 长江中下游地区其他湖泊沉积物磷埋藏随时间变化

长江中下游地区是目前我国淡水湖泊最集中的区域,而且绝大多数为浅水湖泊。在改革开放以前,该地区山清水秀,许多地区如苏南太湖地区均是有名的鱼米之乡。80年代后期至今,大部分湖泊已经呈现中营养或中富营养化以上水平(杨桂山等,2010)。比如,20世纪80年代鄱阳湖水质以Ⅰ、Ⅱ类为主,Ⅰ、Ⅱ类水体平均占比达85%以上,Ⅲ类水体占比不足15%;至90年代,Ⅰ、Ⅱ类水体占比平均下降到70%,Ⅲ类水体平均占30%;进入21世纪,特别是2003年以来,Ⅰ、Ⅱ类水体平均只占50%,Ⅲ类水体平均占32%,并出现18%左右的劣Ⅲ类水体,主要超标项目为TN、TP(杨桂山等,2010)。20世纪80年代前期太湖仍以Ⅱ至Ⅲ类水为主,处于尚清洁状态,后期以Ⅲ类水为主,呈现一定的污染趋势;到90年代中期以Ⅲ至Ⅳ类水为主,属轻度污染,局部Ⅴ类水;后期以Ⅳ至Ⅴ类水为主,局部已劣于Ⅴ类水;2000年后,全太湖水体以Ⅴ类水为主,属重污染,其中太湖西岸地区、梅梁湾、竺山湾水质较差,已劣于Ⅴ类水(秦伯强,1998;朱广伟,2008)。2007年梅梁湾藻类水华大规模爆发及污水团事件,引起了国家和全社会对太湖水环境的高度重视。

随着流域内工业化、城市化和农业生产水平(表现为化肥的大量使用)的发展,用水量和废污水排放量相应增加,不同地区的湖泊,其营养盐来源与流域社会经济发展水平密切相关(秦伯强,2002)。据统计,巢湖流域 63% 的 TN 和 73% 的 TP 来自农业面源污染(国家环境保护总局,2000),而在太湖流域,60% 的 TN 来自生活污水,37.5% 的 TP 来自农业面源污染,25% 的 TP 来自生活污水(国家环境保护总局,2000)。随着工业废水、生活污水、农业面源及水土流失等氮磷大量入湖,导致入湖氮磷负荷快速增长,进而导致湖泊沉积物总氮和总磷埋藏速率的快速增加。

此外,近几十年以来,为了满足人口增加的物质需要,人为修闸建堤等水利工程建设和围垦活动加剧,导致湖泊及其周边湿地急剧萎缩。长江中下游地区有 1/3 以上的湖泊面积被围垦,因此消亡的湖泊达 1 000 余个。在"千湖之省"湖北的江汉平原,20 世纪 50 年代末湖泊数目约为 1 066 个,至 80 年代初尚剩约 309 个,而目前面积大于 1 km² 湖泊仅剩 188 个,面积大于 10 km² 的湖泊仅剩 45 个(姜加虎、王苏民,2004;马荣华等,2011)。被誉为"水乡泽国"的江苏省境内自 1957 年以来,因围湖造田所削减的湖泊面积超 1 500 km²,消亡的湖泊达40 多个。仅太湖流域建圩湖泊就达 498 个,受围垦的湖泊 239 个,减少湖泊面积约 529 km²(杨桂山等,2010)。人类活动在源源不断地向湖泊中排放污染物的同时,又通过对湿地等环境的破坏减少了营养盐的输出途径,从而加剧湖泊富营养化的发展趋势,导致较高的沉积物总氮和总磷埋藏速率。

6.3　典型湖泊沉积物有机碳及营养盐埋藏影响因素研究

6.3.1　典型湖泊沉积物有机碳埋藏影响因素研究

（1）有机碳来源变化

湖泊沉积物中有机碳埋藏速率的高低可能与有机质来源的变化有关。长江中下游地区湖泊流域农田比例较高,农业活动较强,大量化肥的使用,使得有较多的营养盐输入湖泊中,导致湖泊初级生产力提高,进而导致沉积物 TOC 的含量大幅升高。因此,TOC 自 20 世纪 80 年代的增加可能归因于湖泊富营养化后内源有机质的增加,这些典型湖泊环境指标的变化如 TOC/TN 的下降也指示了这一阶段湖泊有机质可能主要是藻类(图 6-4)。典型湖泊环境变化表明 20 世纪 80 年代以前湖泊水质较好,有机质主要以外源有机质输入和湖泊水草为主,而藻类的含量较少,这期间某些阶段有机碳埋藏速率的快速增加主要与较高的沉积速率及较高的有机碳含量有关。20 世纪 80 年代以前较高的 TOC/TN 也代表较多外源有机质。

(2) 富营养化

自 20 世纪 80 年代以来四个典型湖泊有机碳埋藏速率均显示快速增加的趋势,这可能归因于湖泊富营养化。许多研究均表明 1850 年以来有机碳埋藏速率的快速增加和湖泊富营养化有关(Mulholland and Elwood,1982;Downing et al.,2008;Heathcote and Downing,2012),例如爱荷华地区 7 个自然湖泊碳埋藏速率伴随着富营养化增加了 4~5 倍(Heathcote and Downing,2012)。从上述湖泊环境变化研究中可知四个典型湖泊富营养化均始于 20 世纪 80 年代,自此之后富营养化开始加剧,且有机碳埋藏速率也表现为增加趋势(图 6-9)。此外,TOC/TN 变化表明 80 年代以来湖泊沉积物有机质主要来源于内源藻类的增加(图 6-4),这些变化也表明这段时间有机碳埋藏速率的快速增加可能与富营养化有关。Mulholland 和 Elwood(1982)研究结果表明中营养-富营养化湖泊(面积>500 km²)碳埋藏速率为 10~30 g·m⁻²·yr⁻¹(均值 18 g·m⁻²·yr⁻¹),中营养-富营养化湖泊(面积<500 km²)为 11~198 g·m⁻²·yr⁻¹(均值 94 g·m⁻²·yr⁻¹)。本文研究结果表明太湖、南漪湖、洪湖和石臼湖富营养化后的有机碳埋藏速率分别约为 25 g·m⁻²·yr⁻¹、16.1 g·m⁻²·yr⁻¹、220.5 g·m⁻²·yr⁻¹和 40.8 g·m⁻²·yr⁻¹,由此可见,四个典型湖泊富营养化碳埋藏速率均大致处在 Mulholland 和 Elwood(1982)研究范围中。

尽管本研究只考虑了四个典型湖泊,整个东部平原区湖泊大部分已经处在富营养化水平,最新湖泊调查显示东部平原区处于富营养状态的湖泊占调查湖泊总数的 88.3%(杨桂山等,2010)。如果有机碳埋藏和富营养化存在普遍的关系,那么长江中下游地区湖泊碳埋藏速率很可能会随着营养水平和富营养化程度的增加而进一步增长。

(3) 气候变化

近百年来气候快速变暖已是不容争议的事实(Stocker et al.,2013),以气候变暖为主要特征的气候变化导致许多生态系统发生了较大的变化(Stocker et al.,2013)。典型湖泊有机碳埋藏速率与温度(图 6-15)、降水(图 6-16)随时间变化趋势表明,湖泊有机碳埋藏速率和温度及降水呈现一定的正相关性,表明随温度升高及降水量增加,该地区湖泊有机碳埋藏速率也随之增加。

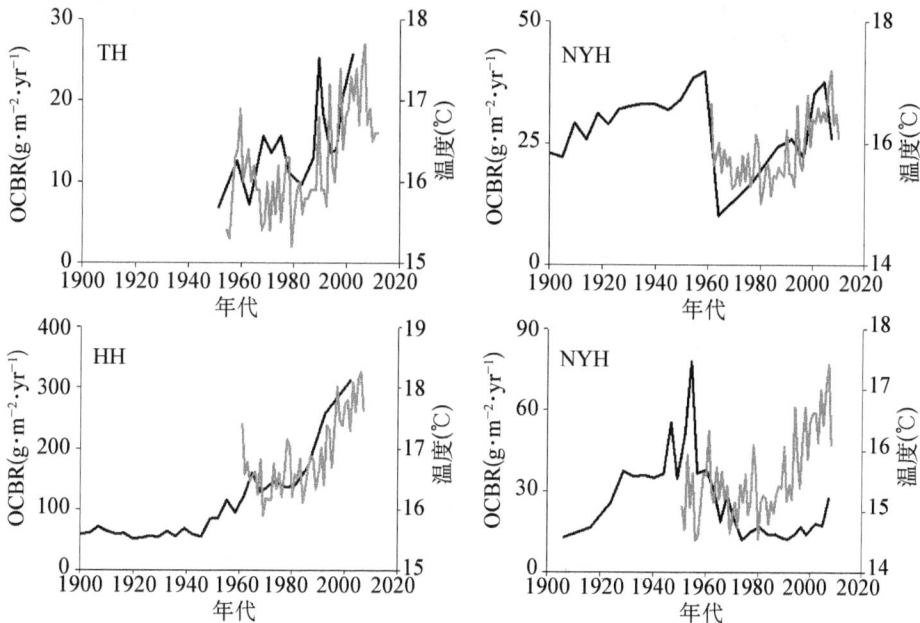

图 6-15　近百年来典型湖泊(太湖、南漪湖、洪湖及石臼湖)沉积物有机碳埋藏速率与温度之间的关系(黑色实线为有机碳埋藏速率,灰色实线为温度)

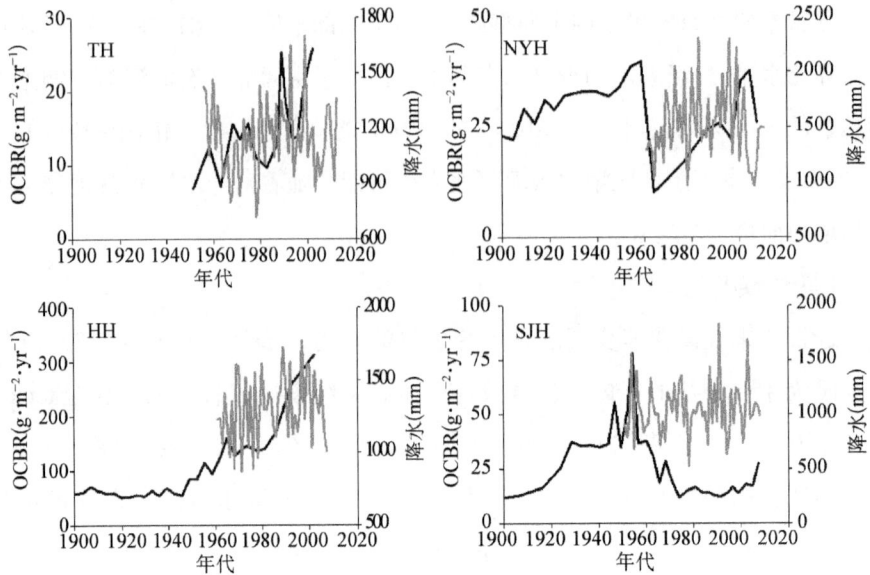

图6-16 近百年来典型湖泊（太湖、南漪湖、洪湖及石臼湖）沉积物有机碳埋藏速率与降水之间的关系（黑色实线为有机碳埋藏速率，灰色实线为降水量）

一般而言，随降雨量的增加，湖泊流域内土壤和植被的碳储量也会增加，进而导致随地表径流进入湖泊的溶解有机碳和颗粒有机碳增加（Post et al.，1982；Hontoria and Saa，1999；Xiao，1999；王绍强、刘纪远，2002；周涛、史培军、王绍强，2003）。Xu 等（2006；2013）及 Lan 等（2015）对我国西北干旱区湖泊的研究，以及我们对呼伦湖的研究结果（Zhang et al.，2017）均表明，湖泊沉积物有机碳埋藏速率随降雨量增加而升高，暗示着湖区降雨量大小可能对湖泊有机碳埋藏起着重要的调节作用。

有机碳埋藏速率与温度随时间变化趋势的相对一致性表明温度可能是影响长江中下游地区湖泊有机碳埋藏的重要因子。一般来讲，随温度增加，流域生态系统（包括植被和土壤）的净初级生产力也会增长，进而引起湖泊有机质来源的增加（Melillo et al.，2002；Zhang et al.，2013）。同时，大量观测资料表明，随温度升高，世界很多河流中的溶解有机碳（DOC）含量也会增加（Freeman et al.，2001；Worrall，Burt and Shedden，2003；Monteith et al.，2007；Evans et al.，2012），因而随径流输入湖泊的有机碳也增加。此外，温度不仅对湖泊有机碳埋藏速率有着直接影响,同时还能通过影响其他因子影响湖泊有机碳的输入/输出等,进而对湖泊有机碳埋藏产生间接作用(Wright and Schindler,1995;Koinig and Schmidt,1998)。

值得注意的是,相比较而言,长江中下游地区典型湖泊降水与有机碳埋藏速率的相关性比温度要差,一方面这可能与时间尺度比较短、分辨率比较低有关,另一方面也与人类活动通过各种水利设施调控流域内径流变化,使得湖泊应对降水变化的能力增强有关。

（4）人类活动影响

20世纪80年代以前一些湖泊有机碳埋藏速率出现快速增加的趋势,这可能与流域内一些非常显著的人类活动如开垦荒地等有关。南漪湖有机碳埋藏速率在20世纪20年代至60年代呈现增加趋势,石臼湖有机碳埋藏速率在20世纪40年代至60年代左右也出现高值。对比这些湖泊有机碳埋藏速率与有机碳含量变化趋势(图6-17),可以发现有机碳埋藏速率的高值阶段或快速增

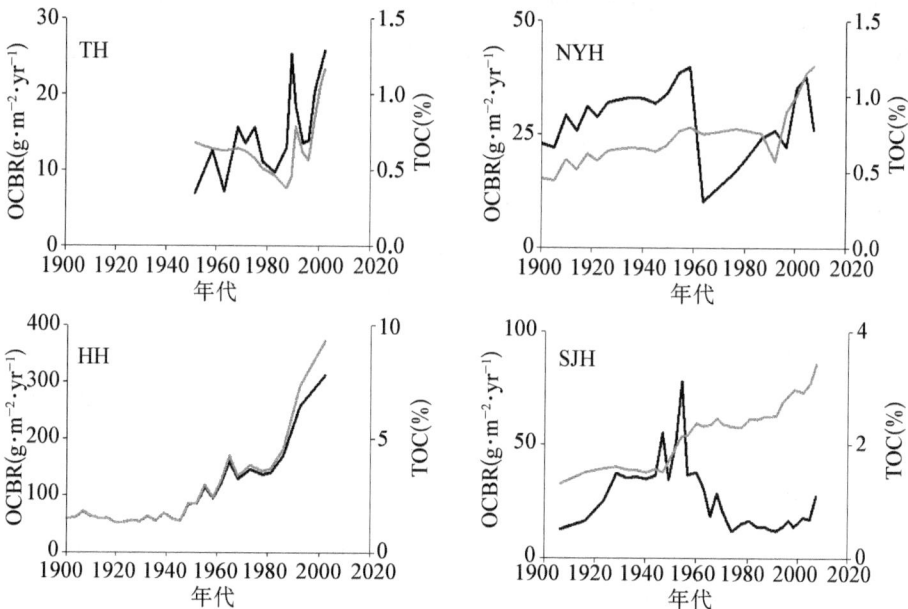

图6-17　近百年来典型湖泊(太湖、南漪湖、洪湖及石臼湖)沉积物有机碳埋藏速率与TOC之间的关系(黑色实线为有机碳埋藏速率,灰色实线为TOC含量)

加和有机碳含量的高值或快速增加表现出很好的一致性,这表明有机碳埋藏速率在这些时段的变化与该段时间的人类活动有显著的关系。一方面,强烈的土地开垦和毁林活动,可以加快土壤侵蚀,造成从流域生态系统特别是土壤中随地表径流输送至湖泊沉积物中的有机碳含量增加,从而提高湖泊沉积速率及有机碳含量(Kortelainen et al.,2004;Yang et al.,2005)。羊向东等(2001)对龙感湖、杨洪等(2004)对武汉东湖以及陈萍等(2004)对洪湖沉积物的研究均表明,在清朝康熙雍正年间由于政府实行"滋生人口,永不加赋"的政策,致使人口激增,直到1970年后实行计划生育,才有所控制。人口的增加和农业耕作的发展使区域内氮磷等营养物质向湖内输入增加,导致湖中大量水生植物生长,植物死亡残体沉入湖底,形成沉积物的组成部分,从而导致沉积物碳氮含量增加。Kastowski,Hinderer和Vecsei(2011)对欧洲湖泊碳埋藏的研究也表明湖泊沉积物碳埋藏速率与流域内农田所占比例及人口密度显著正相关,和我们的结果一致。

另一方面,人类大范围化学肥料的使用以及生活污水、废水的大量排放,造成湖泊富营养化加剧,提高了湖泊"生物泵"效应,增加了入湖可溶性营养盐的输入量,造成湖泊内生生产力显著提高,有机碳埋藏速率增高(Downing and Cole,2008)。据记载,20世纪70年代后,石臼湖流域溧水等地工农业经济及养殖业快速发展,生活污水大量入湖,同时石油等燃料的消耗量迅速增加,皮革、电镀、造纸、印染、黑色金属冶炼和化工等工业迅速发展,"三废"排放量增加;至1985年,全县有污染企业215个,其中重污染企业50个,这些企业大多数设备陈旧,工艺落后,无"三废"处理能力(溧水县地方志编纂委员会,1992),这些都导致沉积物中有机碳含量快速增加。此外,还有研究表明,20世纪70年代以来,随巢湖富营养化加剧,巢湖沉积物中TOC和TN呈明显升高趋势(姚书春、李世杰,2004)。其他地区如新疆博斯腾湖较高的有机碳含量也与其所在流域人类大规模开垦活动有关(郑柏颖等,2012)。此外还有大量研究也表明富营养化的湖泊有机碳埋藏速率明显较贫-中营养湖高(Mulholland and Elwood,1982;Downing and Cole,2008;Heathcote and Downing,2012)。人类活动通过上述两个方面直接或间接影响湖泊沉积速率和碳输入量,最终导致湖泊沉积物碳埋藏速率的增加。

6.3.2　典型湖泊沉积物营养盐埋藏影响因素研究

通常情况下,水体中氮、磷通过生物吸收(初级生产)和化学迁移(吸附和矿物沉降)等过程进入颗粒物,虽然这些颗粒物在下降过程中会不断发生分解,但总有一部分氮、磷随颗粒物沉降到湖底并进入沉积物(李学刚等,2005)。氮、磷在沉积物中的埋藏主要与其沉积速率和水动力条件、物质来源、生物扰动和氧化还原环境等因素密切相关(吕晓霞等,2005)。

沉积速率是影响沉积物氮磷埋藏的重要因素,沉积速率越大,沉积物的堆积速率相应也就越快,沉积物中的有机氮还来不及氧化分解,或已经矿化了的有机质还来不及发生交换就随快速沉降的沉积物一起被埋藏,致使沉积物中氮磷的埋藏量较高。水动力条件较强及生物扰动等环境条件影响较强时,沉积物中的氮磷很容易释放进入上覆水中参与再循环,导致埋藏到沉积物中的氮磷含量也较低。

湖泊沉积物中氮来源丰富,其外源主要有土壤侵蚀、大气沉降及人为排放(王俊杰、朱德清、臧淑英,2011),内源主要是湖内生物的排泄废物以及各种动植物残体(吴亚林等,2017)。不同的氮来源造成了不同湖泊沉积物氮在空间及时间上的不同埋藏特征。钱君龙等(1997)曾探讨了一种利用 TOC/TN 定量估算有机碳中水生有机碳(C_a)、氮(N_a)和陆源有机碳(C_l)、氮(N_l)的方法。依此方法,并假设水生和陆源有机质的 TOC/TN 值分别为 5 和 20(作为零级近似)(王圣瑞等,2016),则可大致估算自生氮源和外源氮源分别占总氮的比重

$$N_a = (20TN - TOC)/15$$
$$N_l = (TOC - 5TN)/15$$

式中,N_a 为水生氮源,N_l 为陆生氮源。

计算结果表明(图 6-18),南漪湖和石臼湖近百年来沉积物氮含量以自生氮为主,且变化趋势并不明显。太湖近五十年以来以自生氮为主,但 20 世纪 90 年代以来自生氮比例有所下降。洪湖氮含量来源波动较大,在 20 世纪初至 20 世纪 50 年代间及 70 年代以后以自生氮为主,而 50 年代至 70 年代之间以外源氮为主。20 世纪 50 年代到 70 年代洪湖外源氮输入的增加可能与该时期流域范围内人类活动的强度加大、生活污水的入湖量增加有关;同时 1950 年以来洪

湖的大范围围垦,导致湖泊的面积大大缩小,相应湖泊的自我调节能力降低,大量的流域营养物质不经湖周湿地的吸收削减就直接入湖,导致沉积物中外源营养元素含量的增加。

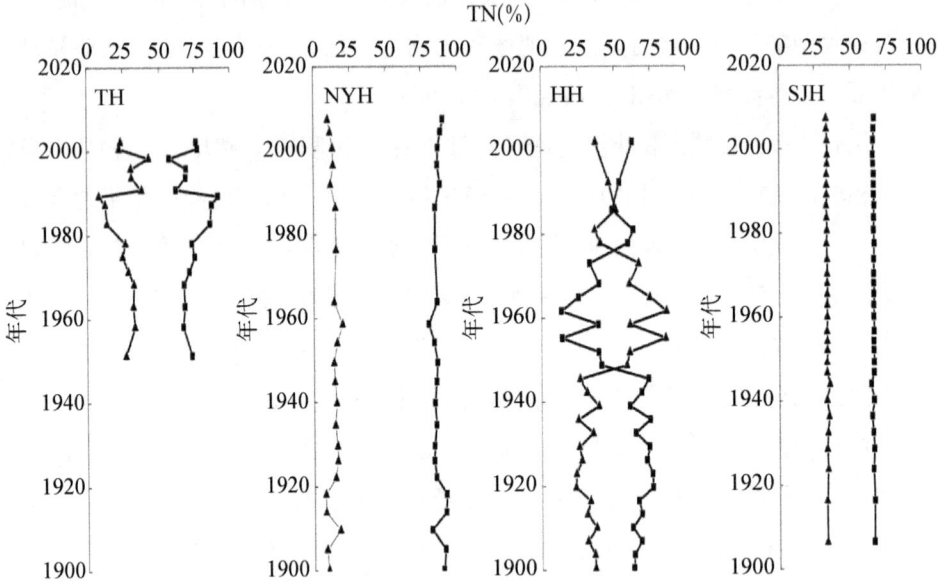

图 6-18 典型湖泊(太湖、南漪湖、洪湖及石臼湖)沉积物自生氮(黑色方框)及外源氮(黑色三角形)所占百分比

磷在沉积物中的形态及分布比较复杂,受多种因素的影响,陆源颗粒物和相对较高的初级生产力以及随后的沉积埋藏是沉积物中磷的主要来源(Jiang et al.,2014)。如果沉积物中的氮、磷有相同的来源,两者应当有良好的相关关系,反之,如果两者的相关性较差,则表明它们具有不同的来源。研究结果表明,除南漪湖外,太湖、洪湖和石臼湖氮磷之间的相关性并不显著(图 6-19),表明南漪湖沉积物氮磷来源可能相同,其余湖泊氮磷的来源可能不同,即南漪湖沉积物磷可能主要以内源为主,而其余湖泊沉积物中的磷可能以外源输入为主。此外,根据沉积物中自生有机质最终来自浮游植物及浮游植物中 C、N 和 P 符合 Redfield C∶N∶P=106∶16∶1 的理论,本研究中的太湖、洪湖及石臼湖 TN/TP 平均值均小于 Redfield 比(图 6-8),也进一步说明这几个湖泊沉积物中的磷可能主要是陆源的,而南漪湖中较低的 TN/TP 则可能与其保存条件及

分解速率不同有关。

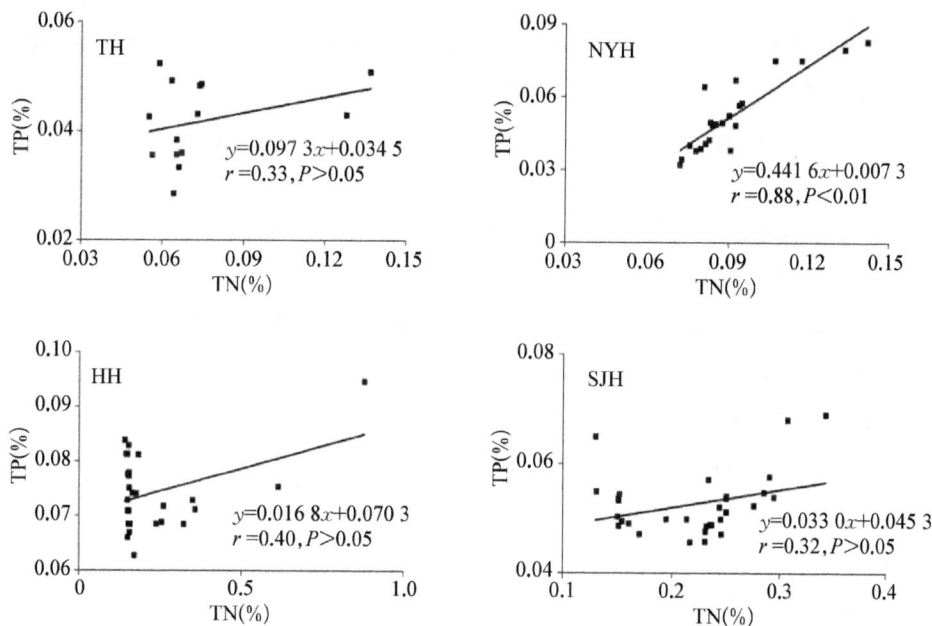

图 6-19 典型湖泊(太湖、南漪湖、洪湖及石臼湖)沉积物 TN 与 TP 之间的关系

先前研究表明,我国湖泊上覆水 N/P 变化范围在 0.9~84 之间,平均值约为 16(蔡龙炎、李颖、郑子航,2010),不同湖泊水体 N/P 平均值约为 19(王圣瑞等,2016)。本研究中沉积物氮磷平均比值总体小于上覆水及湖泊水体,这可能与水体蓝藻固氮作用和沉积物氮释放量较磷高有关。王圣瑞等(2016)对太湖和巢湖的研究表明,尽管这两个湖泊沉积物氮埋藏通量远大于磷,但是埋藏效率均小于磷,因此氮的释放量及释放风险也比磷高。因此,对于长江中下游地区湖泊沉积物内源污染防治,可能应该优先考虑控制沉积物氮的释放。

参考文献

蔡龙炎,李颖,郑子航.我国湖泊系统氮磷时空变化及对富营养化影响研究[J].地球与环境,2010,38(2):235-241.

陈萍,何报寅,杜耘,等.洪湖人类活动的沉积物记录[J].湖泊科学,2004,16(3):233-237.

陈诗越,董杰.龙感湖湿地生态功能的生物和化学记录[J].聊城大学学报(自然科学版),2006,19(4):11-14.

国家环境保护总局."三河""三湖"水污染防治计划及规划[M].北京:中国环境科学出版社,2000.

何报寅.江汉平原湖泊的成因类型及其特征[J].华中师范大学学报(自然科学版),2002,36(2):241-244.

季婧,曾令晗,卞昊昆,等.近50年以来的东洞庭湖沉积物中氮磷硅元素变化与区域环境演变[J].第四纪研究,2018,38(4):1017-1023.

姜加虎,王苏民.长江流域水资源、灾害及水环境状况初步分析[J].第四纪研究,2004,24(5):512-517.

李学刚,宋金明,李宁,等.胶州湾沉积物中氮与磷的来源及其生物地球化学特征[J].海洋与湖沼,2005,36(6):562-571.

溧水县地方志编纂委员会.溧水县志[M].南京:江苏人民出版社,1992:90-91,191,252,351.

吕晓霞,宋金明,袁华茂,等.南黄海表层沉积物中氮的分布特征及其在生物地球化学循环中的功能[J].地质论评,2005,51(2):212-218.

马红波,宋金明,吕晓霞,等.渤海沉积物中氮的形态及其在循环中的作用[J].地球化学,2003,32(1):48-54.

马荣华,杨桂山,段洪涛,等.中国湖泊的数量,面积与空间分布[J].中国科学:地球科学,2011,41(3):394-401.

倪兆奎,李跃进,王圣瑞,等.太湖沉积物有机碳与氮的来源[J].生态学报,2011,31(16):4661-4670.

钱君龙,王苏民,薛滨,等.湖泊沉积研究中的一种定量估算陆源有机碳的方法[J].科学通报,1997,42(15):1655-1658.

秦伯强.太湖水环境面临的主要问题,研究动态与初步进展[J].湖泊科学,1998,10(4):1-9.

秦伯强.长江中下游浅水湖泊富营养化发生机制与控制途径初探[J].湖泊科学,2002,14(3):193-202.

秦伯强,罗潋葱.太湖生态环境演化及其原因分析[J].第四纪研究,2004,24(5):561-568.

隋桂荣.太湖底质中有机物污染状况研究[J].上海师范学院学报(自然科学版),1983:120-123.

隋桂荣.太湖表层沉积物中OM、TN、TP的现状与评价[J].湖泊科学,1996,8(4):319-324.

王俊杰,朱德清,臧淑英.松嫩平原中西部湖泊底泥营养盐的空间变异特征[J].地理与地理信息科学,2011,27(2):92-95.

王绍强,刘纪远.土壤蓄积量变化的影响因素研究现状[J].地球科学进展,2002,17(4):528-534.

王圣瑞,倪兆奎,刘凯,等.湖泊沉积物氮磷与流域演变[M].北京:科学出版社,2016.

王朝晖,李友富,牟德海.大亚湾大鹏澳海域C、N、B、Si的沉积记录研究[J].海洋环境科学,2010,29(1):1-7.

吴亚林,李帅东,江俊武,等.百年来滇池沉积物中不同形态氮分布及埋藏特征[J].环境科学,2017,38(2):517-526.

吴艳宏,邴海健,刘恩峰,等.龙感湖近百年来沉积物磷的时空分布特征及其人类活动影响[J].第四纪研究,2010,30(6):1151-1155.

薛滨,姚书春,王苏民,等.长江中下游不同类型湖泊沉积物营养盐蓄积变化过程及其原因分析[J].第四纪研究,2007,27(1):122-127.

薛滨,姚书春,夏威岚.长江中下游典型湖泊近代环境变化研究[J].地质学报,2008,82(8):1135-1141.

杨桂山,马荣华,张路,等.中国湖泊现状及面临的重大问题与保护策略[J].湖泊科学,2010,22(6):799-810.

杨洪,易朝路,谢平,等.武汉东湖沉积物碳氮磷垂向分布研究[J].地球化学,2004,33(5):507-514.

羊向东,王苏民,沈吉,等.近0.3 ka来龙感湖流域人类活动的湖泊环境响应[J].中国科学:D辑,2001,31(12):1031-1038.

姚书春,李世杰.巢湖富营养化过程的沉积记录[J].沉积学报,2004,22(2):343-347.

袁和忠.太湖底泥分布及营养盐和重金属地球化学特征分析[D].南京:中国科学院南京地理与湖泊研究所,2010.

曾台衡,刘国祥,胡征宇.长江中下游湖区浮游植物初级生产力估算[J].长江流域资源与环境,2011,20(6):717-722.

张恩楼,曹艳敏,刘恩峰,等.近150年来湖北太白湖摇蚊记录与湖泊营养演化[J].第四纪研究,2010,30(6):1156-1161.

张远,张彦,于涛.太湖典型湖区沉积物外源有机质贡献率研究[J].环境科学研究,2011,24(3):251-258.

郑柏颖,曹艳敏,张恩楼,等.博斯腾湖近200年来湖泊环境变化的有机碳氮稳定同位素记录[J].海洋地质与第四纪地质,2012,32(6):165-171.

周涛,史培军,王绍强.气候变化及人类活动对中国土壤有机碳储量的影响[J].地理学报,2003,58(5):727-734.

周志华,刘丛强,李军,等.巢湖沉积物 $\delta^{13}C_{org}$ 和 $\delta^{15}N$ 记录的生态环境演化过程[J].环境科学,2007,28(6):1338-1343.

朱广伟.太湖富营养化现状及原因分析[J].湖泊科学,2008,20(11):21-26.

朱广伟,高光,秦伯强,等.浅水湖泊沉积物中磷的地球化学特征[J].水科学进展,2003,14(6):714-719.

Alin S R, Johnson T C. Carbon cycling in large lakes of the world: A synthesis of production, burial, and lake-atmosphere exchange estimates[J]. Global Biogeochemical Cycles, 2007, 21(3).

Anderson N J, Bennion H, Lotter A F. Lake eutrophication and its implications for organic carbon sequestration in Europe[J]. Global change biology, 2014, 20(9):2741-2751.

Blais J M, Kalff J. The influence of lake morphometry on sediment focusing[J]. Limnology and Oceanography, 1995, 40(3):582-588.

Brezonik P L, Engstrom D R. Modern and historic accumulation rates of phosphorus in Lake Okeechobee, Florida[J]. Journal of Paleolimnology, 1998, 20(1):31-46.

Chang W Y B. Major environmental changes since 1950 and the onset of accelerated eutrophication in Taihu Lake, China [J]. Acta Palaeontologica Sinica, 1996, 35:155-185.

Clow D W, Stackpoole S M, Verdin K L, et al. Organic carbon burial in lakes and reservoirs of the conterminous United States[J]. Environmental science & technology, 2015, 49(13):7614-7622.

Cole J J, Pace M L, Carpenter S R, et al. Persistence of net heterotrophy in lakes during nutrient addition and food web manipulations[J]. Limnology and oceanography, 2000, 45(8): 1718 - 1730.

Dean W E, Gorham E. Magnitude and significance of carbon burial in lakes, reservoirs, and peatlands[J]. Geology, 1998, 26: 535 - 538.

Dong X H, Anderson N J, Yang X D, et al. Carbon burial by shallow lakes on the Yangtze floodplain and its relevance to regional carbon sequestration[J]. Global Change Biology, 2012, 18(7): 2205 - 2217.

Downing J A, Cole J J, Middelburg J J, et al. Sediment organic carbon burial in agriculturally eutrophic impoundments over the last century[J]. Global Biogeochemical Cycles, 2008, 22(1): 1 - 10.

Evans C D, Jones T G, Burden A, et al. Acidity controls on dissolved organic carbon mobility in organic soils[J]. Global Change Biology, 2012, 18(11): 3317 - 3331.

Freeman C, Evans C D, Monteith D T, et al. Export of organic carbon from peat soils[J]. Nature, 2001, 412(6849): 785.

Garber K J, Hartman R T. Internal phosphorus loading to shallow Edinboro Lake in northwestern Pennsylvania[J]. Hydrobiologia, 1985, 122(1): 45 - 52.

Gälman V, Rydberg J, de-Luna S S, et al. Carbon and nitrogen loss rates during aging of lake sediment: changes over 27 years studied in varved lake sediment [J]. Limnology and Oceanography, 2008, 53(3): 1076 - 1082.

Håkanson L. Lake bottom dynamics and morphometry: the dynamic ratio[J]. Water Resources Research, 1982, 18(5): 1444 - 1450.

Heathcote A J, Downing J A. Impacts of eutrophication on carbon burial in freshwater lakes in an intensively agricultural landscape [J]. Ecosystems, 2012, 15(1): 60 - 70.

Hontoria C, Saa A, Rodríguez-Murillo J C. Relationships between soil organic carbon and site characteristics in peninsular Spain[J]. Soil Science Society of America Journal, 1999, 63(3): 614 - 621.

Huang C, Zhang L, Li Y, et al. Carbon and nitrogen burial in a plateau lake during eutrophication and phytoplankton blooms[J]. Science of The Total Environment, 2018, 616: 296 - 304.

Jiang Z, Liu J, Chen J, et al. Responses of summer phytoplankton community to drastic environmental changes in the Changjiang(Yangtze River) estuary during the past 50 years[J]. Water Research, 2014, 54(5): 1 - 11.

Kastowski M, Hinderer M, Vecsei A. Long-term carbon burial in European lakes: Analysis and estimate[J]. Global Biogeochemical Cycles, 2011, 25(3): 1 - 12.

Koinig K A, Schmidt R, Sommaruga-Wögrath S, et al. Climate change as the primary cause for pH shifts in a high alpine lake[J]. Water, Air, and Soil Pollution, 1998, 104(1 - 2): 167 - 180.

Kortelainen P, Pajunen H, Rantakari M, et al. A large carbon pool and small sink in boreal Holocene lake sediments[J]. Global Change Biology, 2004, 10(10): 1648 - 1653.

Lan J, Xu H, Liu B, et al. A large carbon pool in lake sediments over the arid/semiarid region, NW China[J]. Chinese Journal of Geochemistry, 2015, 34(3): 289 - 298.

Lijklema L. Phosphorus accumulation in sediments and internal loading[J]. Aquatic Ecology, 1986, 20(1): 213 - 224.

Melillo J M, Steudler P A, Aber J D, et al. Soil warming and carbon-cycle feedbacks to the climate system[J]. Science, 2002, 298(5601): 2173 - 2176.

Meyers P A. Preservation of elemental and isotopic source identification of sedimentary organic matter[J]. Chemical geology, 1994, 114(3 - 4): 289 - 302.

Meyers P A, Leenheer M J, Bourbonniere R A. Diagenesis of vascular plant organic matter components during burial in lake sediments[J]. Aquatic Geochemistry, 1995, 1(1): 35 - 52.

Monteith D T, Stoddard J L, Evans C D, et al. Dissolved organic carbon trends resulting from changes in atmospheric deposition chemistry [J]. Nature, 2007, 450 (7169): 537 - 540.

Moreira-Turcq P, Jouanneau J M, Turcq B, et al. Carbon sedimentation at Lago Grande de Curuai, a floodplain lake in the low Amazon region: insights into sedimentation rates[J]. Palaeogeography, Palaeoclimatology, Palaeoecology, 2004, 214(1 - 2): 27 - 40.

Mulholland P J, Elwood J W. The role of lake and reservoir sediments as sinks in the perturbed global carbon cycle[J]. Tellus, 1982, 34(5): 490 - 499.

Müller B, Maerki M, Schmid M, et al. Internal carbon and nutrient cycling in Lake Baikal: sedimentation, upwelling, and early diagenesis[J]. Global and Planetary Change,

2005, 46(1-4): 101-124.

Post W M, Emanuel W R, Zinke P J, et al. Soil carbon pools and world life zones[J]. Nature, 1982, 298(5870): 156.

Sampei Y, Matsumoto E. C/N ratios in a sediment core from Nakaumi Lagoon, southwest Japan—usefulness as an organic source indicator[J]. Geochemical Journal, 2001, 35(3): 189-205.

Shang G, Shang J. Causes and control countermeasures of eutrophication in Chaohu Lake, China[J]. Chinese Geographical Science, 2005, 15(4): 348-354.

Sondergaard M, Jensen P J, Jeppesen E. Retention and internal loading of phosphorus in shallow, eutrophic lakes[J]. The Scientific World Journal, 2001, 1(1): 427-442.

Stocker T F, Qin D H, Plattner G K, et al. Climate change 2013: The physical scientific basis[M]. Cambridge: Cambridge University Press, 2013.

Wang M, Chen H, Yu Z, et al. Carbon accumulation and sequestration of lakes in China during the Holocene[J]. Global change biology, 2015, 21(12): 4436-4448.

Wetzel R G. Death, detritus, and energy flow in aquatic ecosystems[J]. Freshwater Biology, 1995, 33(1): 83-89.

Worrall F, Burt T, Shedden R. Long term records of riverine dissolved organic matter[J]. Biogeochemistry, 2003, 64(2): 165-178.

Wright R F, Schindler D W. Interaction of acid rain and global changes: effects on terrestrial and aquatic ecosystems[J]. Water, Air, and Soil Pollution, 1995, 85(1): 89-99.

Xiao H L. Climate change in relation to soil organic matter[J]. Soil and Environmental Sciences, 1999, 8(4): 300-304.

Xu H, Ai L, Tan L C, et al. Stable isotopes in bulk carbonates and organic matter in recent sediments of Lake Qinghai and their climatic implications[J]. Chemical Geology, 2006, 235(3): 262-275.

Xu H, Lan J, Liu B, et al. Modern carbon burial in Lake Qinghai, China[J]. Applied Geochemistry, 2013, 39: 150-155.

Yang H, Yi C, Xie P, et al. Sedimentation rates, nitrogen and phosphorus retentions in the largest urban Lake Donghu, China[J]. Journal of radioanalytical and nuclear chemistry，2005，267(1)：205 - 208.

Zhang E L，Liu E F，Jones R，et al. A 150 - year record of recent changes in human activity and eutrophication of Lake Wushan from the middle reach of the Yangze River，China[J]. Journal of Limnology，2010，69(2)：235 - 241.

Zhang F J，Xue B，Yao S C，et al. Organic carbon burial from multi-core records in Hulun Lake，the largest lake in northern China[J]. Quaternary International，2017，475：80 - 90.

Zhang G，Zhang Y，Dong J，et al. Green-up dates in the Tibetan Plateau have continuously advanced from 1982 to 2011[J]. Proceedings of the National Academy of Sciences，2013，110(11)：4309 - 4314.

第七章 长江中下游湖泊沉积物地球化学特征与环境演变

    湖泊沉积物是水体污染物重要的源和汇,随着湖泊沉积环境的变化,部分赋存于沉积物中的有机污染物会再次释放到水体中,进而通过食物链产生生物累积并且不断富集,对湖泊环境中的水生生物及人体健康造成严重威胁。因此,了解有机污染物在湖泊沉积物中的含量、分布、来源及影响因素等信息,可以有效降低其环境风险。此外,利用湖泊沉积记录中的有机污染物重建污染历史,可以反演历史时期地区社会经济发展水平及能源利用历史,同时可以有效评估能源消费对环境的污染和影响,为区域环境污染控制政策的制定提供理论基础。多环芳烃(Polycyclic Aromatic Hydrocarbons,PAHs)是指一类由两个或两个以上苯环组成的有机化合物,主要来源于有机物高温不完全燃烧和有机质合成过程等(Mumford et al. ,1987),分为自然来源和人为来源(Louchouarn et al. ,2007)。工业革命以来,随着人类活动的日益加剧,环境中的PAHs主要来源于人类活动,如工业用煤、机动车尾气排放等化石燃料燃烧(MacDonald et al. ,2000)。因此,PAHs排放与能源消费之间存在密切联系。最近评估显示,2004年我国PAHs排放量达114 Gg/yr,占全球排放量的21.9%,是世界上PAHs排放量最多的国家(Zhang and Tao,2009)。PAHs污染已经成为我国最重要的环境问题之一,尤其是在经济发达及人口分布较密集的地区。因此,了解PAHs在湖泊沉积物中的含量、分布、来源及影响因素等信息,可以有效降低其环境风险。鉴于此,我国已经开展了大量关于湖泊沉积物 PAHs 污染的研究 (Tao et al. ,2010;Hu et al. ,2010;Li et al. ,2009;Hussain et al. ,2016)。然 而,目前大部分研究都是针对一个或几个湖泊,只能反映某个湖泊的 PAHs 污 染情况,并不能反映区域环境中 PAHs 总体的污染水平。此外,中国是农业大 国,农村人口相对较多,同时能源利用模式较城市落后,按排放来源清单方法估 算的结果显示,我国东部地区 PAHs 排放普遍较高,而并不仅仅局限在城市地 区(Zhang et al. ,2007)。已有的若干研究揭示了中国某些农村地区高污染水 平的 PAHs 带来的健康危害(Mumford et al. ,1987; Wornat et al. ,2001)。然 而目前对湖泊沉积物 PAHs 的调查,覆盖城乡范围的区域性调查研究较少,考 虑到我国湖泊大部分分布在农村地区,开展覆盖城乡的区域性湖泊沉积物调查 有非常重要的现实意义。如果从区域尺度上采取统一的采样方法、实验流程及 数据处理过程,就可以有效减少因为不同的采样方法、实验方法及数据处理方 法带来的误差,大大增加了数据的可比性,有利于宏观判断区域尺度上 PAHs 污染状况,有效评估区域环境风险,为环境保护政策及措施的制定提供有力的 科学证据。

目前,国内外对 PAHs 的污染历史重建工作已展开诸多研究,如欧美发达 国家利用湖泊沉积岩芯重建的 PAHs 污染历史表明,PAHs 历史沉积记录大概 经历了三个变化阶段,20 世纪早期 PAHs 沉积通量开始出现增加的趋势,20 世 纪 50 年代以后达到峰值,随后 PAHs 沉积通量呈现逐渐下降的趋势 (Fernández et al. ,2000;Simcik, Eisenreich and Lioy, 1996;Wakeham et al. , 2004)。并将经多个记录验证的下降趋势归因于能源消费结构调整下煤炭消费 量的减少以及国家整体环保意识的增强。近年来,我国也开展了大量的关于 PAHs 污染历史的重建工作,也取得了一些较为一致的结果。诸多研究表明我 国各地区的 PAHs 沉积记录可以有效反映我国社会经济发展过程(Liu et al. , 2009;Guo et al. ,2010;2013)。然而在对 PAHs 历史变化过程方面却有不同的 认识,关于太湖(Liu et al. ,2009)、四海龙湾玛珥湖(Guan et al. ,2012)、洱海

(Guo et al.，2010)、青海湖(郭建阳等，2011)以及一些其他的环境介质的研究表明(Liu et al.，2012a；2012b)，我国各地区的 PAHs 沉积记录大致经历了从缓慢变化到20世纪70至80年代迅速增加且目前还在持续增加的过程，而这种快速的增长反映了我国自改革开放以来经济的快速发展及持续的发展带来的能源消费量的快速增加，从而造成 PAHs 排放量持续增加。而 Liu 等(2012b)对我国黄海及南海 PAHs 沉积记录的研究表明，PAHs 污染历史经历了从稳定到急剧增加再到缓慢下降的变化过程，同时关于巢湖(Li et al.，2015)、滇池沉积记录(Guo et al.，2013)的研究也有相似的结果，沉积物中 PAHs 含量在近年来有下降的趋势。我国学者将这种下降趋势归因于农村人口减少带来的能源消费量的减少，或者环保意识增强以及社会科技进步带来的能源利用效率提高，从而导致环境中 PAHs 排放量减少(Liu et al.，2012a；Li et al.，2015)。那么，在经过我国环保政策的持续执行及能源利用结构不断调整的数年后，我国环境污染治理工作是否已见成效，还需要更多记录的重建工作加以验证。

　　长江中下游地区是我国淡水湖泊分布最集中的地区之一，众多的湖泊承载着重要的社会经济和生态功能，湖泊生态环境与当地人民的生产生活息息相关。因此，本研究选取多环芳烃作为主要研究对象，了解长江中下游湖泊沉积物中 PAHs 的空间分布特征并重建该区 PAHs 污染历史。

　　为了全面、准确地反映长江中下游地区湖泊沉积物 PAHs 污染程度及区域分布特征，本研究分别从空间维度和时间维度进行调查分析，空间尺度选取区域内28个湖泊为研究对象(图7-1)，分别覆盖了研究区五省一市(湖南、湖北、江西、安徽、江苏和上海)，包含不同湖泊面积、流域面积、湖泊营养化程度、流域人类活动的影响程度等不同环境参数的湖泊(表7-1)。时间尺度选取区域内4个典型湖泊，包括两个城市湖泊(南京前湖和武汉东湖)和两个农村湖泊(湖北太白湖和安徽南漪湖)，分析历史时期城乡环境污染程度及能源利用差异。

2014 年 5 月,在长江中下游 28 个湖泊中共采集 84 个表层沉积物样品,每个湖泊采集 3 个表层样品。使用产自奥地利的 UWITEC™重力采样器,在东湖、前湖、太白湖、南漪湖各采集 1 根直径为 60 mm 的沉积岩芯,为确保沉积层序不受采样器的扰动而遭到破坏,采样器应垂直且尽可能平缓地一次性钻取湖底完整岩芯。岩芯按 1.0 cm 间隔分样,然后将分割好的样品用铝箔锡纸(提前在马弗炉中 450℃以上高温烘烤)密封保存后,放入聚乙烯塑料袋中。所有样品采集后即运回实验室,在一20℃条件下冷冻保存至分析。

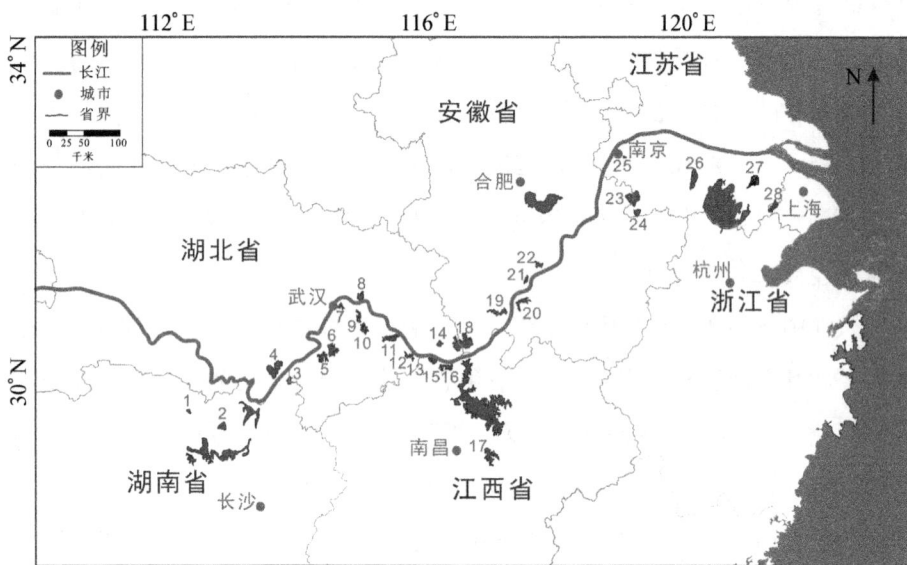

图 7 - 1　长江中下游湖泊表层沉积物采样分布图
(具体数字代表的湖泊名称与表 7 - 1 对应)

表7-1　研究区28个湖泊参数(王苏民,窦鸿身,1998)

序号	湖泊名	缩写	省份	经纬度	湖泊面积(km²)	流域面积(km²)	平均深度(m)	备注ᵃ
1	大通湖	DTH	湖南省	29°05′~29°16′N,112°26′~112°35′E	114.2	—	2.9	R
2	珊珀湖	SPH	湖南省	29°23′~29°27′N,112°00′~112°04′E	26.0	—	1.5	R
3	黄盖湖	HGH	湖南省/湖北省	29°39′~29°48′N,113°30′~113°38′E	86.0	1 677.0	4.2	R
4	洪湖	HH	湖北省	29°38′~29°59′N,113°11′~113°28′E	344.4	10 352.0	1.9	S
5	西凉湖	XLH	湖北省	29°51′~30°02′N,114°00′~114°10′E	72.1	827.0	1.9	R
6	斧头湖	FTH	湖北省	29°55′~30°07′N,114°09′~114°20′E	114.7	1 238.0	2.9	R
7	东湖	DH	湖北省	30°31′~30°36′N,114°21′~114°28′E	33.7	187.0	2.8	S
8	涨渡湖	ZDH	湖北省	30°37′~30°42′N,114°40′~114°48′E	35.2	514.0	1.2	S
9	鸭儿湖	YEH	湖北省	30°26′~30°29′N,114°41′~114°46′E	18.0	652.0	2.1	U
10	保安湖	BAH	湖北省	30°12′~30°18′N,114°39′~114°46′E	48.0	243.3	3.4	U,S
11	大冶湖	DYH	湖北省	30°04′~30°08′N,115°02′~115°11′E	68.7	1 106.0	2.3	U,S
12	网湖	WH	湖北省	29°51′~29°54′N,115°20′~115°25′E	42.3	5 310.0	3.7	R
13	朱婆湖	ZPH	湖北省	29°48′~29°51′N,115°21′~115°25′E	17.7	—	4.5	R
14	大白湖	TBH	湖北省	29°56′~30°01′N,115°46′~115°50′E	25.1	960.0	3.2	R

续表

序号	湖泊名	缩写	省份	经纬度	湖泊面积(km²)	流域面积(km²)	平均深度(m)	备注[a]
15	赤湖	CH	江西省	29°44'~29°50'N,115°37'~115°44'E	80.4	360.0	2.8	R
16	赛城湖	SCH	江西省	29°39'~29°42'N,115°45'~115°55'E	61.3	960.9	2.2	S
17	军山湖	JSH	江西省	28°24'~28°38'N,116°15'~116°28'E	192.5	615.0	4.0	R
18	龙岗湖	LGH	安徽省/湖北省	29°52'~30°05'N,115°19'~116°17'E	316.2	5 511.0	3.8	R
19	武昌湖	WCH	安徽省	30°14'~30°20'N,116°36'~116°53'E	100.5	1 083.7	3.4	R
20	升金湖	SJH	安徽省	30°15'~30°28'N,116°58'~117°14'E	78.5	1 554.0	1.3	R
21	破罡湖	PGH	安徽省	30°33'~30°40'N, 117°04'~117°13'E	36.7	346.0	1.5	S
22	白荡湖	BDH	安徽省	30°47'~30°51'N,117°19'~117°27'E	39.7	775.0	3.1	R
23	石臼湖	SJH	江苏省/安徽省	31°23'~31°33'N,118°46'~118°56'E	210.4	18 600	4.1	S
24	固城湖	GCH	江苏省	31°14'~31°18'N,118°53'~118°57'E	24.5	248.0	1.6	S
25	前湖ᵇ	QH	江苏省	32°03'N,118°49'E	0.1	—	2.0	U
26	漪湖	GH	江苏省	31°29'~31°42'N,119°44'~119°53'E	146.5	—	1.2	S
27	阳澄湖	YCH	江苏省	31°21'~31°30'N,120°39'~120°52'E	119.1	—	1.4	S
28	淀山湖	DSH	上海市/江苏省	31°04'~31°12'N,120°53'~121°01'E	63.7	—	2.5	S

[a] R:农村湖泊;S:郊区湖泊;U:城市湖泊 [b] 数据来源于姚敏等,2009

7.1 表层沉积物多环芳烃(PAHs)的分布特征

7.1.1 湖泊表层沉积物 PAHs 含量和组成

在长江中下游采集的 84 个湖泊表层沉积物样品中,16 种多环芳烃 (PAHs)均有不同程度的检出,其含量变化范围为 221.0~2 418.8 ng/g(dw), 平均值为(751.5±517.9)ng/g(dw)。图 7-2 显示了 28 个湖泊沉积物 PAHs 算术平均值和标准偏差值,其变化范围为(340.9±39.9)~(2 102.9±313.7) ng/g(dw)。最高值出现在前湖(江苏南京),最低值出现在朱婆湖(湖北阳新 县)和珊珀湖(湖南安乡县)。表 7-2 显示了研究区湖泊表层沉积物中 16 种 PAH 化合物的平均值和检出率。结果显示,16 种化合物中 Nap、Phe、Fla 和 BbF 平均值相对较高,分别占 PAHs 总量的 11.36%、7.13%、7.82% 和 7.55%。单个化合物检出含量在不同湖泊沉积物中差异较大,变异系数为

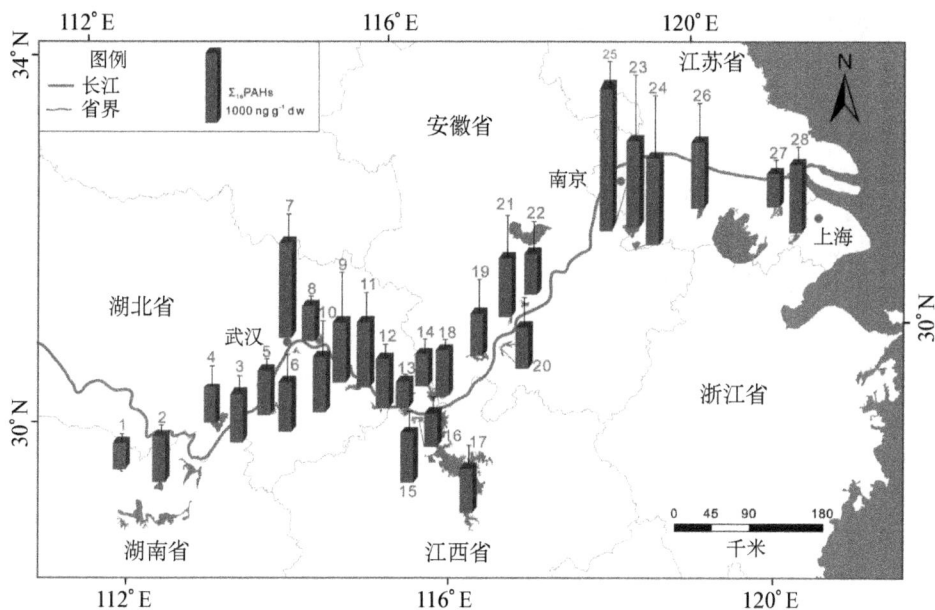

图 7-2 长江中下游地区湖泊表层沉积物 PAHs 空间分布

0.61~1.80,其中 Phe 和 Chry 在各沉积物中检出含量较高且在不同采样点间含量差异相对较小(变差系数分别为 0.61 和 0.73),说明 Phe 和 Chry 这两种化合物是所有样品的主要成分。从 PAHs 组成环数来看(图 7-3),研究区湖泊沉积物中 PAHs 主要以 4 环和 5 环为主,分别占总 PAHs 的 27.4% 和 26.0%,2 环、3 环和 6 环化合物所占比重较低,分别占总 PAHs 的 15.6%、18.9% 和 12.1%,且不同湖泊之间存在明显差异。

表 7-2　长江中下游湖泊表层沉积物 PAHs 的含量(ng/g,dw)

	最小值	最大值	平均值	标准偏差	检出率(%)
Nap	6.06	639.52	99.18	128.40	100
Acy	MDL	28.68	9.03	6.91	99
Ace	MDL	39.77	5.65	5.54	99
Flu	MDL	245.38	35.55	36.22	100
Phe	12.42	268.37	62.19	37.94	100
Ant	1.61	114.42	18.46	22.26	100
Fla	13.14	319.02	68.22	56.39	100
Pyr	0.09	276.17	52.59	48.31	100
BaA	0.06	421.44	37.35	67.04	100
Chry	8.37	157.25	41.65	30.14	100
BbF	MDL	312.17	65.84	71.66	92
BkF	MDL	303.81	51.80	60.73	96
BaP	4.82	248.65	35.47	44.45	100
InP	MDL	196.43	40.58	37.01	99
DaA	MDL	259.49	34.76	44.81	76
BgP	0.34	237.95	44.43	45.15	100
∑PAHs	221.00	2 418.83	751.50	517.90	

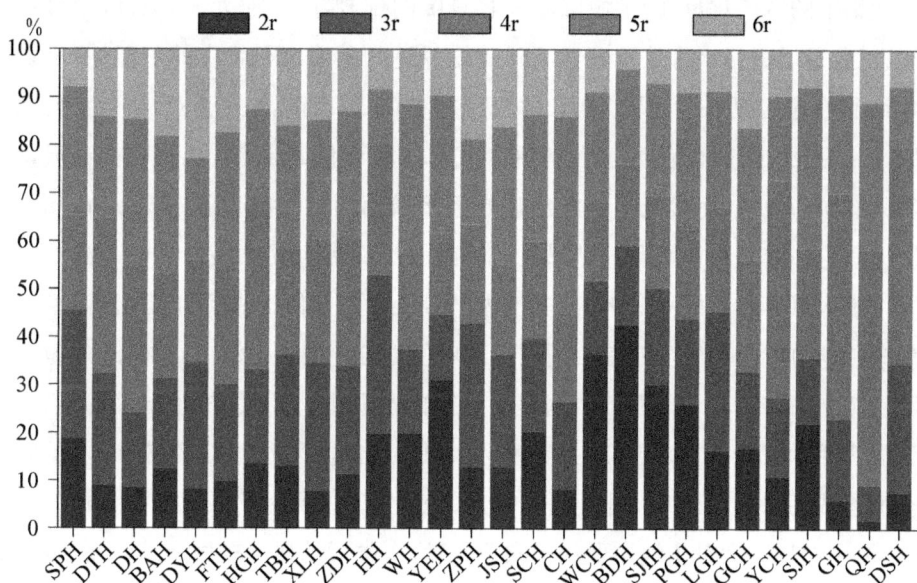

图 7-3　长江中下游湖泊表层沉积物 PAHs 组成特征

7.1.2　湖泊表层沉积物 PAHs 空间分布特征

长江中下游湖泊表层沉积物中 PAHs 检出的最高值出现在江苏南京前湖，其浓度为(2 102.9±313.7)ng/g(dw)，其次为湖北武汉东湖，其检出含量为(1 278.2±364.1)ng/g(dw)，而最低值出现在湖南珊珀湖和湖北朱婆湖(<400 ng/g dw)。从区域范围来看，中游地区(湖南、湖北和江西)湖泊沉积物 PAHs 平均含量为(629.3±227.0)ng/g(dw)(n=51)，而下游地区(安徽、江苏和上海)湖泊沉积物 PAHs 平均含量为(878.8±474.2)ng/g(dw)(n=33)，下游地区明显高于中游地区，尤其是长江三角洲地区，PAHs 浓度平均值为(1 105.7±553.0)ng/g(dw)(n=18)，是中游地区的 1.72 倍。长江三角洲城市群是世界六大城市群之一，也是中国最发达的地区之一，该区以占中国 1.14% 的国土面积贡献了全国大约 21% 的 GDP(国家统计局,2014)，其社会经济具有较高的发展水平。很多研究表明，现在环境中的 PAHs 大多来源于人类活动，如机动车尾气排放、工业废气排放、工业及居民废水排放、垃圾焚烧等(Chen et al. ,2005;Mastral and Callen,2000;Oanh et al. ,2005)。高度发展的工业化及

高度集中的城市化,加剧了城市地区 PAHs 的排放,因此加大了 PAHs 通过径流、工业及居民污水排放及大气沉降等途径进入湖泊沉积物中的可能性,可能导致下游地区湖泊沉积物 PAHs 高于中游地区。前人关于亚洲地区大气 PAHs 污染的研究也表明,亚洲地区大气 PAHs 含量最高点均出现在交通流量较大的城市地区,而最低值一般出现在经济较落后的农村地区(Chang et al.,2006),这一结论与本研究的结果比较一致。然而淀山湖隶属长江中下游地区三个特大城市之首的上海市,其沉积物 PAHs 含量却低于武汉的东湖和南京的前湖。这可能是由于虽然淀山湖在行政单位划分上属于上海市,但其地理位置已远离上海市中心。同时淀山湖是上海市的水源地,为了保护水源地环境,保证居民用水安全,上海市政府关闭饮用水源一级保护区内 14 家污染企业,同时全面建成污水主管网络,提高污水收集、处理能力,减少了污染源的排放。此外,淀山湖周围大量土地主要用于农业活动,人类活动强度较城市地区小,空气质量较高,由大气沉降输入湖泊环境的 PAHs 相对较少。根据 Liu 等(2009)研究,黄浦江上游河流沉积物 PAHs 浓度要远低于中下游沉积物 PAHs 浓度((313±10)ng/g~(1 707±194)ng/g)。而黄浦江发源于淀山湖流经上海市最终汇入长江,该研究结果也进一步证明,淀山湖周边环境质量较好,PAHs 排放量较少。

鉴于以上的分布规律,我们将研究区 28 个湖泊按照城乡地理位置进行分类,发现长江中下游地区湖泊表层沉积物 PAHs 浓度空间分布还表现出明显的城乡分布规律,具体表现为城市中心湖泊>郊区湖泊,大城市湖泊((1 176.03±538.35)ng/g,dw)>中小城市湖泊((728.03±155.22)ng/g,dw)>农村地区湖泊((534.59±104.0)ng/g,dw)(图 7-4a)。大城市湖泊表层沉积物 PAHs 含量是中小城市的 1.6 倍,是农村湖泊的 2.2 倍。PAHs 含量在城市化程度不同的地区湖泊沉积物中存在显著差异,说明人类活动对 PAHs 排放量有显著的影响,同时也表明湖泊沉积物中 PAHs 含量受排放量影响显著。与浓度差异相似,不同区域湖泊沉积物中 PAHs 的组成也有明显的差异(图 7-4b),其中大城市和中小城市湖泊沉积物 PAHs 以 4、5 环为主,而农村地区湖泊沉积物 2、3 环所占比重高于大城市及中小城市湖泊沉积物。这可能与不同地区湖泊中

PAHs 的来源差异有关。这种因为污染源不同导致 PAHs 组成特征差异的现象在中国土壤中也有报道，在对中国表层土壤中 PAHs 的调查中发现，受工业生产、交通运输等影响的城市土壤中，高环 PAHs 占的百分含量较高，而农村及偏远地区低环 PAHs 的百分含量较高(马万里,2010)。

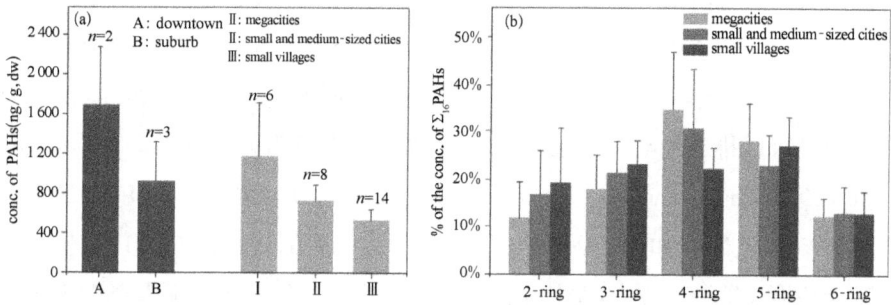

图 7 - 4　长江中下游湖泊表层沉积物 PAHs 含量和组成的城乡差异

以行政单位划分来看，本研究采样湖泊所在地共包括五省一市，PAHs 在各省市之间的变化趋势为江苏省((1 145.1±608.8)ng/g,dw)＞上海市(908.9 ng/g,dw)＞湖北省((670.7±250.1)ng/g,dw)＞安徽省((606.4±98.8)ng/g,dw)＞江西省((565.2±107.9)ng/g,dw)＞湖南省((476.6±183.7)ng/g,dw)(图 7 - 5)。然而由于本研究所包括的各省份的湖泊数量差异较大，尤其是湖南和上海，湖泊数量较少，且采样湖泊也没有覆盖所有类型湖泊，有些省份以城市和郊区湖为主，而有些省份则以农村湖泊为主，因此，本研究数据也许不能全面地反映多省份 PAHs 污染程度，具体情况还有待进一步研究。

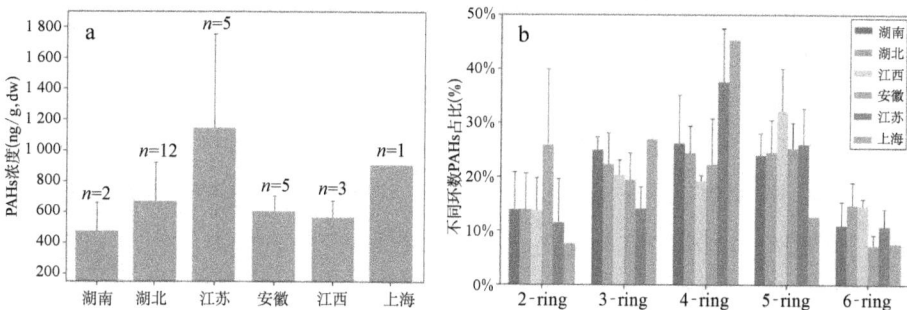

图 7 - 5　长江中下游地区不同省份湖泊表层沉积物 PAHs 含量及组成比较

7.1.3　湖泊表层沉积物空间分布特征影响因素

PAHs 的来源主要分为自然来源和人为来源,工业革命以来随着人类活动的日益加剧,环境中的 PAHs 主要来源于人为活动,如机动车尾气排放、发电厂化石燃料燃烧、工业及家庭燃煤排放等(Chen et al.,2005;Mastral and Callen,2000;Oanh et al.,2005),因此,PAHs 排放量与能源消费量之间密切联系(Zhang et al.,2009)。GDP、人口密度等社会经济参数往往与能源消费成正相关关系,GDP 与人口密度的增长,往往伴随着能源消费的增加。因此,很多研究认为 PAHs 排放量与一些社会经济参数之间有较为显著的相关性(Hafner et al.,2005;Zhang and Tao,2009)。一些学者建立了大气中 PAHs 含量与社会经济参数的关系,如 Hafner 等(2005)认为大气 PAHs 浓度与人口数量存在显著相关性。湖泊环境中,尤其是湖泊沉积物中的 PAHs 的来源及影响因素都更为复杂,PAHs 从大气进入水体,再进入沉积物要经历一系列复杂的分配过程,目前有很多研究认为湖泊沉积物 PAHs 含量受沉积物 TOC 含量及粒径组成的影响(Li et al.,2015),然而这些研究往往都是集中在单个湖泊的研究,不能反映区域范围内的主要控制因子,而我们对湖泊表层 PAHs 空间分布规律的分析也表明,研究区 PAHs 空间分布具有城乡差异,那么 PAHs 空间分布是否也以 PAHs 排放量为主导因素?

鉴于以上考虑,本研究收集了 28 个湖泊所在地(县市级)GDP 数据及人口密度数据,根据前人对长江中下游地区湖泊沉积速率的研究,1 cm 的沉积物一般可以代表 2~3 年的时间尺度(Shi and Qin,2008;Xue et al.,2010;Zhang et al.,2010)。因此我们收集了 2012—2014 年的经济数据。将不同湖泊沉积物 PAHs 浓度分别与 GDP 及人口密度的平均值(2012—2014 年)进行相关性分析(图 7-6),结果表明不同湖泊 PAHs 浓度与其所在地 GDP($r=0.74$,$p<0.01$)及人口密度($r=0.51$,$p<0.01$)有显著的相关性,表明 GDP 与人口密度是影响研究区湖泊沉积物 PAHs 浓度的主要因素。GDP 和人口密度直接关系到地区能源消费量、机动车保有量、垃圾排放量以及污水排放量等,从而间接反映区域环境中 PAHs 的排放量(Kannan et al.,2005)。

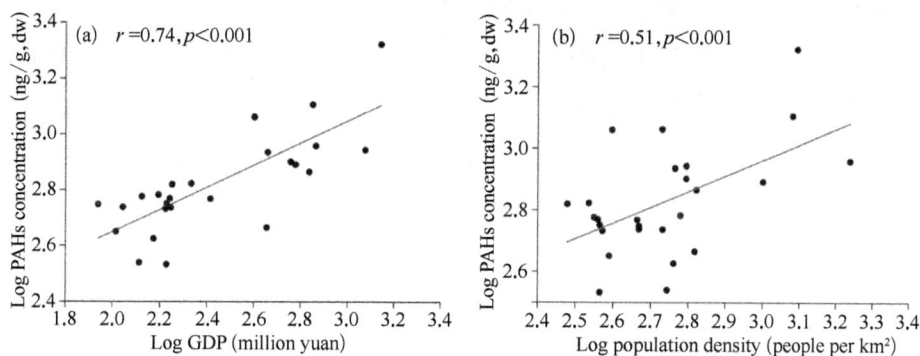

图 7 - 6　长江中下游地区表层沉积物 PAHs 含量与地区 GDP(a) 和人口密度(b) 的相关性

7.1.4　湖泊表层沉积物中 PAHs 来源解析

PAHs 来源的解析主要分为定性解析法和定量计算的方法,定性分析法包括同分异构体比率法、特征化合物法和轮廓图法等,而定量解析方法包括多元统计法、CBM 法等。考虑到不同湖泊 PAHs 来源的复杂性和差异性,本文先运用聚类分析法对 28 个湖泊进行分类,再利用 PCA - MLR 法对不同类型的湖泊沉积物 PAHs 的来源进行定量的解析。

（1）聚类分析法

"特征指纹法"是基于个体 PAH 的浓度判断 PAHs 来源的方法(Paatero and Tapper,1994)。已有研究表明,PAHs 中不同的物质可以指示不同的来源,2～3 环物质主要来源于低温燃烧过程,如薪柴燃烧、家庭用煤低温燃烧等;5～6 环物质主要来源于高温燃烧过程,如机动车尾气排放、工业用煤等(Yunker et al.,2002)。长江中下游地区不同湖泊表层沉积物的 16 种 PAH 的组成和相对丰度存在几种不同的模式,这种不同的组成模式可能反映了各湖泊 PAHs 来源不同。

因此,我们以湖泊沉积物中 16 种 PAH 的个体浓度为变量进行聚类分析,将本研究区 28 个湖泊分为以下三类(图 7 - 7):第一类型包括 17 个湖泊,其中的大多数湖泊是来自湖北、湖南和江西的农村湖泊,如湖南珊瑚湖和湖北太白湖;该类湖泊中还包含一些位于中小城市的郊区湖泊,如大冶湖、保安湖等。第二类型包括 5 个湖泊,这 5 个湖泊,除了鸭儿湖以外,全部位于安徽省。第三类型包括 6 个湖泊,全部位于长江中下游地区的三个特大城市武汉、南京和上海的市中心或者郊区。聚类分析的结果表现出一定的地域规律,不同的地理单元(城市、农村等)的湖泊,具有不同的 PAHs 组成特征,表明不同地区 PAHs 的主要来源存在一定的地区差异。

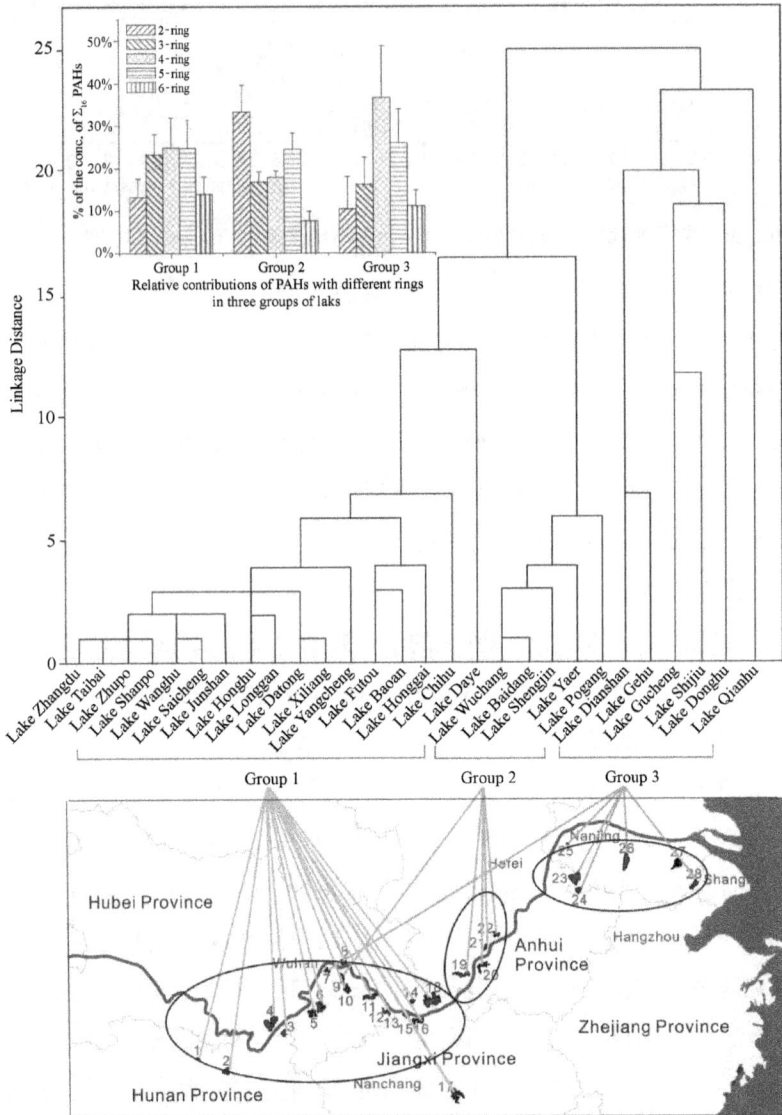

图 7-7　长江中下游地区湖泊表层沉积物 16 种 PAH 组成成分聚类分析

（2）PCA-MLR 法

进一步运用 PCA-MLR 法对研究区湖泊表层沉积物 PAHs 来源进行定量的解析。利用 SPSS 19.0 软件，分别对三类湖泊沉积物 16 种 PAH 数据进行主成分分析（PCA）。根据特征值大于 1 的原则，第一类湖泊提取出 4 个主因子（如图 7-8a），解释了总变量的 78.5%。其中 PC1 解释了总变量的 39.9%，BbF、BkF 和 BgP 在 PC1 中的载荷系数较高，研究表明，BkF 和 BgP 分别是汽油和柴油排放物的特征化合物（Khalili et al.，1995；Li and Kamens，1993；Ravindra et al.，2006），因此，PC1 代表机动车排放。PC2 解释了总变量的 16.6%，其中 Phe、Fla、Pyr、BaA、Chry 在 PC2 中所占载荷系数较高，Phe、Fla、Chry 等可以作为煤炭燃烧的指示物（Harrison et al.，1996；Larsen and Baker，2003），因此，PC2 代表煤炭燃烧。PC3 解释了总变量的 13.7%，其中 Nap、Acy、Ace 所占载荷系数较高，研究表明，Nap 和 Ace 是薪柴和秸秆燃烧的指示物（Jenkins et al.，1996；Khalili et al.，1995）。PC4 解释了总变量的 8.3%，Ant 在 PC4 中载荷系数较高，而 Ant 是生物质燃烧的特征化合物（Jenkins et al.，1996；Khalili et al.，1995），因此，PC3 和 PC4 共同代表了生物质燃烧来源。

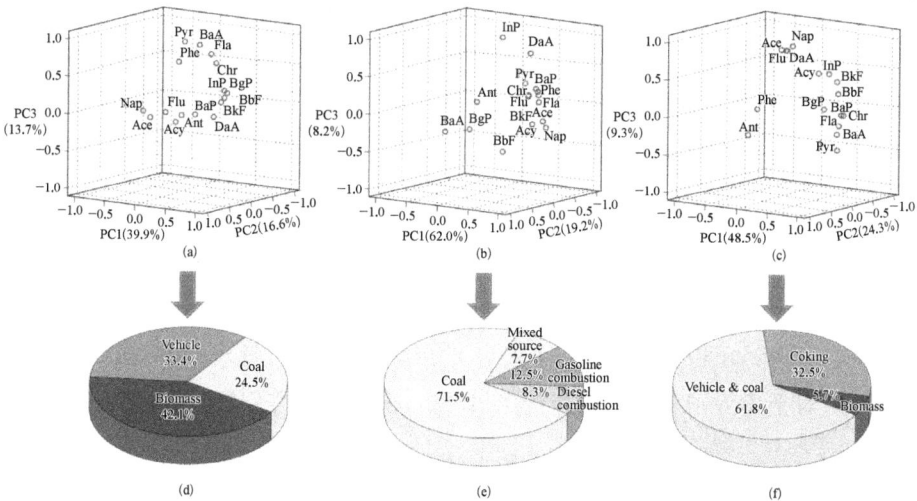

图 7-8　长江中下游地区三类湖泊主成分分析因子载荷及来源贡献量

第二类湖泊共提取出 4 个主因子,解释了总变量的 89.4%(图 7-8b)。PC1 解释了总变量的 62.0%,Phe、Fla、Pyr、Chr、BaP、BkF 在 PC1 中所占载荷系数较高,已有研究表明 Phe、Fla、Pyr 等是煤炭燃烧的特征指示物(Harrison et al.,1996;Larsen and Baker,2003),因此,PC1 代表煤炭燃烧来源。PC2 解释了总变量的 19.2%,PC2 中 InP 和 DaA 所占载荷系数较高,已有研究表明,InP 可以是柴油及汽油排放的特征化合物(Li and Kamens,1993),而 DaA 可以指代柴油排放(Li and Kamens,1993),因此,PC2 代表柴油车尾气排放来源。PC3 解释了总变量的 8.2%,PC3 中 BgP 和 BaA 载荷系数较高,BgP 是汽油排放的特征化合物(Harrison et al.,1996),因此,PC3 代表了汽油排放来源。在 PC4 中,各种化合物载荷系数较为平均,此因子可能代表混合来源。

第三类湖泊共提取出 3 个主因子,解释了总变量的 82.1%(图 7-8c)。PC1 解释了总变量的 48.5%,BaA、Chry、BbF、BkF 和 BgP 在 PC1 中占高载荷系数,而 InP 和 BgP 占较高的载荷系数,已有研究表明 BaA、Chr、BbF 和 BaP 是煤炭的特征化合物,InP 是汽油车和柴油车排放物的特征化合物(朱利中等,2003),也有相关研究表明 BgP 是机动车尾气排放的特征化合物(Larsen and Baker,2003)。因此,PC1 代表了煤炭燃烧来源和机动车尾气排放。PC2 解释了变量的 24.3%,Nap、Ace、Flu 在因子 2 中所占载荷系数较高,研究表明,Flu 可以指示炼焦炉排放(Dahle et al.,2003;Saha et al.,2009),而 Nap 也是炼焦炉排放的一种重要特征化合物(Khalili et al.,1995),因此,PC2 代表炼焦炉排放。PC3 解释了总变量的 9.3%,Phe 和 Ant 在因子 3 中所占载荷系数较高,研究表明,Phe、Ant 是生物质的特征化合物(Larsen and Baker,2003;Simcik et al.,1996;1999),因此,因子 3 代表生物质燃烧。

根据 Larsen 和 Baker(2003)及 Tao 等(2010)的研究成果,利用线性回归方法模型,对上述因子分析结果进行回归分析,得到回归方程如下分别为:

$$\sum PAHs = 0.877PC1 + 0.461PC2 + 0.081PC3 \qquad (1)$$

$$\sum PAHs = 0.969PC1 + 0.112PC2 + 0.169PC3 + 0.105PC4 \qquad (2)$$

$$\sum PAHs = 0.619PC1 + 0.461PC2 + 0.578PC3 + 0.197PC4 \qquad (3)$$

根据平均贡献率 $i=Ai/\sum Ai\times100\%$（Ai 为多元回归各项回归系数），结合公式（1）～（3）计算出不同污染源的贡献量（图 7-8）。第一类湖泊生物质燃烧贡献量最大，占总贡献量的 42.1%（图 7-8d），这可能是由于第一类湖泊主要位于农村地区。在我国农村地区，生物质燃烧一直是家庭取暖和做饭的主要生活能源。此外秸秆焚烧在农村地区非常普遍，农民将秸秆焚烧作为肥地和处理秸秆的主要方式（Xu et al.，2007）。已有研究表明，生物质燃烧排放的 PAHs 总量，占我国排放总量的 60%（Xu et al.，2007）。第二类湖泊主要位于安徽省（图 7-8e），其煤炭燃烧占 71.5%，机动车尾气排放占 20.8%，混合源占 8.4%。这与安徽的能源消费结构有关，统计数据表明，2013 年安徽煤炭消费量占能源消费总量的 85%（国家统计局能源统计司，2014）。第三类湖泊，大多位于武汉、南京和上海等特大城市及周边地区，煤炭燃烧和机动车尾气排放占总贡献量的 61.8%，炼焦炉排放占 32.5%（图 7-8f）。

煤炭燃烧和机动车尾气排放是所有湖泊沉积物中 PAHs 的主要来源。作为世界上煤产量最大的国家，中国大多数城市和地区以煤炭作为主要的燃料，同时由于大多数设备较为老旧，煤炭燃烧产生的 PAHs 排放较多。在中国广大的农村地区，煤炭的利用率也非常高，并且利用方式较为粗放。长江中下游地区作为中国经济最发达、人口密度最大的地区之一，伴随着工业化和城市化的高度发展，该区的能源利用主要依赖于煤炭消费。据统计，2013 年长江中下游地区的煤炭消费量占同年能源消费总量的 60%（国家统计局能源统计司，2014）。巨大的工业消费量及家庭煤炭消费量，使得煤炭燃烧排放成为研究区 PAHs 排放的主要来源之一。伴随着社会经济的快速发展，中国汽车产业迅速发展，机动车保有量急剧上升，巨大的汽车保有量导致我国对石油的需求量急剧增加，统计显示，2006 年中国的汽油消费量占汽油生产量的 86%，汽车消费的柴油约占柴油生产量的 24%，当前中国汽车耗油约占整个石油消费量的 1/3，预计到 2020 年这个比例将上升到 57%（Zhang et al.，2007）。作为中国最发达的地区之一，近 10 年，长江中下游地区机动车保有量平均增长率达到 15%（国家统计局能源统计司，2003—2013）。快速增加的机动车数量导致机动车尾气排放成为该区 PAHs 的主要来源之一。

7.1.5 风险评估(毒性当量评价 TEQ)

根据 USEPA 发表的数据,7 种致癌性 PAHs:BaA、Chry、BbF、BkF、BaP、DaA 和 InP 的 TEF 值等量系数(TEF^{carc})分别为 0.1,0.01,0.1,0.1,1,1 和 0.1,沉积物中致癌性 PAHs 的毒性当量浓度计算公式如下:

$$TEQ^{carc} = \sum C_i \times TEF_i^{carc} \tag{4}$$

其中 C_i 为致癌性 PAHs 的浓度,TEF$_i$ 为 TEF 值等量系数。

长江中下游湖泊表层沉积物中 7 种致癌性 PAHs(CPAHs)浓度变化范围为 62.1~1 455.8 ng/g,平均值为(319.6±285.0)ng/g,占 $\sum_{16}$PAHs 的 40%± 9.4%。城市湖泊沉积物 $\sum_7$CPAH 含量相对较高。根据公式(4)计算的 7 种致癌性 PAHs 的 TEQ^{carc}变化范围为 12.9~472.9 ng/g,平均值为(90.0±79.4)ng/g。各湖泊沉积物 PAHs 毒性当量浓度平均值为前湖最高,朱婆湖和阳澄湖最低(图 7-9)。与其他地区相比,研究区湖泊沉积物毒性当量低于台湾的高雄港表层沉积物(3.9~1 970 ngTEQ^{carc}/g)(Chen et al.,2013)和太湖梅梁湾

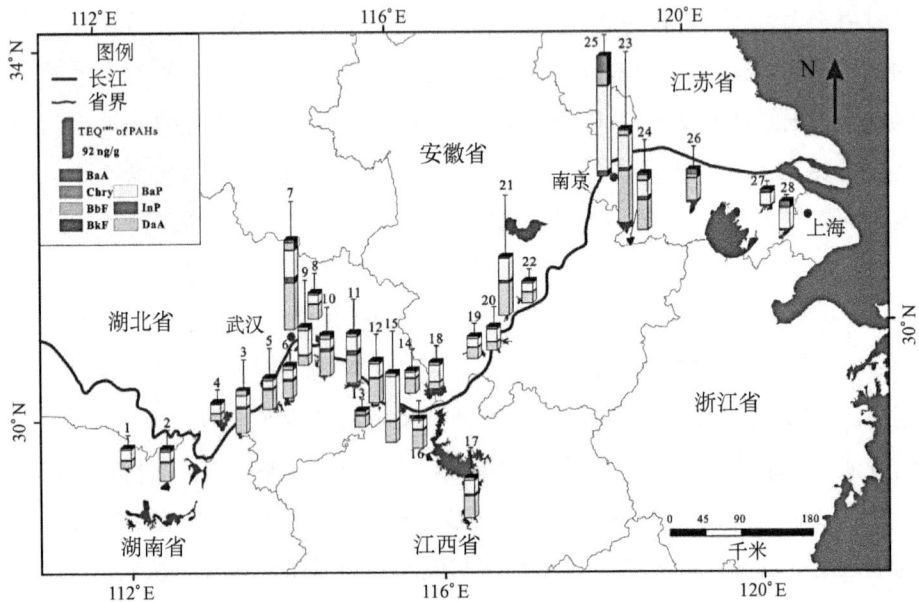

图 7-9 长江中下游湖泊表层沉积物毒性当量浓度的空间分布特征

(94～856 ngTEQ^{carc}/g)(Qiao et al.,2006),但是远高于挪威的 Jarfjord 港沉积物(19～35 ngTEQ^{carc}/g)和 Korsfjord 港沉积物(18～60 ngTEQ^{carc}/g)(Savinov et al.,2003)以及中国的渤海湾(12.9～64.6 ngTEQ^{carc}/g)和黄海表层沉积物(6.0～68.8 ngTEQ^{carc}/g)(Li et al.,2015)。

按照 7.1.4 章节将研究区湖泊分为三大类,第三类湖泊((137.8±82.9) ngTEQ^{carc}/g)＞第一类湖泊((72.6±30.8)ngTEQ^{carc}/g)＞第二类湖泊((69.8±31.5)ngTEQ^{carc}/g),由于第二类湖泊沉积物 PAHs 组成以低环为主,因此虽然其 PAHs 总浓度高于第一类湖泊,但其毒性风险比一类湖泊低。大城市及城市郊区湖泊沉积物 PAHs 毒性当量最高,而这些城市湖泊 PAHs 主要来源于机动车尾气排放和工业燃煤排放,表明机动车排放和工业煤炭燃烧是环境中致癌性 PAHs 的主要来源。不同致癌性 PAHs 在毒性当量中的占比分别为:BaP(41.6%±38.3%)＞DaA(41.4%±31.7%)＞BbF(7.3%±6.1%)＞InP(4.8%±3.3%)＞BaA(4.3%±7.6%)＞BkF(0.6%±0.4%)＞Chry(0.05%±0.03%)。致癌性最强的 BaP 的毒性贡献最大,是主要污染物,其在沉积物中的含量更应引起重视,应重点减少 BaP 的排放,降低其对生态环境和人类健康造成的危害。综上所述,第三类湖泊沉积物中 PAHs 对人体的健康危害最大,第一类湖泊次之,而第二类湖尽管 PAHs 的实际浓度较高,但是其导致的毒性影响并不大,且 BaP 为毒性当量贡献源。

7.2　柱样沉积物 PAHs 的分布特征

7.2.1　湖泊沉积物 PAHs 含量垂直分布

本研究分析了 16 种 USEPA 优控 PAH,从 PAHs 总浓度来看,长江中下游 4 个湖泊在时间分布上表现出相似的变化趋势,PAHs 含量从下到上总体上表现为由低到高的变化趋势。4 个湖泊沉积物 PAHs 的变化范围为 50.96～3 090.22 ng/g(dw),平均值为 1 053.87 ng/g(dw)($n=90$),不同湖泊之间浓度存在明显差异:东湖变化范围 90.36～1 129.67 ng/g(dw),平均值 492.84 ng/g(dw)($n=26$);前湖变化范围 52.94～3 090.22 ng/g(dw),平均值 2 446.66 ng/g (dw)($n=20$);太白湖变化范围 137.30～360.83 ng/g(dw),平均值 222.11 ng/g (dw)($n=20$);南漪湖变化范围 50.96～426.59 ng/g(dw),平均值 165.32 ng/g (dw)($n=24$)。4 个湖泊的浓度排序为前湖>东湖>太白湖>南漪湖,城市(东湖和前湖)和农村(太白湖和南漪湖)湖泊的差异可能与 GDP、人口、能源消费等社会经济发展程度有关。

利用核素测年手段,重建了研究区 4 个湖泊 PAHs 的沉积记录,且 4 个湖泊记录之间时间变化趋势上有较好的一致性,可以全面反映研究区 PAHs 的变化历史。根据 PAHs 含量的垂直分布变化,将研究区 PAHs 沉积记录变化历史分为以下 3 个阶段(图 7-10):

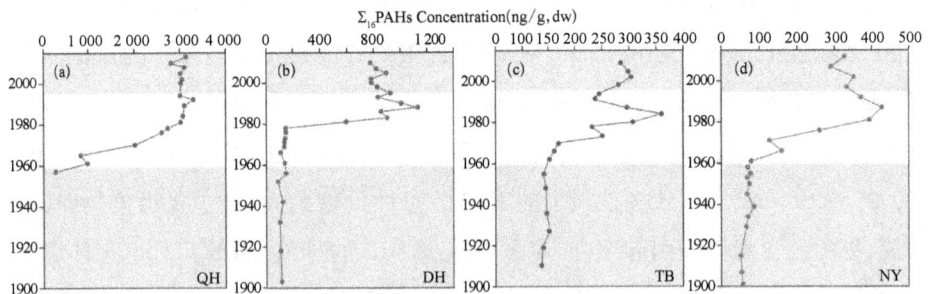

图 7-10　长江中下游不同湖泊 16 种 PAHs 的沉积记录

(1) 1960 年之前,PAHs 含量变化较小,处于相对稳定阶段。

新中国成立之初,我国经济发展水平处于非常落后的时期,百废待兴,社会经济都亟待发展,到 20 世纪 60 年代初,虽然我国社会经济有缓慢发展,但并不显著。这一点在研究区的湖泊沉积物沉积记录中得到了印证。在 20 世纪 60 年代之前,4 个湖泊沉积物 PAHs 含量较低,变化趋势基本稳定,变化范围为 50.96～152.68 ng/g(dw),尽管前湖缺失 1960 年之前的沉积记录,但是其底部的样品年代刚好覆盖到 1960 年左右,且其 PAHs 含量为 52.94 ng/g(dw),与其他湖泊沉积物 PAHs 含量较为一致。该阶段 PAHs 含量变化特征,表明研究区在 20 世纪 60 年代之前经济发展较为落后且发展较为缓慢,此阶段环境中 PAHs 含量较低。

(2) 20 世纪 60 年代至 90 年代,这一阶段各湖泊沉积物中 PAHs 含量急剧增加,并在 90 年代达到峰值。

　　从 20 世纪 60 年代开始,中国实施了一系列经济复苏政策,虽然过程中经历了 10 年"文化大革命"的动荡时期,但国民经济在此期间也有所发展,据统计,从 1952 年到 1978 年 26 年的时间里中国国民生产总值平均每年增长达 6.5%;而同期世界经济的增长速度是 3%,美国是 4.3%,日本是 6.7%。1978 年改革开放以来,中国经济更是进入了飞速发展的时期,伴随着工业化和城市化的迅速发展,中国各地能源消费量急剧增长。此外,该时期我国经济发展处于粗放型的增加模式,经济的快速发展以能源的大量消耗为代价,加之使用的设备较为传统,这些因素都导致环境中 PAHs 排放量急剧增加。长江中下游地区与全国经济发展趋势一致,同样也在该阶段进入了飞速发展时期。在该区的湖泊沉积记录中,从 20 世纪 60 年代开始,各湖泊沉积物 PAHs 含量都呈现急剧增加的变化趋势,这一增长趋势一直持续到 90 年代。该阶段城乡差异开始出现,虽然城市和农村的沉积记录的变化趋势一致,但变化幅度出现差异,城市湖泊在该阶段变化幅度较大,前湖 PAHs 含量在此阶段从 52.94 ng/g(dw)增加到 3 259.23 ng/g(dw),东湖 PAHs 含量从 110.45 ng/g(dw)上升到 1 129.67 ng/g(dw);农村湖泊变化幅度较小,太白湖变化范围为 151.09~306.76 ng/g(dw),南漪湖变化范围为 69.39~426.59 ng/g(dw)。PAHs 变化幅度的不同可能反映了城乡之间的社会经济发展水平的差异。与其他湖泊较为不同的是,在 1960—1980 年期间,东湖虽然也呈现 PAHs 含量增加的特征,但是其增加趋势并不明显,其原因有待进一步研究。

　　(3) 20 世纪 90 年代以来,此阶段各湖泊沉积物 PAHs 含量都表现为不同程度的降低趋势。

　　自 20 世纪 90 年代以来,虽然我国的社会经济仍然持续快速的发展,但是研究区城市湖泊和农村湖泊的沉积记录都呈现不同程度的下降趋势,有可能反映我国能源利用结构的转变及环保意识的增强,具体原因在后续章节中详细讨论。

7.2.2　湖泊沉积记录 PAHs 组成及能源利用的变化

　　根据 PAHs 分子量的大小,将 16 种 PAHs 划分为低环(LMW,2~3 环)、中环(4 环)和高环(HMW,5～6 环),对 PAHs 组成作进一步的分析。结果表明(图 7-11),研究区 4 个湖泊沉积记录中 PAHs 组成特征方面也有相同的变化趋势:由沉积物底部到表层,低环化合物所占比重逐渐减少,高环化合物所占比重逐渐增加。四个湖泊沉积物底部 LMW/HMW 所占比重分别为 DH(54%/46%)、QH(53%/47%)、TB(59%/41%)、NY(65%/35%);而表层沉积物 PAHs 以 HMW 为主,四个湖泊沉积物表层 PAHs LMW/HMW 比重分别为 DH(20%/80%)、QH(13%/87%)、TB(34%/66%)、NY(30%/70%)。

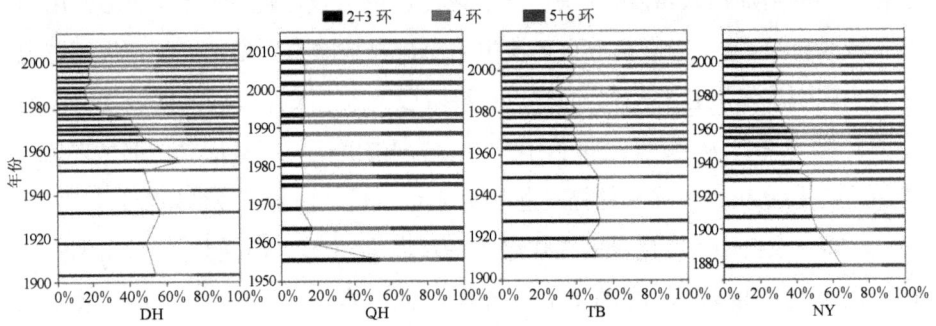

图 7-11 长江中下游湖泊沉积记录 PAHs 组成变化

沉积物中 PAHs 组成以低环为主,一般可能有两个原因:首先,可能是由于沉积物中 PAHs 来源以大气远距离传播为主。由于低分子量化合物较易挥发,更容易在大气中产生富集,如果湖泊环境中 PAHs 来源以大气的远距离传播为主,则沉积物中 PAHs 组成以低环化合物为主,如西藏等高原或高山湖泊中(Yang et al.,2016)。其次,有可能与不同的能源利用方式有关,一般情况下,低环(LMW)PAHs 主要来自石油产品或者生物质燃烧、家庭用煤等低温燃烧过程(Guo et al.,2012)。而高环(HMW)PAHs 主要为化石燃料的高温燃烧产物,包括工业和电厂的燃煤、机动车尾气排放和炼焦炉排放等(Yuan et al.,2001;Mai et al.,2002)。长江中下游地区水系发达,河流湖泊关系紧密,湖泊沉积物 PAHs 输入源既有大气沉降输入,又有河流或者城市废水排放输入,且长江中下游地区一直以来是经济较发达地区,人类活动强烈,湖泊沉积物中赋存的 PAHs 可能以当地来源为主,远距离输送来源的比重较小。因此,研究区沉积物中 PAHs 组成由低环向高环转变,反映了 PAHs 来源由以低温燃烧过程为主向以高温燃烧过程为主的转变,也反映了研究区能源结构由生物质燃烧为主向煤炭、石油能源利用为主转变,同时也表明研究区由农业经济向工业经济的转变。

为了进一步分析 PAHs 组成的时间变化特征,分别对 4 个湖泊 16 种 PAHs 组分进行有序聚类分析。本文研究的聚类分析是利用 Tilia 软件完成,结果如图 7 - 12 所示。根据 PAHs 组分变化,虽然可以将各湖泊 PAHs 垂直变化划分为不同的阶段,但不同湖泊 PAHs 垂直变化序列上存在一定的相似之处(前湖除外),如 20 世纪 60 年代和 90 年代都是各湖泊重要的变化时期。巧合的是,各湖泊沉积物 PAHs 组成时间变化过程与 PAHs 浓度变化过程极为相似,表明研究区各地经历了大致相似的经济发展历程及能源使用进程。而研究区不同湖泊 PAHs 含量及组成的同步变化,表明研究区能源消费量的高峰期同时伴随着其能源消费结构的转变。

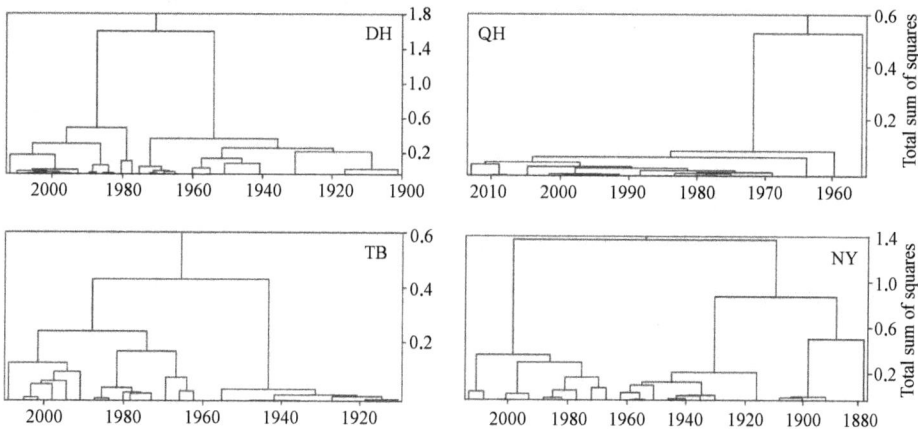

图 7 - 12　长江中下游地区 4 个湖泊沉积记录 16 种 PAHs 组分有序聚类分析

7.2.3　城市和农村湖泊的比较

与表层沉积物一致,研究区 PAHs 的沉积记录也有明显的城乡差异,具体表现在以下两个方面:首先是 PAHs 的含量差异。城市湖泊沉积物 PAHs 含量明显高于农村湖泊,城市湖泊前湖和东湖 PAHs 平均值分别为

2 446.66 ng/g(dw)和 492.84 ng/g(dw),而农村湖泊太白湖和南漪湖平均值分别为222.11 ng/g(dw)和 165.32 ng/g(dw)。城市湖泊是农村湖泊的 3.8 倍,且越到表层差异越大。其次是PAHs组成差异。具体表现为农村湖泊沉积记录中低分子量化合物的比重明显高于城市湖泊,与含量差异相同,越到表层,差异越明显。

作为一个农业大国,中国拥有丰富的生物质能源。历史时期,生物质能源是我国各地家庭取暖和做饭的主要能源,因此在各湖泊沉积记录的早期,PAHs组成以低环化合物为主。新中国成立以来,尤其是改革开放以来,工业化和城市化率先在各大城市迅速发展,煤炭、石油等逐渐成为城市地区主要的消费能源。因此,随着工业化和城市化的发展,高环化合物在城市地区排放比重不断增加。对广州等大城市大气 PAHs 的研究表明,如今诸多城市中机动车尾气排放的高环化合物已成为 PAHs 的主要排放源(李军等,2004)。此外,除生物质燃烧外,家庭低温燃烧也是低环化合物产生的重要途径(Guo et al.,2012)。自1990 年以来,为了控制环境污染,控制污染物排放,中国各大城市都努力削减家庭煤炭消费,代之以天然气、液化气等能源(Xu et al.,2007)。根据我们对江苏省 1986 年以来的能源消费数据的统计,江苏省家庭燃煤量从 1986 年的555.4 万吨下降到 2013 年的 12.3 万吨,其中城市家庭用煤量所占百分比由1986 年的 70%下降到 2013 年的 20%(国家统计局能源统计司,1989—1993;1997;2000;2003;2005—2014)。以上两方面的原因,导致城市湖泊沉积记录中高环化合物的不断增加,而低环化合物在近年来明显下降。

在我国农村地区,生物质能源一直以来都是重要的生产和生活能源。对农村能源的消费品种分析表明(图 7 - 13),1979 年,在农村能源消费中煤炭与焦炭所占比例为 18.93%,石油所占比重为 4.65%,而秸秆、薪柴的比重分别为37.01%、33.78%,生物质消费占 70.79%。虽然到 2008 年能源结构有所变化,其中煤炭与焦炭 35.50%、石油 12.58%、电力 11.65%、液化石油气 12.85%,秸秆、薪柴的比例分别变为 15.26%、11.44%,生物质能源所占比重为36.70%,明显下降,但相较于城市地区和发达国家,其所占比重仍相对较高。从 1979 年到 2008 年中国农村能源消费结构发生了很大的变化,表现为从传统能源使用模式向更加商业化、产业化的特征转变。而结构变化最明显的趋势是生物质能源的使用比例减少，而石油、电力以及液化石油气使用比例增加，如煤炭、石油等商品能源的比重从 1979 年的 28.97％增长到 2008 年的 72.58％，且用于生活消费的部分显著提高，但是煤炭和生物质仍然是农村能源的主体（张力小、胡秋红、王长波，2011）。因此，在湖泊沉积物中，农村湖泊 PAHs 组成表现为总体以低环化合物为主，随着能源消费结构的调整，以石油、工业燃煤等高温燃烧过程为主产生的高环化合物逐渐增加，但所占比重较城市地区仍然较低，表明城市和农村能源消费结构存在差异。

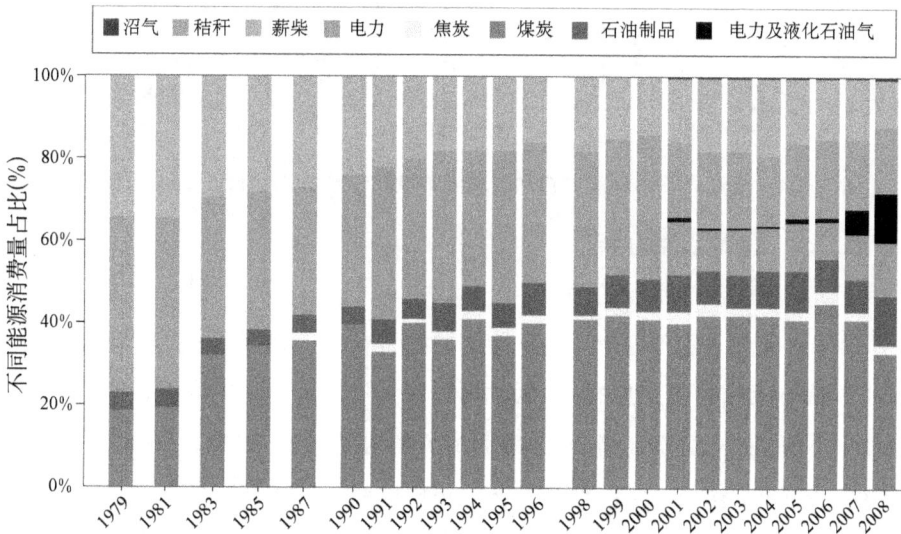

图 7-13　中国农村能源消费结构变化趋势（数据来源于张力小、胡秋红、王长波，2011）

而这种城乡差异在 PAHs 同分异构体比值 InP/(InP＋BgP)中也得到了验证（图 7-14）。研究表明，0.2＜ InP/(InP＋BgP)＜0.5 表示化石类燃料燃烧来源，InP/(InP＋BgP)＞0.5 表示煤炭、生物质燃烧来源（Yunker et al.，2002）。4 个湖泊 InP/(InP＋BgP)比值总体上都表现为由高到低的变化趋势，表明各湖泊 PAHs 来源可能存在由煤炭、生物质燃烧向液态化石类燃料燃烧过渡的趋势。不同的是，20 世纪 80 年代以来，东湖和前湖的 InP/(InP＋BgP)比值由先前的大于 0.5 过渡到小于 0.5，表明 1980—1990 年以来，城市湖泊

PAHs 来源发生了显著的变化,可能由以前的煤炭、生物质燃烧为主转变为液化石油燃料为主。这与我国改革开放以来,随着城市机动车数量急速增加以及能源结构的调整,交通用油消费量及其他液化石油类能源消费量不断增加有关。而在农村地区虽然 PAHs 来源存在向液化石油来源过渡的趋势,但煤炭及生物质燃烧来源始终是其主要的来源。

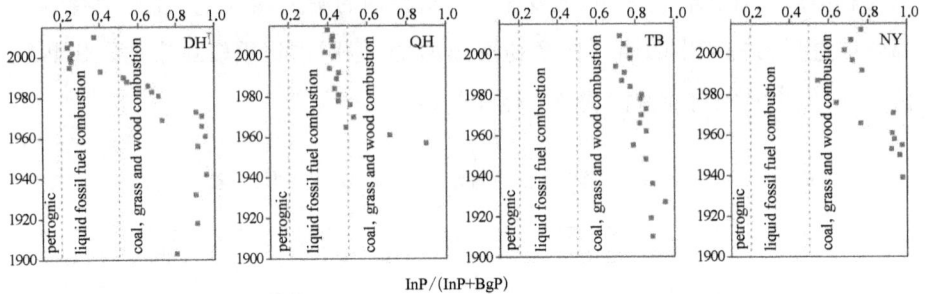

图 7 - 14 长江中下游地区城市和农村湖泊沉积记录 InP/(InP＋Bgp)比值变化

7.2.4 影响因素分析

(1)与社会经济参数的关系

PAHs 主要来源于煤炭、石油及生物质燃料等能源的不完全燃烧,PAHs 的排放量与能源利用息息相关,因此可以作为反映历史时期人类活动的指标。长江中下游地区一直以来都是人类活动频繁的地区,在过去的百年间经历了重要的社会经济发展历史。已经有很多研究表明(Guan et al. ,2012),环境中 PAHs 含量与地区人口数量、GDP、机动车数量及发电厂数量都有较好的相关关系。为了研究历史时期环境 PAHs 含量的影响因素,本文将 GDP、人口及能源消费数据与湖泊沉积记录中 PAHs 的含量做相关性分析。为了更加科学地反映社会经济指标与 PAHs 的相关性,我们拟收集不同湖泊所在区市级单位社会经济历史参数,然而由于历史统计数据的有限性,我们只能收集到 1957 年以来的历史数据,且只有南京市的数据收集比较全面,考虑到各湖泊历史变化趋势的一致性,因此,本研究以南京社会经济数据和前湖 PAHs 数据为代表进行详细讨论。

前湖沉积记录 PAHs 含量与南京社会经济参数的具体相关关系见图 7 - 15,利用回归系数(r)进一步表征其相关性。结果表明,1957 年到 1990 年之间,PAHs 含量与南京市 GDP($r=0.846,p<0.01$)、人口($r=0.810,p<0.01$)及煤炭消费量($r=0.857,p<0.01$)均有显著的正相关关系。自 1957 年以来,南京市经济、人口都呈现持续增长的趋势,随着经济和人口的迅速增长,能源消费量也急剧增加,煤炭消费量由 1957 年的 83.12 吨增加到 2013 年的 281 万吨(南京市统计局官方网站,http://www.njtj.gov.cn/)。改革开放以来,其他能源如石油、天然气等消费量也迅速增加,导致环境中 PAHs 的排放量急剧增加,从而造成环境介质中 PAHs 浓度的增加。

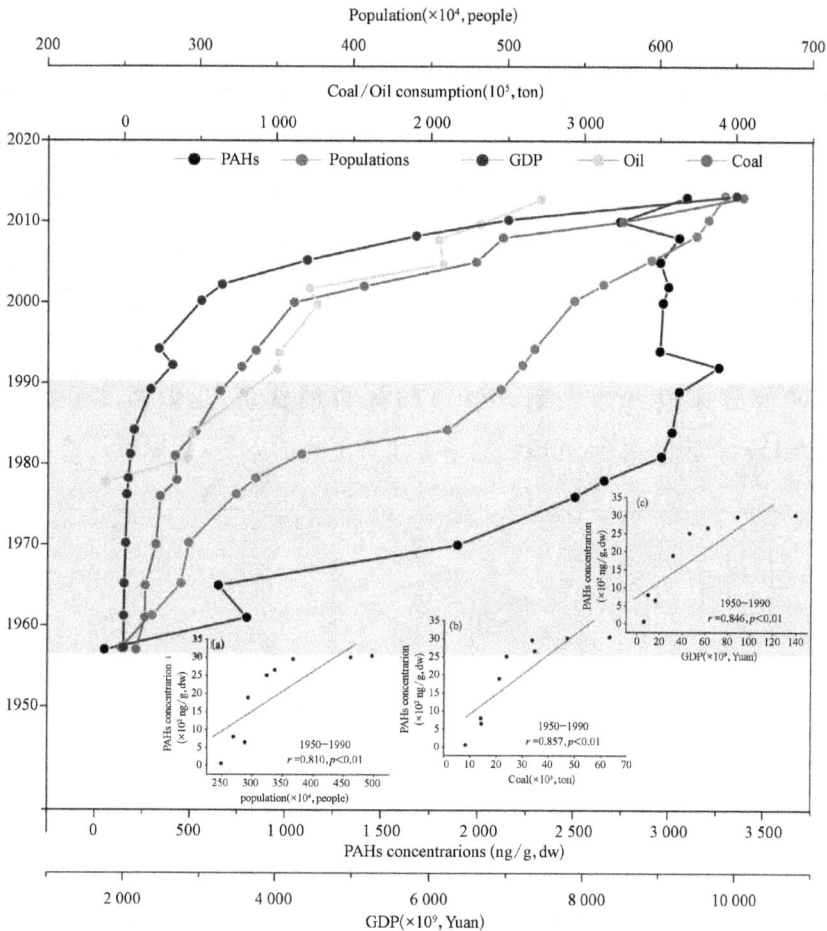

图 7-15　前湖沉积记录中 PAHs 含量与社会经济指标的相关性分析

　　然而 20 世纪 90 年代以来,湖泊沉积记录 PAHs 含量与经济、人口和能源消费呈相反的变化趋势,经济、人口和能源消费的增加并没有带来 PAHs 含量的持续增加。这种现象在我们其他地区的湖泊和海洋沉积记录中也有类似报道,如巢湖沉积记录(Li et al.,2015)、滇池沉积记录(Guo et al.,2013)及黄海和南海沉积记录(Liu et al.,2012b)。此外,关于发达国家和地区的湖泊沉积物 PAHs 沉积记录的研究也表明,自 20 世纪 70—80 年代以来,湖泊沉积物 PAHs 含量出现降低的趋势,该变化可能与近二三十年来发达国家和地区能源结构调整有关(Simcik,Eisenreich and Lioy,1999;Fernández et al.,1999;2000)。近年来,发达国家能源消费结构从以煤炭和石油为主,过渡到了以煤炭、石油、天然气以及多种新能源并存的阶段。据统计,从 1965 年至 2009 年,在世界能源消费中,煤炭和石油消费比重降低了 15%,而天然气和核电消费比重分别上升了 8% 和 5%。因此,很多研究将发达国家和地区沉积记录中 PAHs 的减少归因于煤炭消费量的减少(Gevao et al.,1998)。然而,中国作为产煤大国,煤炭一直是我国最重要的能源,据统计,20 世纪 50—70 年代,我国煤炭消费量占能源消费总量高达 87.2%(国家统计局,2014)。尽管为了控制环境污染,中国政府自 1990 年以来就开始控制大城市的煤炭消费量,也取得了一些成效(图 7-16),1950 年至今,我国煤炭消费比重下降了 20%(国家统计局,2014)。

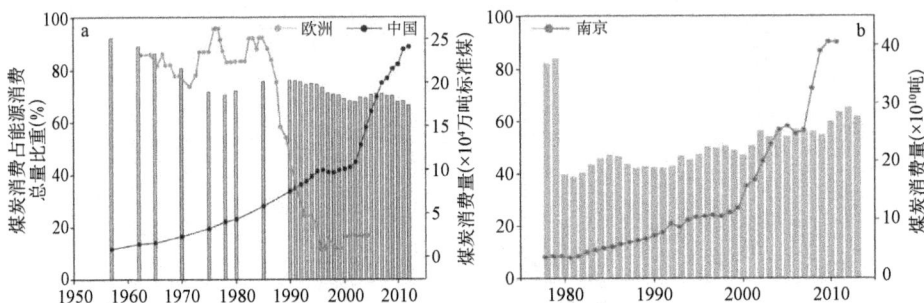

图 7-16　中国、欧洲及南京历年煤炭消费量及消费比重

(数据来源于中国统计年鉴,南京市统计年鉴及欧洲煤炭消费量统计 http://bp.com/statisticalreview)

尽管如此,煤炭仍然是目前我国最重要的能源,2013年,我国煤炭消费量占我国一次能源消费总量的67.5%(国家统计局能源统计司,2014),且其消费总量仍呈持续增长的趋势。因此,此阶段研究区湖泊沉积物PAHs含量的降低并不能简单地归因于煤炭消费总量的减少。而且对我国及研究区石油、天然气等其他能源的调查也发现,在消费总量方面,各种能源均呈持续上升趋势。由此可见,能源消费总量的变化并不能解释沉积记录中PAHs的下降。

(2)历史时期PAHs排放量的影响

关于PAHs排放研究表明,能源燃料燃烧方式有多种,不同燃烧方式下排放因子不同;即使同一种燃料,由于燃烧方式的不同,也会有不同的排放因子(刘伟亚等,2015;谢雨杉,2009)。而环境中PAHs排放总量的估算就是以排放因子为系数与能源消费总量相乘所得,因此能源消费总量并不是影响PAHs排放量的唯一要素。以能源消费量作为单一的指标考虑PAHs的排放量可能不足以准确地反映实际排放量。

鉴于数据的可收集性,本研究收集了1986年以来江苏省、安徽省及湖北省各类能源的消费量,共包括7种能源:发电及工业燃煤、民用(家庭)燃煤、炼焦用煤、交通燃油、非交通燃油、天然气燃烧和秸秆燃烧,数据来源于国家统计局能源统计司(1988—2013年)和国家统计局农村社会经济调查司(2000—2013年)。根据能源消费量数据及不同燃料的排放因子,估算了1986年以来江苏、湖北和安徽的PAHs排放量。图7-17为江苏、安徽和湖北省1986—2012年PAHs排放总量。结果表明,1986年以来三省份PAHs排放量有不同的变化趋势,江苏省PAHs排放量有明显的下降趋势,虽然在2005年以后PAHs排放量有微弱的增加趋势,但总体上仍表现为下降趋势。安徽省PAHs排放量表现为先上升后下降的趋势,在2002—2004年之间排放量达到高值,之后呈现持续下降的趋势。湖北省PAHs排放量也表现为先上升后下降的趋势,然而其高值出现时间早于安徽省,且在达到高值后出现微弱上升趋势,然而总体上在90年代之后呈下降趋势。

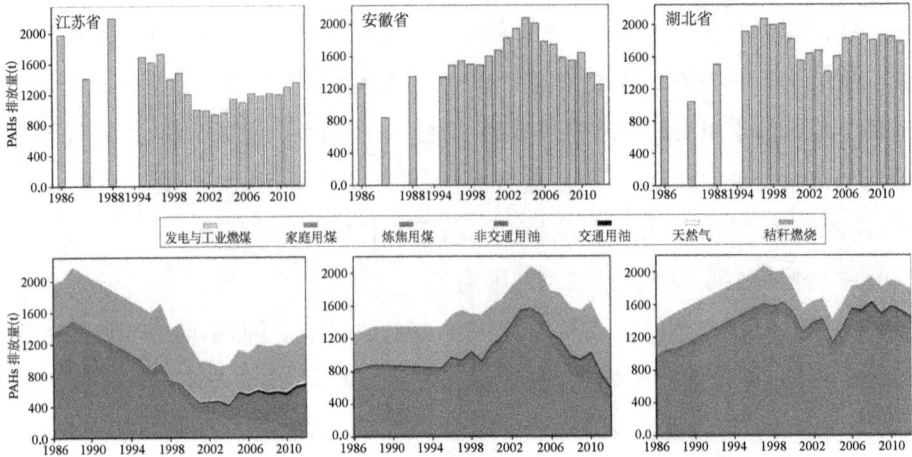

图 7 - 17   江苏省、安徽省和湖北省 PAHs 排放量年际变化

总体而言,三省份 PAHs 排放量近年来都呈现下降的趋势,这与本研究的沉积记录较为一致。江苏和湖北的 PAHs 排放峰值均出现在 20 世纪 90 年代末期,之后呈现下降趋势,这种现象与湖泊沉积记录的 PAHs 含量变化规律一致,表明沉积记录中 PAHs 含量的下降可能与环境中 PAHs 排放量减少有关。不同的是 2005 年以后江苏和湖北 PAHs 排放量都出现上升趋势,只是上升的幅度有所不同,而在湖北太白湖的沉积记录中,也呈现相同的变化趋势。此外安徽省 PAHs 排放量数据同南漪湖 PAHs 沉积记录都在近年来呈下降趋势,两者峰值出现的时间却不相符。总之,4 个湖泊的沉积记录与三省份 PAHs 排放量都在一定程度上表现出不完全吻合,尤其是南漪湖沉积记录与安徽省排放量。这一方面可能是由于湖泊沉积记录的年代误差导致;另一方面可能是因为两种记录的年代分辨率不同导致的不对等,本研究的沉积记录不可能达到年际分辨率,只能反映 PAHs 的历史变化趋势,在总趋势上进行讨论。此外,还可能与估算的分辨率有关,湖泊沉积物 PAHs 可能反映的是较小区域内的 PAHs 污染状况,而由于数据收集的有限性,本研究只能以省为单位对过去环境 PAHs 排放量进行估算,两者的不对等也可能导致沉积记录与排放估算的不完全对等。总体而言,沉积记录中的 PAHs 可以反映历史时期的 PAHs 排放量,

环境 PAHs 排放量的减少,可能是近年来湖泊沉积记录 PAHs 缓慢下降的影响因素。

为了进一步探讨能源消费量与 PAHs 排放量出现相反趋势的原因,我们研究了不同能源消费的变化趋势及排放贡献量占比。结果表明(图 7-18),尽管热力发电厂及工业用煤消费量在各能源中消费量最大,但由于其燃烧充分且有相应烟尘处理办法,因此排放因子较小,导致其排放量所占比重最小,而排放分散且无规律的民用(家庭)燃煤和秸秆燃烧,由于排放因子较大,其 PAHs 排放贡献量所占比重最大,在江苏、安徽和湖北家庭燃煤和秸秆燃烧贡献量分别占 32.78％和 45.09％,57.98％和 33.12％,70.70％和 18.54％,可见家庭燃煤和秸秆燃烧是研究区 PAHs 排放量的主要贡献源。由图 7-18 可知,各地发电及工业燃煤、炼焦用煤、交通燃油、非交通燃油、天然气燃烧排放都呈现不断增长的趋势,而家庭燃煤排放呈下降趋势。因此,研究区湖泊沉积记录中 PAHs 含量的减少可能归因于家庭燃煤量的减少,这与 Xu 等(2007)的研究一致。具体各省中,江苏和安徽排放量的减少归因于家庭用煤的减少,湖北排放量的减少归因于家庭用煤和秸秆燃烧的减少。而家庭燃煤消费量的明显减少,可能归因于我国自 1990 年以来,努力削减家庭煤炭消费的政策措施,表明我国的环保政策取得了一些成果。此外,近年来,我国各省市相继出台了禁止焚烧的政策,据卫星监测秸秆焚烧火点统计,江苏省、湖北省和安徽省近 5 年焚烧火点都有减少的趋势,可能在一定程度上减少了 PAHs 的排放(陈蒙蒙,2014)。

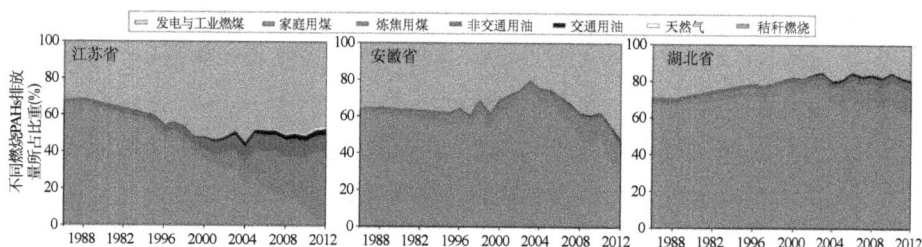

图 7-18　江苏、湖北和安徽省不同燃料 PAHs 排放量所占百分比

参考文献

陈蒙蒙.秸秆焚烧的法律规制[D].苏州：苏州大学,2014.

郭建阳,廖海清,张亮,等.青海湖沉积物中多环芳烃的沉积记录[J].北京：生态学杂志,2011,30(7)：1467-1472.

国家统计局.中国统计年鉴2013[M].北京：中国统计出版社,2014.

国家统计局能源统计司.中国能源统计年鉴1988[M].北京：中国统计出版社,1989.

国家统计局能源统计司.中国能源统计年鉴1989[M].北京：中国统计出版社,1990.

国家统计局能源统计司.中国能源统计年鉴1990[M].北京：中国统计出版社,1991.

国家统计局能源统计司.中国能源统计年鉴1991[M].北京：中国统计出版社,1992.

国家统计局能源统计司.中国能源统计年鉴1992[M].北京：中国统计出版社,1993.

国家统计局能源统计司.中国能源统计年鉴1991—1996[M].北京：中国统计出版社,1997.

国家统计局能源统计司.中国能源统计年鉴1997—1999[M].北京：中国统计出版社,2000.

国家统计局能源统计司.中国能源统计年鉴2000—2002[M].北京：中国统计出版社,2003.

国家统计局能源统计司.中国能源统计年鉴2004[M].北京：中国统计出版社,2005.

国家统计局能源统计司.中国能源统计年鉴2005[M].北京：中国统计出版社,2006.

国家统计局能源统计司.中国能源统计年鉴2006[M].北京：中国统计出版社,2007.

国家统计局能源统计司.中国能源统计年鉴2007[M].北京：中国统计出版社,2008.

国家统计局能源统计司.中国能源统计年鉴2008[M].北京：中国统计出版社,2009.

国家统计局能源统计司.中国能源统计年鉴2009[M].北京：中国统计出版社,2010.

国家统计局能源统计司.中国能源统计年鉴2010[M].北京：中国统计出版社,2011.

国家统计局能源统计司.中国能源统计年鉴2011[M].北京：中国统计出版社,2012.

国家统计局能源统计司.中国能源统计年鉴2012[M].北京：中国统计出版社,2013.

国家统计局能源统计司.中国能源统计年鉴2013[M].北京：中国统计出版社,2014.

国家统计局农村社会经济调查司.中国农村统计年鉴2000[M].北京：中国统计出版社,2001.

国家统计局农村社会经济调查司.中国农村统计年鉴2001[M].北京：中国统计出版社,2002.

国家统计局农村社会经济调查司.中国农村统计年鉴2002[M].北京:中国统计出版社,2003.

国家统计局农村社会经济调查司.中国农村统计年鉴2003[M].北京:中国统计出版社,2004.

国家统计局农村社会经济调查司.中国农村统计年鉴2004[M].北京:中国统计出版社,2005.

国家统计局农村社会经济调查司.中国农村统计年鉴2005[M].北京:中国统计出版社,2006.

国家统计局农村社会经济调查司.中国农村统计年鉴2006[M].北京:中国统计出版社,2007.

国家统计局农村社会经济调查司.中国农村统计年鉴2007[M].北京:中国统计出版社,2008.

国家统计局农村社会经济调查司.中国农村统计年鉴2008[M].北京:中国统计出版社,2009.

国家统计局农村社会经济调查司.中国农村统计年鉴2009[M].北京:中国统计出版社,2010.

国家统计局农村社会经济调查司.中国农村统计年鉴2010[M].北京:中国统计出版社,2011.

国家统计局农村社会经济调查司.中国农村统计年鉴2011[M].北京:中国统计出版社,2012.

国家统计局农村社会经济调查司.中国农村统计年鉴2012[M].北京:中国统计出版社,2013.

国家统计局农村社会经济调查司.中国农村统计年鉴2013[M].北京:中国统计出版社,2014.

李军,张干,祁士华,等.广州市大气中颗粒态多环芳烃(PAHs)的主要污染源[J].环境科学学报,2004,24(4):661-666.

刘伟亚,刘敏,杨毅,等.上海市多环芳烃排放清单构建及排放趋势预测[J].长江流域资源与环境,2015,24(6):1003-1011.

马万里.我国土壤和大气中多环芳烃分布特征和大尺度数值模拟[D].哈尔滨:哈尔滨工业大学,2010.

王苏民,窦鸿身.中国湖泊志[M].北京:科学出版社,1998.

谢雨杉.上海城市大气PAHs排放特征与多介质归趋模拟[D].上海:华东师范大学,2009.

姚敏,刘倩,李艳玲,等.南京市两个小型富营养湖泊浮游硅藻的季节性变化[J].湖泊科学,2009,21(5):693-699.

张力小,胡秋红,王长波.中国农村能源消费的时空分布特征及其政策演变[J].农业工程学报,2011,27(1):1-9.

朱利中,王静,杜烨,等.汽车尾气中多环芳烃(PAHs)成分谱图研究[J].环境科学,2003,24(3):26-29.

Chang K F, Fang G C, Chen J C, et al. Atmospheric polycyclic aromatic hydrocarbons(PAHs) in Asia: a review from 1999 to 2004 [J]. Environmental pollution, 2006, 142: 388-396.

Chen C F, Chen C W, Dong C D, et al. Assessment of toxicity of polycyclic aromatic hydrocarbons in sediments of Kaohsiung Harbor, Taiwan[J]. Science of the total environment, 2013, 463: 1174-1181.

Chen Y, Sheng G, Bi X, et al. Emission factors for carbonaceous particles and polycyclic aromatic hydrocarbons from residential coal combustion in China [J]. Environmental Science & Technology, 2005, 39: 1861-1867.

Dahle S, Savinov V M, Matishov G G, et al. Polycyclic aromatic hydrocarbons (PAHs) in bottom sediments of the Kara Sea shelf, Gulf of Ob and Yenisei Bay[J]. Science of the Total Environment, 2003, 306: 57-71.

Fernández P, Vilanova R M, Grimalt J O, et al. Sediment fluxes of polycyclic aromatic hydrocarbons in European high altitude mountain lakes[J]. Environmental Science & Technology, 1999, 33: 3716-3722.

Fernández P, Vilanova R M, Martínez C, et al. The historical record of atmospheric pyrolytic pollution over Europe registered in the sedimentary PAH from remote mountain lakes[J]. Environmental Science & Technology, 2000, 34: 1906-1913.

Gevao B, Hamilton-Taylor J, Jones K C, et al. Polychlorinated biphenyl and polycyclic aromatic hydrocarbon deposition to and exchange at the air-water interface of Esthwaite Water, a small lake in Cumbria, UK[J]. Environmental pollution, 1998, 102: 63-75.

Guan Y F, Sun J L, Ni H G, et al. Sedimentary record of polycyclic aromatic hydrocarbons in a sediment core from a maar lake, Northeast China: evidence in historical atmospheric deposition[J]. Journal of Environmental Monitoring, 2012, 14: 2475 - 2481.

Guo G, Wu F, He H, et al. Distribution characteristics and ecological risk assessment of PAHs in surface waters of China[J]. Science China Earth Sciences, 2012, 55: 914 - 925.

Guo J, Wu F, Luo X, et al. Anthropogenic input of polycyclic aromatic hydrocarbons into five lakes in Western China[J]. Environmental pollution, 2010, 158: 2175 - 2180.

Guo J Y, Wu F C, Liao H Q, et al. Sedimentary record of polycyclic aromatic hydrocarbons and DDTs in Dianchi Lake, an urban lake in Southwest China [J]. Environmental Science and Pollution Research, 2013, 20: 5471 - 5480.

Hafner W D, Carlson D L, Hites R A, et al. Influence of local human population on atmospheric polycyclic aromatic hydrocarbon concentrations[J]. Environmental Science & Technology, 2005, 39: 7374 - 7379.

Harrison R M, Smith D, Luhana L, et al. Source apportionment of atmospheric polycyclic aromatic hydrocarbons collected from an urban location in Birmingham, UK[J]. Environmental Science & Technology, 1996, 30: 825 - 832.

Hu G, Luo X, Li F, et al. Organochlorine compounds and polycyclic aromatic hydrocarbons in surface sediment from Baiyangdian Lake, North China: concentrations, sources profiles and potential risk[J]. Journal of Environmental Sciences, 2010, 22: 176 - 183.

Hussain J, Zhao Z, Pang Y, et al. Effects of different water seasons on the residual characteristics and ecological risk of polycyclic aromatic hydrocarbons in sediments from Changdang Lake, China[J]. Journal of Chemistry, 2016.

Jenkins B M, Jones A, Turn S Q, et al. Emission factors for polycyclic aromatic hydrocarbons from biomass burning[J]. Environmental Science & Technology, 1996, 30: 2462 - 2469.

Kannan K, Johnson-Restrepo B, Yohn S S, et al. Spatial and temporal distribution of polycyclic aromatic hydrocarbons in sediments from Michigan inland lakes [J]. Environmental Science & Technology, 2005, 39: 4700 - 4706.

Khalili N R, Scheff P A, Holsen T M, et al. PAH source fingerprints for coke ovens, diesel and, gasoline engines, highway tunnels, and wood combustion emissions [J]. Atmospheric environment, 1995, 29: 533 – 542.

Larsen R K, Baker J E. Source apportionment of polycyclic aromatic hydrocarbons in the urban atmosphere: a comparison of three methods[J]. Environmental Science & Technology, 2003, 37: 1873 – 1881.

Li C, Huo S, Yu Z, et al. Historical records of polycyclic aromatic hydrocarbon deposition in a shallow eutrophic lake: Impacts of sources and sedimentological conditions [J]. Journal of Environmental Sciences, 2015.

Li C K, Kamens R M. The use of polycyclic aromatic hydrocarbons as source signatures in receptor modeling[J]. General Topics, 1993, 27: 523 – 532.

Li H L, Gao H, Zhu C, et al. Spatial and temporal distribution of polycyclic aromatic hydrocarbons (PAHs) in sediments of the Nansi Lake, China [J]. Environmental monitoring and assessment, 2009, 154: 469 – 478.

Li J, Dong H, Zhang D, et al. Sources and ecological risk assessment of PAHs in surface sediments from Bohai Sea and northern part of the Yellow Sea, China[J]. Marine pollution bulletin, 2015, 96: 485 – 490.

Liu F, Liu J, Chen Q, et al. Pollution characteristics, ecological risk and sources of polycyclic aromatic hydrocarbons (PAHs) in surface sediment from Tuhai-Majia River system, China[J]. Procedia Environmental Sciences, 2012a, 13: 1301 – 1314.

Liu L Y, Wang J Z, Wei G L, et al. Sediment records of polycyclic aromatic hydrocarbons (PAHs) in the continental shelf of China: implications for evolving anthropogenic impacts [J]. Environmental Science & Technology, 2012b, 46: 6497 – 6504.

Liu Y, Chen L, Huang Q H, et al. Source apportionment of polycyclic aromatic hydrocarbons(PAHs) in surface sediments of the Huangpu River, Shanghai, China[J]. Science of the Total Environment, 2009, 407: 2931 – 2938.

Louchouarn P, Chillrud S N, Houel S, et al. Elemental and molecular evidence of soot-and char-derived black carbon inputs to New York City's atmosphere during the 20th century[J]. Environmental Science & Technology, 2007, 41: 82 – 87.

MacDonald D D, Ingersoll C G, Berger T, et al. Development and evaluation of consensus-based sediment quality guidelines for freshwater ecosystems[J]. Archives of environmental contamination and toxicology, 2000, 39: 20－31.

Mai B X, Fu J M, Sheng G Y, et al. Chlorinated and polycyclic aromatic hydrocarbons in riverine and estuarine sediments from Pearl River Delta, China[J]. Environmental pollution, 2002, 117: 457－474.

Mastral A M, Callen M S. A review on polycyclic aromatic hydrocarbon(PAH) emissions from energy generation[J]. Environmental Science & Technology, 2000, 34: 3051－3057.

Mumford J, He X, Chapman R, et al. Lungcancer and indoor air pollution in Xuan Wei, China[J]. Science, 1987, 235: 217－220.

Oanh N K, Albina D, Ping L, et al. Emission of particulate matter and polycyclic aromatic hydrocarbons from select cookstove-fuel systems in Asia[J]. Biomass and Bioenergy, 2005, 28: 579－590.

Paatero P, Tapper U. Positive matrix factorization: A non-negative factor model with optimal utilization of error estimates of data values[J]. Environmetrics, 1994, 5: 111－126.

Qiao M, Wang C, Huang S, et al. Composition, sources, and potential toxicological significance of PAHs in the surface sediments of the Meiliang Bay, Taihu Lake, China[J]. Environment international, 2006, 32: 28－33.

Ravindra K, Bencs L, Wauters E, et al. Seasonal and site-specific variation in vapour and aerosol phase PAHs over Flanders(Belgium) and their relation with anthropogenic activities[J]. Atmospheric Environment, 2006, 40: 771－785.

Saha M, Togo A, Mizukawa K, et al. Sources of sedimentary PAHs in tropical Asian waters: differentiation between pyrogenic and petrogenic sources by alkyl homolog abundance[J]. Marine pollution bulletin, 2009, 58: 189－200.

Savinov V M, Savinova T N, Matishov G G, et al. Polycyclic aromatic hydrocarbons (PAHs) and organochlorines(OCs) in bottom sediments of the Guba Pechenga, Barents Sea, Russia[J]. Science of the Total Environment, 2003, 306: 39－56.

Shi X L, Qin B Q. Study on ^{137}Cs and [210]Pb Dating and Sedimentation Rates of Wanghu Lake, Hubei Province[J]. Journal of Ningbo University(Natural Science &

Engineering Edition），2008，3：031.

Simcik M F，Eisenreich S J，Golden K A，et al. Atmospheric loading of polycyclic aromatic hydrocarbons to Lake Michigan as recorded in the sediments［J］. Environmental Science & Technology，1996，30：3039 - 3046.

Simcik M F，Eisenreich S J，Lioy P J. Source apportionment and source/sink relationships of PAHs in the coastal atmosphere of Chicago and Lake Michigan［J］. Atmospheric Environment，1999，33：5071 - 5079.

Tao Y，Yao S，Xue B，et al. Polycyclic aromatic hydrocarbons in surface sediments from drinking water sources of Taihu Lake，China：sources，partitioning and toxicological risk［J］. Journal of Environmental Monitoring，2010，12：2282 - 2289.

Wakeham S G，Forrest J，Masiello C A，et al. Hydrocarbons in Lake Washington sediments. A 25-year retrospective in an urban lake［J］. Environmental Science & Technology，2004，38：431 - 439.

Wornat M J，Ledesma E B，Sandrowitz A K，et al. Polycyclic aromatic hydrocarbons identified in soot extracts from domestic coal-burning stoves of Henan Province，China［J］. Environmental Science & Technology，2001，35：1943 - 1952.

Xu J，Yu Y，Wang P，et al. Polycyclic aromatic hydrocarbons in the surface sediments from Yellow River，China［J］. Chemosphere，2007，67：1408 - 1414.

Xue B，Yao S，Xia W，et al. Some sediment-geochemical evidence for the recent environmental changes of the lakes from the middle and lower Yangtze River basin，China［J］. Quaternary International，2010，226：29 - 37.

Yang R，Xie T，Li A，et al. Sedimentary records of polycyclic aromatic hydrocarbons (PAHs) in remote lakes across the Tibetan Plateau［J］. Environmental pollution，2016，214：1 - 7.

Yuan D，Yang D，Wade T L，et al. Status of persistent organic pollutants in the sediment from several estuaries in China［J］. Environmental pollution，2001，114：101 - 111.

Yunker M B，Macdonald R W，Vingarzan R，et al. PAHs in the Fraser River basin：a critical appraisal of PAH ratios as indicators of PAH source and composition［J］. Organic geochemistry，2002，33：489 - 515.

Zhang E，Cao Y，Liu E，et al. Chironomid assemblage and trophic level of Taibai

Lake in the middle reaches of the Yangtze River over the past 150 years[J]. Quaternary Sciences, 2010, 30: 1156 - 1161.

Zhang S, Zhang Q, Darisaw S, et al. Simultaneous quantification of polycyclic aromatic hydrocarbons (PAHs), polychlorinated biphenyls (PCBs), and pharmaceuticals and personal care products (PPCPs) in Mississippi river water, in New Orleans, Louisiana, USA[J]. Chemosphere, 2007, 66: 1057 - 1069.

Zhang Y, Tao S. Global atmospheric emission inventory of polycyclic aromatic hydrocarbons(PAHs) for 2004[J]. Atmospheric Environment, 2009, 43: 812 - 819.

第八章 长江中下游湖泊环境变化

长江中下游湖群是我国湖泊分布最密集的区域之一,也是世界上有特殊地位的亚热带浅水淡水湖泊群。该区的湖泊沉积环境演变与气候演变、海面变化、河流发育密切相关,近代的沉积环境变化则受到人类活动的强烈干扰,显得极为复杂,也有特殊的研究价值。

本章主要先介绍了长江中下游地质历史时期湖泊沉积环境演变,接着概述了全新世湖泊沉积速率状况、详述了近现代湖泊沉积速率的变化,最后综述了该区湖泊沉积物重金属的历史演变以及湖泊沉积物揭示的营养状况的变化。

8.1 地质历史时期沉积环境演变

地质历史时期中国东部长江中下游地区湖泊的沉积环境受到气候与海面变化的控制。晚全新世以来,是长江中下游流域湖泊的广泛发育时期。首先在长江下游由于晚全新世海平面的下降,本区一些低洼地区脱离海侵,同时由于长江三角洲向外发展,使下游河流尾部被淤积抬高,河水潴积在低洼处,形成淡水湖泊沉积。长江下游的湖泊大都形成于全新世末次海侵以后,而且随海面的不断后退,愈向海的地带湖泊年龄愈轻。例如太湖约成湖于春秋战国前后,即距今 2 500 年左右,西湖是距今 2 000 年左右由潟湖晚期转变而成,同样在苏北沿海平原的射阳湖形成于距今 2 000 年左右。晚全新世在长江中游也形成了许多湖泊沉积,如鄱阳湖发育于 3 ka BP 左右,汉代以后,由于长江主泓道的南移,阻碍了赣江水系的泄流,使湖面迅速向南扩张。与此同时,古彭蠡泽不断萎缩,分裂成若干小湖,如今日之龙感湖、黄大湖、泊湖等。洞庭湖则在春秋战国时期出现,东晋和南朝时迅速形成大湖。

但最近一些研究表明,该地区的湖泊形成时间要更早。如在澄湖的多个钻孔(古河道、湖泊洼地)的研究,发现在约 6.8—6.3 ka BP 暖湿的气候条件下,澄湖地区降水增加,加之地势低洼,逐渐成为一个浅水湖泊。约 6.1—5.8 ka BP,气候环境由湿热转向相对温干的过程中,其波动性在腐殖化度与有机质含量上反应敏感,水位下降,成为利于泥炭层发育的沼泽相沉积环境(畅莉,2008;赵钟媛,2011)。由于该研究的年代控制较好,因此在 6 000 多年前就存在湖泊的观点较为可信。最近在南漪湖的钻孔测试揭示(刘丰豪等,2018),在 311 cm 和 251 cm 的植物残体的年代分别是 6 951～7 107 cal a BP 以及 6 501～6 676 cal a BP,说明成湖时代也远早于最近的 2 000 到 3 000 年。

我们认为,造成对成湖时间的理解有较大差异的一个重要的原因是该地区的湖泊为浅水湖泊,常出现沉积间断。如丁越峰(2004)选择了太湖南岸埋藏古沟谷的 97C 钻孔,进行了沉积物磁性、粒度、有机质含量、铁含量、有孔虫分布等五项指标的测定分析,发现约 4 500 a BP 的时候,太湖出现沉积间断。周志华(2006)以长江中下游地区的浅水湖泊(太湖、巢湖、龙感湖)为研究对象,碳、氮同位素为研究手段,结合 ^{210}Pb 和 ^{14}C 年代学,以及沉积物中 TOC、TN、C/N 比值、TP 等多种地球化学参数,对近代沉积环境演化过程、沉积物有机质来源以及西太湖形成演化的古环境进行分析研究,他发现在 6 670—5 140 a BP 太湖地区可能形成潟湖并出现沉积间断。姚书春、王小林、薛滨(2007)对江苏固城湖的全新世的研究发现,仅约最近 400 年以来存在沉积物连续堆积,而 7 000 年以来的沉积缺失,推测与人类活动以及水系改变等有关。陈艇(2017)对东苕溪平原两个钻孔(DTX4 孔和 DTX10 孔)开展了研究,通过对这两个钻孔进行 AMS^{14}C 定年、硅藻鉴定、有机碳氮及其稳定同位素等分析,发现 DTX10 孔在约 7 500—2 800 cal a BP 期间接受成壤作用,发生沉积间断。

8.2　湖泊沉积物沉积速率变化

湖泊沉积速率(通量)是指单位时间内湖泊沉积物堆积的厚度(质量),它能综合体现沉积过程的特征,是确定沉积环境的重要的定量指标之一。长期平均的湖泊沉积速率反映了湖泊地质历史的形成和发育,短期的湖泊沉积速率则反映现代沉积动力过程。气候变化和人类活动的影响,将会使泥沙的侵蚀动态、输移过程发生变化,进而影响沉积物的沉积速率。湖泊水体高的生物输入保存到湖泊的底部也会增加湖泊沉积物的沉积速率。由于湖泊不同部位水深、物质来源的差异,湖流的不同,水下地形的区别等等因素的影响,不同部位湖泊沉积物沉积速率会存在差异,甚至某些区域出现侵蚀。近百年来,随着人类活动对湖泊及流域的影响不断加大,湖泊流域环境变化剧烈,其中对湖泊沉积速率的影响也备受重视。

沉积物速率测定方法:① 年代法:由于^{14}C 同位素的半衰期为 5 730 年,可以有效标定两万年以来的沉积物年龄。因此,用^{14}C 法测定的沉积层年代推算湖泊地质历史时期的沉积速率已成为重要方法。^{210}Pb 元素周期表序数是 82,中子数为 128,半衰期为 22.26 年,是百年尺度内测年的一个极好的核素,可以用来研究近代湖泊沉积速率的变化。^{137}Cs 是核试验带入自然环境的,可用作时标进行沉积物年代标定。② 河流输沙法:一些大型湖泊的主要进出河流设有长期的水文观测站,积累了流量和输沙量的资料。因此可以利用河流输沙量推算湖泊沉积速率,如:巢湖、洪泽湖。③ 地形图对比法。

8.2.1　全新世以来湖泊沉积物沉积速率

湖泊沉积间断使得长江中下游地区湖泊全新世以来的沉积速率变化极为复杂。Long,Hunt 和 Taylor(2016)收集了长江三角洲南岸的全新世的放射性碳年代数据,发现其分布不均,可聚类成两个时间范围,分别是 9 000—7 000 cal a BP 以及 3 000—1 000 cal a BP,这可能揭示了 2 个重要的侵蚀时段。前面较老的时段,可能与海侵有关,而较年轻的时段则反映了人类活动,如农业的影响。而最近 1 000 年缺少放射性碳年代数据,这主要与研究过程、研究对象有关,如常常不会用来分析测试的钻孔的最上部分沉积物。王张华等(2007)利用长江中下游、河口及口外、浙-闽沿岸陆架 6 个主要沉积盆地的 40 个晚第四纪钻孔及其年代学数据和长江口外、陆架的浅地层剖面,计算了全新世不同阶段各沉积盆地的沉积速率。他们的研究发现,全新世早期距今 10 000 年至 8 000

年间长江口下切古河谷是长江泥沙的主要堆积中心,沉积速率可高达15 m/kyr。海平面上升导致长江水位上升,从而使原先以河流下切为主的中下游盆地开始接受沉积物堆积,成为重要沉积盆地,沉积物由砾石质转变为砂、泥质。在7 000 a BP前后,各沉积盆地的沉积速率明显增高,尤其江汉盆地,7 000—4 000 a BP期间有大量泥沙进入,沉积速率可达10 m/kyr。由于江汉盆地的分流,长江此时进入河口的泥沙量明显减少,与10 000—8 000 a BP期间相比,沉积速率约减小一半。近2 000年来,口外、陆架的堆积呈明显增加趋势,反映长江中下游盆地和河口可容空间日益减小。研究还发现全新世以来有两个异常低沉积速率时期:距今8 000—7 000年期间上述各沉积盆地沉积速率均显著低,未见长江泥沙的沉积中心;距今4 000—2 000年期间长江口呈现低沉积速率。

8.2.2　近现代湖泊沉积物沉积速率

孙顺才、王苏民、郑长苏(1989)在《中国湖泊地貌与湖泊沉积学研究概况》一文中,总结了我国湖泊沉积学研究方面取得的一些进展,并建立了一系列理论模式,其中包括了湖泊沉积模式的研究和建立。对于长江中下游湖泊,如鄱阳湖,沉积相类型有三角洲平原相,包括分流河道亚相、漫滩、天然堤亚相、决口扇亚相、废弃河道与天然堤亚相;三角洲前缘相,包括水下河道、水下天然堤亚相、水下决口扇以及分流间湖湾亚相;湖泊沉积相,包括湖区、湖间洼地及滩地沉积共3种沉积相及12种亚相。并建立了"水下河道-决口分议"的生长模式。而太湖主要有两种类型,一是吞吐流沉积,主要分布于湖泊南部沿岸地带;另一类是风生流或风暴流沉积。

湖泊的泥沙输移和沉积过程在湖泊资源的开发利用与湖泊环境保护工作中具有重要的作用。长江中下游地区湖泊浅,流域土壤侵蚀严重,使得湖泊泥沙淤积严重,甚至一些湖泊可能面临沼泽化进而向陆地演化。如高俊锋等(2001)对洞庭湖的冲淤变化和空间分布进行了研究,在实测的1974年,1988年,1998年1∶2.5万地形图的基础上,利用地理信息系统的数据处理和空间分析方法,分析洞庭湖24年来的冲淤规律,得到了2个时期(1974—1988,1988—1998)洞庭湖冲淤量和冲淤区域的空间分布位置。研究表明,洞庭湖近24年来总的趋势是淤积的,局部有冲刷,但总体上淤积量大于冲刷量,湖盆平均淤高0.43 m。2个时期年均冲淤厚度没有明显的变化,为0.017 m/yr。朱玲玲等(2014)运用洞庭湖湖区1995年、2003年、2011年实测1∶10 000地形,发现三峡水库蓄水前,洞庭湖泥沙以淤积为主,淤积总量趋于减少,但沉积率无明显变化;三峡水库蓄水后,洞庭湖泥沙淤积量及沉积率均大幅减小,部分年份出湖沙量大于入湖沙量,且泥沙冲刷主要集中在东洞庭湖区域。

鄱阳湖泥沙监测表明,现代鄱阳湖的淤积并非均匀发展,其与入湖河流的输沙量、各河口位置、水道走向和地形、水体流速、水域面积以及湖区各地段的微地貌特征及植被等因素密切相关,其影响因素复杂多样。鄱阳湖泥沙淤积主要集中在各入湖大河河口处,而在湖体开阔区,淤积甚微。由于赣江三角洲面积最大,发育最快,平均年淤速25 mm;饶河三角洲淤速最慢,年平均约3 mm;修河、信江三角洲淤速介于赣江、饶河之间。抚河改道后,大量泥沙淤于青岚湖,到1984年,已平均淤高1.79 m(刘志刚、倪兆奎,2015)。朱玲玲等(2014)运用鄱阳湖1998年、2010年实测1∶10 000地形资料,发现三峡水库蓄水前,鄱阳湖湖区年均淤积泥沙469万吨,三峡水库蓄水后,鄱阳湖进入冲刷状态,且冲刷主要集中在北部入江水道、赣江、修水河口区域。

巢湖淤积的物质来源主要是各入湖河流携带的泥沙,其次是岸坡崩塌物沿湖堆积形成淤积。据安徽省水利部门1963年资料,巢湖年入湖泥沙量达81.18×10^4 m^3,年出沙量仅29.51×10^4 m^3。经1986年重测,23年来总淤积量达1240×10^4 m^3,年平均淤积高出湖盆约15.4 mm。淤积厚度大于2 m的地区分布于巢湖西南的丰乐镇及白山镇一带(属古巢湖的一部分),其余淤积厚度多在1~2 m之间(杨则东等,2010)。

太湖泥沙淤积程度相对较小,主要是东太湖由于淤积以及水生植物生长造成沼泽化。据1977年江苏水文手册和1954年太湖沿湖主要测站含沙量资料以及沿湖崩岸调查资料,太湖淤积速率为0.274 mm/yr(姜加虎、窦鸿身,2003)。据中国科学院南京地理与湖泊研究所20世纪80年代的调查,东太湖泥沙平均沉积速率约为1.8 mm/yr,西太湖平均沉积速率约为0.14 mm/yr,仅是东太湖的7.8%(孙顺才、伍贻范,1987)。据2000年后太湖全湖多钻孔的核素测年分析,对比 1963—1986 和 1986—2002 阶段,太湖各湖区沉积速率均有不同程度的增加,以东太湖最为显著,从 2.9 mm/yr 增加至 12.4 mm/yr(朱金格、胡维平、胡春华,2010)。

在青弋江水阳江流域的南漪湖、固城湖和石臼湖三个湖中,20 世纪 20 年代晚期至 60 年代晚期堆积速率较高(姚书春、薛滨,2016),60 年代晚期以来沉积物堆积速率出现下降,沉积物堆积速率的快速下降正好出现在耕地下降最大的阶段。这三个湖泊在这一时期堆积速率的下降可能与流域土地利用变化相关。当然,各地兴修水库导致的湖泊来沙减少也是一个不可忽视的影响因素。尽管南漪湖 20 世纪 60 年代以前沉积物堆积速率高于后续时间,在 60 年代以来到 80 年代初期南漪湖的沉积物堆积速率仍然是不断增加的,这与水阳江宣城站监测到的 60 年代年输沙量为 43.30 万吨、70 年代年输沙量为 55.30 万吨、80 年代年输沙量为 81.00 万吨(吴年发,1996)这样一个呈现增加的趋势是相一致的。在南漪湖,20 世纪 60 年代末期以来的降雨(宣城)与湖泊沉积物堆积速率存在对应关系(姚书春、薛滨,2016),降雨高值的年份湖泊堆积速率也快,揭示了降雨对水土流失的影响。刘恩峰等(2007)依据太白湖沉积岩芯[210]Pb 测定结果及 CRS 模式,建立了近百年来的沉积年代序列,对比分析了不同时期沉积通量变化与流域降水量及人类活动的关系,发现 1900—1920 年、1928 年、1937—1942 年、1953—1954 年沉积通量较高的四个时段,分别对应于夏季降水较多的 1900—1920 年、1931 年、1938—1939 年、1954 年,沉积通量增加主要与夏季降水量偏多,被带入湖泊的泥沙量增加有关。1958—1963 年,太白湖流域上游兴建三座水库,对洪水及入湖泥沙起到了调蓄作用,自此之后,太白湖的平均沉积通量减小,降水量已不再是影响沉积通量的主导因素;1963—1970 年沉积通量较高,主要是太白湖围垦导致的入湖泥沙量的增加及湖泊面积减小所致;1983—1993 年沉积通量的增加则反映了农业生产方式由集体转为个体生产模式后,耕作业的快速发展所导致的水土流失的加重。

在长江中下游许多湖泊已经开展了运用[210]Pb 或[137]Cs 来定年并获取沉积速率,甚至在一些湖泊如太湖、巢湖、鄱阳湖等湖内采集了大量钻孔进行了近现代沉积物测年。同一个湖泊内由于水流、物质来源、人类活动等影响,其沉积速率存在巨大差异,如巢湖的入湖河口区域,如鄱阳湖的一些三角洲区域沉积速率快。但也有一些区域如太湖中心存在硬底,上覆薄层软泥,近现代沉积物堆积速率极低,甚至完全没有堆积。因此要弄清该区一个湖泊的沉积速率格局/模式,往往需要多钻孔的详细研究。

8.3　长江中下游湖泊重金属

8.3.1　历史时期湖泊金属污染

有关长江中下游历史时期湖泊沉积物金属污染的研究很少。一个重要的原因是8.1里面提到的沉积间断,还有一个重要的原因是该区湖泊通常沉积速率高,由于稀释效应,使得历史时期人为污染的重金属的信号难以被检出。目前,在该区比较经典的是在梁子湖开展的工作(Lee et al.,2008)。

梁子湖位于长江南岸,跨武汉市和鄂州市,与保安湖、三山湖和鸭儿湖紧邻,为沉陷洼地积水成湖。梁子湖附近有着中国青铜时代最重要的矿山之一的铜绿山。经考古发掘铜绿山有古采矿井、巷 360 多条,古代冶铜炉 7 座,采掘深度达 50 余米,残余炼渣 40 余万吨。井下散存有铜斧、铁锤、船形木斗、辘轳等多种采矿工具。研究者们在梁子湖采集了湖泊岩芯,运用[14]C确定了年代框架,在此基础上分析了元素以及铅同位素(Lee et al.,2008)。研究发现公元前3000 年到公元前 328 年,沉积物中金属含量开始增加,说明了采矿业的影响,这与春秋战国的楚国兴盛相对应。

8.3.2　近现代湖泊金属污染

城市湖泊:城市湖泊具有排水、气候调节、水产养殖和休闲等多种生态经济价值,其水体沉积物反映了湖泊水体受重金属污染的情况,也记录了城市经济发展和人为活动对环境的影响,能够作为水体污染的敏感指标。墨水湖是汉阳地区第二大湖泊,位于汉阳区西南方,由于生活垃圾和城市污水长期入湖,墨水湖水体面临着生态功能严重退化、污染严重的局面。墨水湖底泥中 Pb、Cu、Zn 的含量分别为 40.8～168.1 mg/kg、48.2～186.5 mg/kg、255～615 mg/kg。Pb、Cu、Zn 的含量分别在 40 cm、30 cm 和 20 cm 达到最大值。墨水湖底泥重金属含量随水平距离的变化不显著,离岸较近处底泥重金属含量略高于离岸较远处的重金属含量。排污口附近底泥中重金属含量变化比没有排污口的大,已截污的排污口附近底泥受外来污染源的影响比尚未截污的小(桑稳姣、程建军、姜应和,2007)。武汉东湖位于武昌东北部的珞珈山麓,水域面积在水位 20.5 m 时为 27.9 km²。武汉东湖沉积物中 Cr、Cu、Pb、Zn、Cd、V、Co 和 Ni 总量分别为 65.00～104.00 mg/kg、25.40～51.30 mg/kg、28.50～50.90 mg/kg、37.80～102.00 mg/kg、0.30～1.27 mg/kg、96.80～436.0 mg/kg、14.50～21.70 mg/kg 和 89.00～126.00 mg/kg。沉积物中的 8 种重金属元素平均含量均超过了背景值,其中 Cr、Cu、Ni、Pb、Cd、Zn、Co 和 V 的平均含量分别为背景值的 1.07 倍、1.12 倍、1.79 倍、2.01 倍、1.85 倍、1.48 倍、2.08 倍和 1.16 倍(李晓明、周密,2016)。邹丽敏、王超、冯士龙(2008)应用 ICP - MS 方法检测了玄武湖沉积物中 Zn、Cd 和 Ni 的质量分数,发现其分别是南京土壤环境背景值的 1.08～2.91 倍、51.70～89.80 倍和 1.33～4.11 倍。这表明南京玄武湖沉积物中 Zn 的污染程度较轻,Cd 和 Ni 的污染程度较重,且 Zn、Cd 和 Ni 检出质量分数的最大值均出现在东南湖沉积物中。

矿污染湖泊:大冶市是一个典型的矿业城市,矿业的开发,破坏了当地的生态环境,也对大冶湖产生了较大污染。整个大冶湖底泥所有采样点中,总铜、总铅含量的变化范围分别为 500～3 100 mg/kg,46～660 mg/kg。大冶湖底泥所有采样点中,总砷、总汞含量的变化范围分别为 48～2 812 mg/kg,0.1～6.7 mg/kg(李彦静,2016)。方月梅等(2017)对大冶湖 26 个采样点采集了底泥样品,测试分析获得 Pb 含量范围 119～3 719.30 mg/kg,平均值 436 mg/kg;Cr 含量范围 19.70～685 mg/kg,平均值 181.92 mg/kg;Cu 含量范围 1.09～2 586 mg/kg,平均值 363.13 mg/kg;Cd 含量范围 4.79～769.90 mg/kg,平均值 135.5 mg/kg;Zn 含量范围 4.91～607.80 mg/kg,平均值 70.66 mg/kg。赤湖跨瑞昌市、柴桑区,属沉溺型岗间洼地经积水而成的河迹洼地湖。据湖泊志记载原有面积 100.4 km²,经围垦后现有面积 80.4 km²。我们在 2011 年以来的野外调查中发现,由于人类的影响,如围湖,其面积进一步缩小。武山铜矿位于江西省瑞昌市境内,日开采能力 1 300 t,其日排放的矿山酸性废水和选矿碱性废水达 12 000 m³(陈子鸣、陈谦,1997)。赤湖位于武山铜矿的东北,其西南水岸线与铜矿尾部相连。20 世纪 90 年代,受武山铜矿委托,开展了"武山铜矿废水对赤湖环境影响及防治对策研究"。我们利用重力采样器在赤湖采集了 2 个沉积岩芯进行了研究。测定了重金属元素,运用放射性核素,包括^{210}Pb 和^{137}Cs进行了定年。发现 Pb、Cu、Zn、Cd、Co、Ni 含量在过去 30～40 年有所增加。^{206}Pb/^{207}Pb 比值向表层的降低表明了湖泊沉积物中矿开采来源铅组分的增加。研究揭示在 20 世纪 90 年代,沉积物记录到了铜、锌、镉的最大浓度,分别为2 047 mg/kg,1 343 mg/kg 和 60.9 mg/kg,铜、锌、镉的最大富集系数分别为62,16 和 206。由于武山铜矿的采矿废水排放,赤湖沉积物中重金属富集总体较高(Yao and Xue,2015)。

另外还有研究者对长江中下游湖泊沉积物进行了普查。如研究者对长江中下游 45 个湖泊进行了表层沉积物的采集并分析了金属元素(图 8-1)。他们

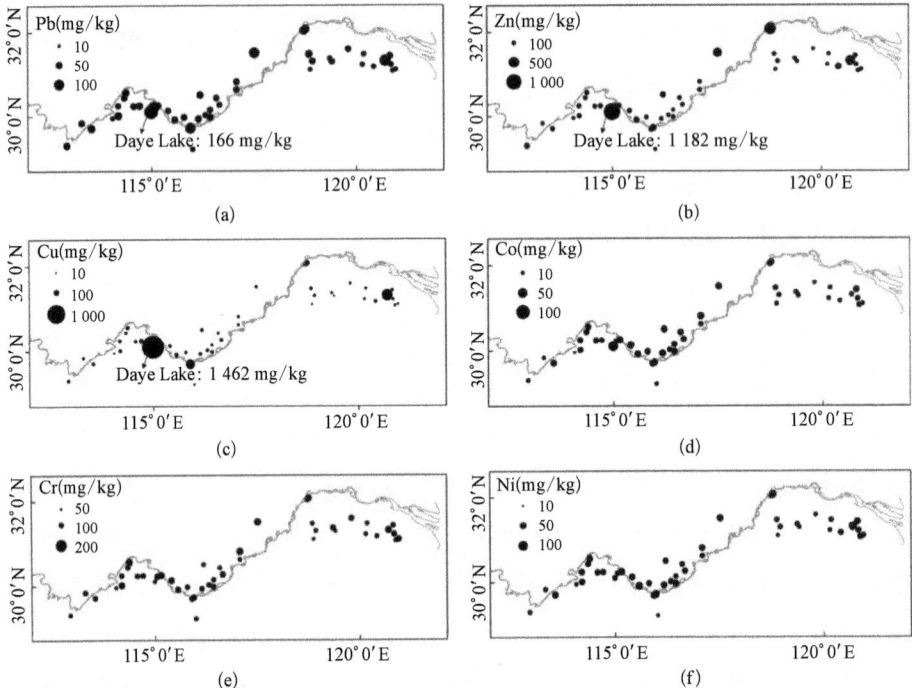

图 8-1　长江中下游湖泊重金属的空间分布特征(Zeng and Wu,2013)

的研究发现,长江下游地区内靠上游区域,受城市影响,湖泊污染严重,沉积物中铅、锌、铜、镉含量较高,这是由大量未经处理的工业排放和城市污水造成的。相比之下,由于产业结构调整和实施有效的环境保护措施,太湖三角洲地区的湖泊重金属污染明显降低。而长江中游湖泊总体上污染较轻(Zeng and Wu,2013)。

Ma 等(2013)详细收集了太湖、巢湖、南四湖、洞庭湖、鄱阳湖和洪泽湖六个淡水湖泊的表层沉积物金属元素数据,涉及 339 个点位。其中太湖 102 个点,巢湖 82 个点,洞庭湖 45 个点,鄱阳湖 24 个点(表 8-1)。分析表明,洞庭湖污染最为严重,洞庭湖位于湖南省,它是有色金属采矿、冶金的中心地带之一。有色金属工业使湖南省成为中国重金属污染最严重的地区之一。空间分析表明,基于沉积物质量标准,洞庭湖的入湖和出湖处,以及太湖的梅梁湾为高风险区域。

表 8-1　太湖、巢湖、洞庭湖、鄱阳湖表层沉积物元素数据(Ma et al. ,2013)
(Cu、Zn、Pb、Cr、As、Ni 单位 mg/kg,Cd、Hg 单位 μg/kg)

湖泊	数据	Cu	Zn	Pb	Cd	Hg	Cr	As	Ni
太湖	数据点	102	102	102	49	72	102	41	66
	最小值	16.3	39	19.2	0.02	0.01	15.5	3.1	15.9
	最大值	238	471	143	1.82	0.42	167	64	98.7
	平均值	37.53	108.41	39.55	0.457	0.136	76.24	12.11	41.05
	中值	28.7	92.31	37.81	0.4	0.105	77.8	9.18	36.8
	标准偏差	30.51	66.82	14.88	0.362	0.086	28.49	11.05	15.02
巢湖	数据点	82	69	82	65	19	55	17	61
	最小值	6.57	6.20	2.40	0.015	0.053	24.13	2.93	12.40
	最大值	66.20	459.64	132.0	1.600	0.233	237.2	22.92	65.70
	平均值	24.83	121.04	38.31	0.397	0.128	75.08	10.92	33.17
	中值	25.0	102.08	28.29	0.290	0.098	62.08	8.39	33.35
	标准偏差	11.54	96.0	27.81	0.368	0.064	44.54	7.06	10.33

湖泊	数据	Cu	Zn	Pb	Cd	Hg	Cr	As	Ni
洞庭湖	数据点	45	45	45	45	37	45	45	45
	最小值	16.0	26.60	0.50	0.050	0.053	36.00	1.00	0.25
	最大值	89.0	8948.0	206.0	17.00	0.714	115.3	294.0	67.80
	平均值	48.56	769.56	67.78	3.030	0.225	82.08	40.83	32.47
	中值	37.90	129.50	60.60	0.750	0.183	78.60	19.00	33.60
	标准偏差	21.75	1958.63	48.22	4.460	0.137	18.29	59.13	11.71
鄱阳湖	数据点	24	24	24	24	5	12		
	最小值	18.60	64.83	30.50	0.262	0.029	11.20		
	最大值	130.83	714.40	105.0	4.390	0.139	45.60		
	平均值	51.38	198.53	56.97	1.222	0.078	22.27		
	中值	46.50	170.46	46.29	0.951	0.067	18.65		
	标准偏差	28.41	135.73	22.77	1.079	0.044	10.50		

　　已有不少研究者在太湖进行了重金属的研究。如 Rose 等(2004)利用元素 Zr 作为参考元素对太湖北部沉积物进行研究,表明人类活动引起元素铅、铜、锌、镉开始累积的时间处于 20 世纪 70 年代。刘建军、吴敬禄(2006)在太湖大浦湖区发现 Cu、Pb 在 50 年代末开始增加,70 年代明显富集。刘恩峰、沈吉、朱育新(2005)在西太湖北部马迹山附近岩芯发现,70 年代末期以前 Pb、Zn 主要为自然沉积,70 年代末期以来 Pb、Zn 含量逐渐增加。朱广伟等人(2005)在梅梁湾的研究揭示,1978 年至 2000 年,重金属元素包括 Cu、Pb、Zn、Cd 等都呈现逐渐增加的趋势。与这些研究者的结果类似的是,东太湖 DQG 钻孔也揭示了最近几十年来的重金属铅、铜、锌的不断富集,尤其是在 20 世纪 70 年代以来。但也存在差异,如东太湖 DJZ 钻孔,异常高的沉积速率使得沉积物中重金属浓度得到稀释,造成重金属包括 Cu、Pb、Zn 的富集系数相对较低(姚书春、薛滨,2012)。东太湖作为典型草型湖泊,湖泊沉积物中有机质含量较高。由于 Cu 是生物所必需的营养元素,具有生物累积效应,而且 Cu 具有很强的有机结合能力,这也可能是造成东太湖沉积物表层 Cu 污染的原因之一(姚书春、薛滨,2012)。

Bing 等(2013)选取太白湖、龙感湖、巢湖和西氿四个湖泊,对沉积物金属富集状况和历史进行了分析。发现巢湖和西氿自 20 世纪 50 年代以来人为来源的金属通量呈上升趋势,太白湖和龙感湖自 20 世纪 80 年代以来不断上升,但西氿 2000 年以来出现了减少。在石臼湖,1969—1979 年时段湖泊沉积物磁化率最高,重金属含量比较稳定;1979—1997 年,湖泊沉积物磁化率较高但呈减少趋势,重金属含量快速增加;1997—2007 年,磁化率较低,重金属含量保持在高水平(姚书春、薛滨,2009)。在南漪湖,铅同位素技术为识别铅污染和来源提供了重要帮助(Yao and Xue,2014a)。NY6 点位于南漪湖湖中心位置,铅同位素和金属含量揭示 20 世纪 60 年代以来存在人为的金属输入,这与我们国家的经济发展过程较为一致。而 80 年代以来的快速增加,与我国 1978 年改革开放有关。

在洞庭湖和鄱阳湖,表层沉积物中重金属的研究工作较多,但有关近现代湖泊沉积物重金属污染历史的研究工作较少。Yuan,Liu 和 Chen(2011)在鄱阳湖采集了多个沉积物柱样,分析了 Cd、Hg、Pb、As 和 Cr 的时空分布特征,估算了每十年的重金属含量和负荷量。但他们的关注点主要是不同入湖河流的影响。在黄盖湖,重金属富集包括 Pb、Ag 和 Cd,发生于 20 世纪 60 年代以后(Yao and Xue,2014b)。这种富集是人为活动造成的,这得到了 $^{206}Pb/^{207}Pb$ 比值的验证。20 世纪 60 年代以后,随着铅含量的急剧增加,$^{206}Pb/^{207}Pb$ 比值迅速下降。黄盖湖流域是一个典型的农业盆地,湖泊沉积物中 Cd 的主要来源应该是区域内的农业活动如磷肥使用。

8.4　长江中下游湖泊营养变化

最近百年来,洞庭湖、梁子湖、黄盖湖、东湖及长湖等洞庭湖平原湖区和江汉平原湖区的湖泊,基本均经历了自 20 世纪 60 年代以来水体营养化逐渐增加的过程,同时随着经济社会发展,例如金属矿产开采、工农业发展而造成的污染物不断排入湖区,湖区内污染程度呈现增加趋势,湖区生态系统退化显著。

皖赣平原区湖泊人类活动的影响显著,发生在 20 世纪 30 至 80 年代,大规模围垦导致湖区水土流失严重,沉积速率增加,重金属、有机地球化学元素污染和营养水平在过去几十年均呈明显增加趋势,与湖区工农业发展导致大量金属和氮磷排放关系密切。如鄱阳湖区域,随着人类改造自然的能力增强,人口的迁入、修建湖堤、修闸建坝以及流域内化学肥料和工业废水等污染物质的排放等,均在一定程度上改变了湖泊的面积和水质状况,相应地湖泊沉积物也发生了显著的变化。

巢湖在人类活动的影响下,其生态环境受到了严重的破坏,湖盆淤积,水质恶化,已成为长江中下游典型的富营养化湖泊,沉积柱状样的研究表明20世纪70年代以来巢湖富营养化开始恶化,此外,巢湖建闸也加速了巢湖的自然演化过程,使得湖水交流量降低,湖水滞留时间增长,湖泊内源营养物质的快速积累,初始生产力水平迅速增大,富营养化加剧。长江下游青弋江、水阳江流域20世纪60年代之前,湖泊受人类活动影响较少,污染较低,60年代至80年代,人类活动逐步加强,但是湖泊营养水平仍然较低,80年代以来,湖泊营养水平开始增加,固城湖和石臼湖的富营养指数显示湖泊富营养化程度较高。长江三角洲地区的太湖流域在1950年之前湖泊初级生产力较低,水质较好,而在50至90年代受工业化和城市化的发展的影响,湖泊水环境开始恶化,营养水平逐步升高。

长江中下游地区是我国的经济重地,也是我国具有重要意义的战略水源地,在湖泊自然的演化下,流域内经济高速发展。流域内工业和农业等经济的迅速发展,湖泊的大规模开发利用,引起了一系列的负面环境效应,湖泊沉积物的内源污染就是典型的负面效应之一,这已经导致湖泊的自我调节和自我恢复功能逐步下降,严重威胁长江水系的生态平衡,影响了长江中下游流域内经济的可持续发展。加强长江中下游地区湖泊湿地的生态保护,采取积极有效的措施对包括沉积物在内的湖泊内源污染进行治理刻不容缓。

参考文献

畅莉. 苏州澄湖全新世环境变化的沉积记录研究[D]. 上海:华东师范大学,2008.

陈艇. 中晚全新世太湖平原南部水文环境变化及其对新石器文明发展的影响[D]. 上

海:华东师范大学,2017.

陈子鸣,陈谦.武山铜矿废水对赤湖水质污染的数学模型及其显示[J].矿冶,1997(2):93-96.

丁越峰.近10 000年来太湖气候与环境变迁的沉积记录[D].上海:华东师范大学,2004.

方月梅,张晓玲,刘娟,等.大冶湖流域底泥重金属污染及生态风险评价[J].湖北理工学院学报,2017,33(5):17-24.

高俊峰,张琛,姜加虎,等.洞庭湖的冲淤变化和空间分布[J].地理学报,2001,56(3):269-277.

姜加虎,窦鸿身.中国五大淡水湖[M].合肥:中国科学技术大学出版社,2003.

李晓明,周密.武汉东湖沉积物重金属分布特征及其污染评价[J].环境科学与技术,2016,(10):161-169.

李彦静.大冶湖底泥养分、重金属和砷、汞含量及空间分布特征研究[D].武汉:湖北大学,2016.

刘恩峰,沈吉,朱育新.西太湖沉积物污染的地球化学记录及对比研究[J].地理科学,2005,25(1):102-107.

刘恩峰,羊向东,沈吉,等.近百年来湖北太白湖沉积通量变化与流域降水量和人类活动的关系[J].湖泊科学,2007,19(4):407-412.

刘丰豪,胡建芳,王伟铭,等.8.0 ka BP以来长江中下游南漪湖沉积记录的正构烷烃及其单体碳同位素组成特征和古气候意义[J].地球化学,2018(1):89-101.

刘建军,吴敬禄.太湖大浦湖区近百年来湖泊记录的环境信息[J].古地理学报,2006,8(4):559-563.

刘志刚,倪兆奎.鄱阳湖发展演变及江湖关系变化影响[J].环境科学学报,2015,35(5):1265-1273.

桑稳姣,程建军,姜应和.墨水湖底泥重金属污染特征分析[J].武汉理工大学学报,2007,29(12):71-74.

孙顺才,王苏民,郑长苏.中国湖泊地貌与湖泊沉积学研究概况[J].湖泊科学,1989,1(1):12-20.

孙顺才,伍贻范.太湖形成演变与现代沉积作用[J].中国科学:化学生物学农学医学地学,1987,17(12):1329-1339.

王张华,Liu J,Paul,等.全新世长江泥沙堆积的时空分布及通量估算[J].古地理学报,2007,9(4):419-429.

吴年发.水土流失对宣城地区经济影响及其若干对策研究[J].水土保持研究,1996(4):19-23.

杨则东,陈有明,刘同庆,等.巢湖泥沙淤积对环境影响的遥感调查与监测[J].国土资源遥感,2010,B11:87-90.

姚书春,王小林,薛滨.全新世以来江苏固城湖沉积模式初探[J].第四纪研究,2007,27(3):365-370.

姚书春,薛滨.石臼湖近代环境演化历史[J].第四纪研究,2009,29(2):248-255.

姚书春,薛滨.东太湖钻孔揭示的重金属污染历史[J].沉积学报,2012,30(1):158-165.

姚书春,薛滨.长江下游青弋江水阳江流域湖泊环境演变[M].南京:南京大学出版社,2016.

赵钟媛.苏州澄湖古湖沼洼地沉积记录揭示的古环境意义[D].上海:华东师范大学,2011.

周志华.长江中下游湖泊的环境演化:沉积物的碳、氮同位素记录研究[D].贵阳:中国科学院地球化学研究所,2006.

朱广伟,秦伯强,高光,等.太湖近代沉积物中重金属元素的累积[J].湖泊科学,2005,17(2):143-150.

朱金格,胡维平,胡春华.太湖沉积速率分布演化及其淤积程度健康评价[J].长江流域资源与环境,2010,19(6):703.

朱玲玲,陈剑池,袁晶,等.洞庭湖和鄱阳湖泥沙冲淤特征及三峡水库对其影响[J].水科学进展,2014,25(3):348-357.

邹丽敏,王超,冯士龙.玄武湖沉积物中重金属污染的潜在生物毒性风险评价[J].长江流域资源与环境,2008,17(2):280-280.

Bing H, Wu Y, Liu E, et al. Assessment of heavy metal enrichment and its human impact in lacustrine sediments from four lakes in the mid-low reaches of the Yangtze River, China[J]. Journal of Environmental Sciences, 2013, 25(7): 1300-1309.

Lee C S, Qi S H, Zhang G, et al. Seven thousand years of records on the mining and utilization of metals from lake sediments in central China[J]. Environmental Science &

Technology, 2008, 42(13): 4732 - 4738.

Long T, Hunt C O, Taylor D. Radiocarbon anomalies suggest late onset of agricultural intensification in the catchment of the southern part of the Yangtze Delta, China[J]. Catena, 2016, 147: 586 - 594.

Ma Z, Chen K, Yuan Z, et al. Ecological risk assessment of heavy metals in surface sediments of six major Chinese freshwater lakes[J]. Journal of Environmental Quality, 2013, 42(2): 341.

Rose N L, Boyle J F, Du Y, et al. Sedimentary evidence for changes in the pollution status of Taihu in the Jiangsu region of eastern China[J]. Journal of Paleolimnology, 2004, 32(1): 41 - 51.

Yao S, Xue B. Heavy metal records in the sediments of Nanyihu Lake, China: influencing factors and source identification[J]. Journal of Paleolimnology, 2014a, 51(1): 15 - 27.

Yao S, Xue B. Sedimentary Geochemical Record of Human-Induced Environmental Changes in Huanggaihu Lake in the Middle Reach of the Yangtze River, China[J]. Journal of Limnology, 2014b, 73(AoP).

Yao S, Xue B. Sediment Records of the Metal Pollution at Chihu Lake Near a Copper Mine at the Middle Yangtze River in China[J]. Journal of Limnology, 2015, 75(1).

Yuan G L, Liu C, Chen L. Inputting history of heavy metals into the inland lake recorded in sediment profiles: Poyang Lake in China[J]. Journal of Hazardous Materials, 2011, 185(1): 336 - 345.

Zeng H, Wu J. Heavy metal pollution of lakes along the mid-lower reaches of the Yangtze River in China: intensity, sources and spatial patterns[J]. Int J Environ Res Public Health, 2013, 10(3): 793 - 807.